最短合格

甲種

危険物取扱者

超速マスター

第2版

危険物研究会

TAC出版
TAC PUBLISHING Group

はじめに

　危険物取扱者は，消防法で定められたガソリン，灯油，アルコールなどの引火や爆発，火災の危険がある「危険物」を大量に製造，貯蔵，もしくは取扱いする際に必要とされる国家資格です。ガソリンスタンドや化学工場，石油貯蔵タンク，タンクローリーといった施設には必ず危険物取扱者を置かなければなりません。

　受験資格は，平成20年から大きく緩和されたことをきっかけに，今まで以上に多くの方々が試験に臨むようになり，危険物取扱者としての業務の需要も年々増加傾向にあります。

　危険物取扱者試験は甲種，乙種，丙種の3種類があり，中でも甲種は，全種類の危険物を扱うことができます。その分，難易度も桁違いで，危険物の性状から，貯蔵方法，消火方法，法律まで多岐にわたる内容から出題されています。

　本書は予備知識がなくても理解できるよう簡潔にまとめ，試験対策として学ばなければならない部分を厚く記述することで，効率よく学習ができるよう工夫しています。

　各節の最後には，学習の成果を確認することができるチャレンジ問題を，そして学習のポイントや難しい用語などを側注に掲載することで，どなたでも学習ができるよう努めました。

　スタッフ一同，多くの方々が試験に合格し，資格を取得できることを願ってやみません。本書が試験合格の一助となれば幸いです。

目 次

第1章 危険物に関する法令

第2章 物理学と化学の基礎

第3章 危険物の性質・火災予防・消火の方法

受験案内

受験資格

（1）大学等において化学に関する学科等を修めて卒業した者

（2）大学等において化学に関する授業科目を15単位以上修得した者

（3）乙種危険物取扱者免状を有する者（①危険物取扱いの実務経験が２年
以上の者②第１類または第６類、第２類または第４類、第３類、第５
類のうち４種類以上の免状交付を受けている者）

（4）化学に関する事項を専攻し、修士・博士の学位を取得した者

試験科目・問題数・試験時間

試験科目：①危険物に関する法令（15問）　②物理学および化学（10問）
　　　　　③危険物の性質並びにその火災予防および消火の方法（20問）

試験時間：２時間30分

出題形式

五肢択一のマークシート方式（５つの選択肢から正答を選択する）

合格基準

３科目の成績がそれぞれ60％以上の者（１科目でも60％を下回ると不合格）

受験会場と試験日

年に複数回行われており、各都道府県によって異なる

受験案内と受験願書

消防試験研究センターの各支部等、もしくは各消防署等

試験手数料

6,600円（試験手数料は非課税）

問い合わせ先

（一財）消防試験研究センター

https://www.shoubo-shiken.or.jp

電話：03-3597-0220（本部）

試験は、消防試験研究センターの各都道府県支部にて開催（東京都は中央試験センター）

第1章

危険物に関する法令

1 危険物と指定数量

まとめ & 丸暗記　　この節の学習内容とまとめ

■ 危険物とは

消防法の別表第1に記載された，固体か液体の性質を持った物品。気体（常温20℃，1気圧）のものは基本的に除外される。

■ 危険物の分類

第1類～第6類まで全6種類。第1類は酸化性固体（塩素酸塩類，硝酸塩類等），第2類は可燃性固体（硫化りん，赤りん等），第3類は自然発火性物質および禁水性物質（カリウム，ナトリウム等），第4類は引火性液体（ガソリン，灯油等），第5類は自己反応性物質（有機過酸化物，硝酸エステル類など），第6類は酸化性液体（過塩素酸，過酸化水素等）。

■ 指定数量とは

貯蔵している危険物が，消防法による規制を受けるか否かを決める基準となる量のこと。危険度に応じ，品名ごとに細かく決められている。

■ 指定数量の倍数とは

貯蔵（取扱い）量を，指定数量の何倍に相当するかで表現すること。

■ 指定数量の倍数（危険物が1種類のみの場合）

$$危険物の倍数 = \frac{危険物の貯蔵量}{指定数量}$$

■ 指定数量の倍数（危険物が2種類以上の場合）

$$危険物の倍数 = \frac{危険物Aの貯蔵量}{指定数量} + \frac{危険物Bの貯蔵量}{指定数量}$$
$$+ \frac{危険物Cの貯蔵量}{指定数量} + \cdots$$

危険物とは何か

1 消防法の定義

消防法は，火災の予防，警戒，鎮圧と，災害による被害を軽減することで社会秩序を保持し，公共福祉を増進する目的で制定された法律です。第1章第1条には，その目的が明確に記されています。

第1条　この法律は，火災を予防し，警戒し及び鎮圧し，国民の生命，身体及び財産を火災から保護するとともに，火災または地震等の災害による被害を軽減するほか，災害等による傷病者の搬送を適切に行い，もって安寧秩序を保持し，社会公共の福祉の増進に資することを目的とする。

法令番号は昭和23年7月24日法律第186号で，以下の全9章で構成されています。

第1章：総則　　　　　第2章：火災の予防
第3章：危険物　　　　第4章：消防の設備等
第5章：火災の警戒　　第6章：消火の活動
第7章：火災の調査　　第8章：雑則
第9章：罰則

消防法では，取扱いを間違えると火災などの災害が発生する危険性がある危険物とは何かを定義した上で，貯蔵や取扱い，運搬について基本的な事項を規定しています。

2 危険物の定義

　消防法上では，危険物は第2条の7項において以下のように定義されています。

　危険物とは，別表第1の品名欄に掲げる物品で，同表に定める区分に応じ同表の性質欄に掲げる性状を有するものをいう。

　この第2条の7項を要約すると，消防法の別表第1に記載された，固体か液体の性質を持った物品が「危険物」となります。
　ここで注意しなければならないのは，気体（常温20℃，1気圧）のものは**除外**されているということです。ということは，高圧ガス，プロパン，水素などは消防法上では危険物に含まれないことになります。こうした気体は，消防法以外の高圧ガス保安法や液石法（液化石油ガスの保安の確保及び取引の適正化に関する法律）などによって取扱いなどが規定されています。
　ただし，第9条の3，第1項には次のような規定があります。

　圧縮アセチレンガス，液化石油ガスその他の火災予防または消火活動に重大な支障を生ずるおそれのある物質で政令で定めるものを貯蔵し，または取り扱う者は，あらかじめ，その旨を所轄消防長または消防署長に届け出なければならない。ただし，船舶，自動車，航空機，鉄道または軌道により貯蔵し，または取り扱う場合その他政令で定める場合は，この限りでない。

　圧縮アセチレンガスは高圧ガスであり，一般的にLPGと呼ばれている液化石油ガスはプロパンやブタンの混合物で，圧縮すると液化する気体を持ったガスです。
　そのため，消防法では高圧ガスなどの一部については届出が必要となっています。

3 危険物の分類

消防法の別表第1では，第1類から第6類まで，6種類に分類されています。ここで，各類に属する品名を確認しておきましょう。

補足

危険物の品名
甲種試験では，指定数量の計算問題が出題されるため，消防法別表第1に記載されている危険物の品名を類ごとに覚えておく必要があります。

■消防法別表第1の第1類

種類	第1類	
性質	酸化性固体	
品名	1	塩素酸塩類
	2	過塩素酸塩類
	3	無機過酸化物
	4	亜塩素酸塩類
	5	臭素酸塩類
	6	硝酸塩類
	7	ヨウ素酸塩類
	8	過マンガン酸塩類
	9	重クロム酸塩類
	10	その他のもので政令で定めるもの
	11	前各号に掲げるもののいずれかを含有するもの

■消防法別表第1の第2類

種類	第2類	
性質	可燃性固体	
品名	1	硫化りん
	2	赤りん
	3	硫黄
	4	鉄粉
	5	金属粉
	6	マグネシウム
	7	その他のもので政令で定めるもの
	8	前各号に掲げるもののいずれかを含有するもの
	9	引火性固体

■消防法別表第1の第3類

種類		第3類
性質		自然発火性物質および禁水性物質
品名	1	カリウム
	2	ナトリウム
	3	アルキルアルミニウム
	4	アルキルリチウム
	5	黄りん
	6	アルカリ金属（カリウムおよびナトリウムを除く）およびアルカリ土類金属
	7	有機金属化合物（アルキルアルミニウムおよびアルキルリチウムを除く）
	8	金属の水素化物
	9	金属のりん化物
	10	カルシウムまたはアルミニウムの炭化物
	11	その他のもので政令で定めるもの
	12	前各号に掲げるもののいずれかを含有するもの

■消防法別表第1の第4類

種類		第4類
性質		引火性液体
品名	1	特殊引火物
	2	第1石油類（非水溶性液体：ガソリン，ベンゼン，トルエンなど）
		〃　　　　（水溶性液体：アセトン）
	3	アルコール類
	4	第2石油類（非水溶性液体：灯油，軽油など）
		〃　　　　（水溶性液体：酢酸）
	5	第3石油類（非水溶性液体：重油，ニトロベンゼンなど）
		〃　　　　（水溶性液体：グリセリン）
	6	第4石油類
	7	動植物油類

■消防法別表第1の第5類

種類		第5類
性質		自己反応性物質
品名	1	有機過酸化物
	2	硝酸エステル類
	3	ニトロ化合物
	4	ニトロソ化合物
	5	アゾ化合物
	6	ジアゾ化合物
	7	ヒドラジンの誘導体
	8	ヒドロキシルアミン
	9	ヒドロキシルアミン塩類
	10	その他のもので政令で定めるもの
	11	前各号に掲げるもののいずれかを含有するもの

■消防法別表第1の第6類

種類		第6類
性質		酸化性液体
品名	1	過塩素酸
	2	過酸化水素
	3	硝酸
	4	その他のもので政令で定めるもの
	5	前各号に掲げるもののいずれかを含有するもの

補足

別表第1の分類
別表第1は，現段階ではすべて暗記する必要はありません。第3章で詳しく解説しますので，ここではしっかりと目を通して全体を把握しておきましょう。

1 危険物と指定数量

7

4 主な品名

品名については，その性状をしっかりと理解，把握しておく必要があります。ここでは，注意を必要とする品名について解説します。

第2類

① **鉄粉**：目開きが53μmの網ふるいを半分以上通過するもの

② **金属粉**：アルカリ金属，アルカリ土類金属，鉄，マグネシウムを除く金属粉。ただし，銅粉，ニッケル粉，目開きが150μmの網ふるいを半分以上通過するものは除外されます

③ **引火性固体**：固形アルコールなど1気圧下で引火点が40℃未満のもの

第3類

① **自然発火性物質，禁水性物質**：固体または液体で，空気中での発火の危険性を判断するための政令で定める試験において政令で定める性状を示すもの，または水と接触して発火し，もしくは可燃性ガスを発生する危険性を判断するための政令で定める試験において政令で定める性状を示すもの

第4類

① **特殊引火物**：ジエチルエーテル，二硫化炭素など，1気圧下で発火点が100℃以下，または引火点が零下20℃以下で沸点が40℃以下のもの

② **第1石油類**：ガソリンなど，1気圧下で引火点が21℃未満のもの

③ **アルコール類**：1分子を構成する炭素の原子数が1～3個までの飽和一価アルコール（変性アルコールを含む）

④ **第2石油類**：灯油など1気圧下で引火点が21℃以上70℃未満のもの

⑤ **第3石油類**：重油，クレオソート油など1気圧下で引火点が70℃以上200℃未満のもの

⑥ **第4石油類**：ギヤー油，シリンダー油など1気圧下で引火点が200℃以上250℃未満のもの

チャレンジ問題

問1 危険物の定義について，正しければ○，誤っていれば×をつけよ。

危険物とは，別表第2の品名欄に掲げる物品で，同表に定める区分に応じ同表の性質欄に掲げる性状を有するものをいう。

解説 別表第2ではなく，第1です。

解答 ×

問2 危険物の分類について，正しい組み合わせを選べ。

危険物は（①）の第1類，（②）の第2類，（③）の第3類，（④）の第4類，（⑤）の第5類，（⑥）の第6類に分類されている。

（1）①可燃性固体　②自己反応性物質　③酸化性液体
　　　④酸化性固体　⑤自然発火性物質および禁水性物質
　　　⑥引火性液体
（2）①酸化性液体　②引火性液体　③自己反応性物質
　　　④酸化性固体　⑤可燃性固体
　　　⑥自然発火性物質および禁水性物質
（3）①酸化性固体　②可燃性固体
　　　③自然発火性物質および禁水性物質　④引火性液体
　　　⑤自己反応性物質　⑥酸化性液体

解説 類の順序と内容はしっかりと覚えましょう。

解答 （3）

指定数量とは何か

1 指定数量の定義

　危険物は，第2類の赤りんは100kg以上，第6類の過酸化水素は300kg以上，第4類第1石油類の非水溶性液体であるガソリンは200ℓ以上貯蔵もしくは取扱いを行う場合には，消防法による規制を受けます。この決められた基準量を，指定数量といいます。

　指定数量は，数値が小さい，換言すれば指定数量が少ないほど危険度が高くなります。例えば，第2類，引火性固体の指定数量は1,000kgですが，第3類，カリウムの指定数量は10kgです。つまり，カリウムのほうが引火性固体よりも危険度が高いことになります。

　指定数量は，危険度に応じて「危険物の規制に関する政令」の別表第3において，品名ごとに細かく決められています。

　貯蔵もしくは取扱う危険物が指定数量未満の場合には，消防法の規制はありませんが，市町村が定める条例に従わなければなりません。また，危険物の運搬に関しては指定数量の如何を問わず消防法の規制を受けることになりますので，注意が必要です。

　例えば大阪市では，指定数量の5分の1以上指定数量未満の危険物である少量危険物の貯蔵もしくは取扱いを行う者は，あらかじめその旨を消防署長に届け出た上で，大阪市火災予防条例に従わなければなりません。

■危険物の貯蔵・取扱い，運搬の規制

危険物の貯蔵，取扱い	規制
指定数量未満	市町村が定める条例
指定数量以上	消防法，政令，規則など
危険物の運搬	規制
指定数量にかかわらず	消防法，政令，規則など

2 危険物の指定数量

補足

指定数量の重要性
甲種試験では，第1〜
6類すべての指定数量
の計算問題がまんべん
なく出題されています
ので，よく覚えておく
必要があります。

　ここでは，危険物における具体的な指定数量を見て
いきます。第2，第3，第6類の指定数量は特に重要
なので覚えておきましょう。

■第1類の指定数量

種類	第1類		
性質	酸化性固体		
品名と指定数量	1	塩素酸塩類	50kg
	2	過塩素酸塩類	50kg
	3	無機過酸化物	50kg
	4	亜塩素酸塩類	50kg
	5	臭素酸塩類	50kg
	6	硝酸塩類	300kg
	7	ヨウ素酸塩類	300kg
	8	過マンガン酸塩類	300kg
	9	重クロム酸塩類	300kg
	10	その他のもので政令で定めるもの	―
	11	前各号に掲げるもののいずれかを含有するもの	―

■第2類の指定数量

種類	第2類		
性質	可燃性固体		
品名と指定数量	1	硫化りん	100kg
	2	赤りん	100kg
	3	硫黄	100kg
	4	鉄粉	500kg
	5	金属粉	100kg
	6	マグネシウム	100kg
	7	その他のもので政令で定めるもの	―
	8	前各号に掲げるもののいずれかを含有するもの	―
	9	引火性固体	1,000kg

11

■第3類の指定数量

種類	第3類		
性質	自然発火性物質および禁水性物質		
品名と指定数量	1	カリウム	10kg
	2	ナトリウム	10kg
	3	アルキルアルミニウム	10kg
	4	アルキルリチウム	10kg
	5	黄りん	20kg
	6	アルカリ金属（カリウムおよびナトリウムを除く）およびアルカリ土類金属	10kg
	7	有機金属化合物（アルキルアルミニウムおよびアルキルリチウムを除く）	10kg
	8	金属の水素化物	50kg
	9	金属のりん化物	50kg
	10	カルシウムまたはアルミニウムの炭化物	50kg
	11	その他のもので政令で定めるもの	―
	12	前各号に掲げるもののいずれかを含有するもの	―

■第4類の指定数量

種類	第4類		
性質	引火性液体		
品名と指定数量	1	特殊引火物	50ℓ
	2	第1石油類（非水溶性液体：ガソリン，ベンゼン，トルエンなど）	200ℓ
		〃 （水溶性液体：アセトン）	400ℓ
	3	アルコール類	400ℓ
	4	第2石油類（非水溶性液体：灯油，軽油など）	1,000ℓ
		〃 （水溶性液体：酢酸）	2,000ℓ
	5	第3石油類（非水溶性液体：重油，ニトロベンゼンなど）	2,000ℓ
		〃 （水溶性液体：グリセリン）	4,000ℓ
	6	第4石油類	6,000ℓ
	7	動植物油類	10,000ℓ

■第5類の指定数量

種類	第5類	
性質	自己反応性物質	
品名と指定数量	1 有機過酸化物	10kg
	2 硝酸エステル類	10kg
	3 ニトロ化合物	10kg
	4 ニトロソ化合物	10kg
	5 アゾ化合物	10kg
	6 ジアゾ化合物	10kg
	7 ヒドラジンの誘導体	100kg
	8 ヒドロキシルアミン	100kg
	9 ヒドロキシルアミン塩類	100kg
	10 その他のもので政令で定めるもの	100kg
	11 前各号に掲げるもののいずれかを含有するもの	100kg

■第6類の指定数量

種類	第6類	
性質	酸化性液体	
品名と指定数量	1 過塩素酸	300kg
	2 過酸化水素	300kg
	3 硝酸	300kg
	4 その他のもので政令で定めるもの	300kg
	5 前各号に掲げるもののいずれかを含有するもの	300kg

補足

指定数量の決まり方
指定数量は性質と品名によって定められています。したがって性質と品名が同じであれば，指定数量も同じということになります。

1
危険物と指定数量

3 指定数量の倍数計算

危険物の貯蔵所や取扱所では，指定数量をはるかに超える危険物を貯蔵したり，取扱かったりすることが少なくありません。その際，貯蔵（取扱い）量がどの程度あるかを，指定数量の何倍に相当するかで表現します。これを，指定数量の倍数といいます。

この倍数が1以上であれば，消防法の規制対象となり，1未満の場合は，消防法の規制対象外となります。この指定数量の倍数は，貯蔵している危険物が消防法の適用を受けるか否かを決める重要な指標です。

方法としては，危険物が1種類のみの場合と，2種類以上の場合で異なる計算方法を用います。

① 危険物が1種類のみの場合

貯蔵量を指定数量で割るだけで，簡単に指定数量の倍数を求めることができます。式にすると，以下のようになります。

危険物の倍数＝危険物の貯蔵量÷指定数量

それでは，軽油を8,000ℓ貯蔵している貯蔵所の指定数量の倍数を求めてみましょう。まずは，軽油の指定数量を確認しましょう。軽油は第4類の第2石油類，非水溶性液体に分類されており，指定数量は1,000ℓと規定されています。

次に，上述の計算式に当てはめてみましょう。

危険物の貯蔵量（8,000ℓ）÷指定数量（1,000ℓ）＝8（倍）

したがって，指定数量の倍数は8となり，この貯蔵所では指定数量の8倍の軽油を貯蔵していることがわかります。そのため，消防法の規制対象となります。

② 危険物が２種類以上の場合

　危険物が２種類以上の場合でも，計算方法は１種類のみの場合と同じ方法でそれぞれの指定数量の倍数を求めた後，それらをすべて足して合計の倍数を求めます。

　危険物ＡとＢを貯蔵している場合，指定数量の倍数は以下のように求めます。

危険物Ａの倍数＝危険物の貯蔵量÷指定数量
危険物Ｂの倍数＝危険物の貯蔵量÷指定数量

危険物Ａの倍数＋危険物Ｂの倍数＝指定数量の倍数

　それでは，ある貯蔵所が硫化りんを1,000kg，メタノール（アルコール類）を2,000ℓ貯蔵している場合の指定数量の倍数を求めてみましょう。

　まず，それぞれの指定数量を確認します。硫化りんは100kg，アルコール類は400ℓです。

　次にそれぞれの指定数量の倍数を求めます。

硫化りんの指定数量の倍数＝1,000÷100＝10
メタノールの指定数量の倍数＝2,000÷400＝5

　最後に，各指定数量の倍数を足すと，10＋5＝15となります。この貯蔵所では，指定数量の15倍の危険物を貯蔵していることがわかります。

　危険物の種類が２種類以上の場合でも，同様の方法で指定数量の倍数を求めることができます。合計数が１以上であれば，消防法の規制対象となります。

補足

消防法の規制対象とならない指定数量の倍数
消防法の規制対象にならないのは，指定数量の倍数が１未満の場合です。危険物が１種類のみの場合は，その危険物の指定数量の倍数が１未満であること，複数の危険物を貯蔵している場合は，それぞれの指定数量の倍数を足した合計が１未満であることが条件となります。

問1　以下の説明について，正しいものには○，誤っているものには
×をつけよ。

（1）危険物は，指定数量未満の貯蔵と取扱いについては，法
的な規制を受けることはない。

（2）性質と品名とがすべて同じ危険物の場合には，指定数量
は同一である。

（3）液体の危険物の場合，指定数量はすべて「ℓ（リットル）」
で規定されている。

（4）第2類引火性固体3,000kgは，指定数量の3倍に相当す
る。

（5）同一の場所で赤りん50kg，カリウム5kg，灯油300ℓを
貯蔵している場合には，消防法による規制は受けない。

解説　（1）指定数量未満の場合には，消防法の規制を受けることは
ありませんが，各市町村の条例による規制を受けます。

（3）液体の危険物は，第4類はℓ（リットル）で定められて
います。しかし，第4類以外は液体でもkg（キログラム）
での単位で定められています。例えば第6類の硝酸は，常
温では液体の危険物です。

（4）第2類引火性固体の指定数量は，1,000kgとなっていま
す。そのため，3,000kgの第2類引火性固体は，3,000÷
1,000＝3倍の指定数量に相当するといえます。

（5）同一の場所で危険物を複数貯蔵もしくは取扱う場合には，
各危険物の倍数を求め，合計します。赤りんの指定数量は
100kgですので50÷100＝0.5，カリウムの指定数量は
10kgですので5÷10＝0.5，灯油の指定数量は1,000ℓで
すので300÷1,000＝0.3となります。これらの合計は0.5
＋0.5＋0.3＝1.3で1を超えているため，消防法による規
制を受けることとなります。

解答 (1) × (2) ○ (3) × (4) ○ (5) ×

問2 指定数量以下の危険物の貯蔵，取扱いの規制として正しいものを選べ。

(1) 政令による規制　　(2) 告示による規制
(3) 市町村条例による規制　(4) 都道府県の条例による規制
(5) 規制はない

解説 危険物のうち，指定数量以上は消防法，指定数量未満は市町村条例で規制されています。

解答 (3)

問3 ガソリン1,000ℓ，鉄粉2,000kgを貯蔵している貯蔵所は，指定数量の何倍の危険物を貯蔵しているか，正しいものを選べ。

(1) 2.4倍　(2) 3倍
(3) 5.8倍　(4) 6倍
(5) 9倍

解説 ガソリンの指定数量は200ℓ，鉄粉の指定数量は500kgなので，指定数量の倍数はそれぞれ1,000÷200＝5と2,000÷500＝4となります。両者の合計は9で，指定数量の倍数は9倍となります。

解答 (5)

2 危険物施設の区分

まとめ & 丸暗記　　この節の学習内容とまとめ

■ 製造所
製造所は危険物を製造する施設。

■ 製造所等
指定数量以上の危険物の貯蔵や取扱いを行う施設は製造所，貯蔵所，取扱所の3種類に分類され，これらをまとめて製造所等という。

■ 貯蔵所
危険物の貯蔵と取扱いを行うための施設で，7種類に分類される。
① 屋内貯蔵所：容器を利用して屋内で保管
② 屋外貯蔵所：屋外で危険物の貯蔵と取扱いを行う
③ 屋内タンク貯蔵所：タンクを利用して屋内で保管
④ 屋外タンク貯蔵所：タンクを利用して屋外で保管
⑤ 地下タンク貯蔵所：地盤面下に埋設したタンクを利用する
⑥ 簡易タンク貯蔵所：簡易タンクを利用する
⑦ 移動タンク貯蔵所：車両に固定されたタンクを利用する

■ 取扱所
指定数量以上の危険物を「製造」以外の目的で扱う施設。
① 給油取扱所
② 販売取扱所
③ 移送取扱所
④ 一般取扱所
　の4種類に分類される。

製造所・貯蔵所

1 製造所

　指定数量以上の危険物を貯蔵したり，取扱ったりする施設は，製造所，貯蔵所，取扱所の3種類に分類されており，これらをまとめて製造所等といいます（危険物施設や施設などと呼ばれることもあります）。ここで気をつけなければならないのは，製造所等という言葉には製造所はもちろんのこと，貯蔵所と取扱所も含まれているということです。

　製造所は，文字通り市町村長等の許可を受け，危険物を製造する目的で指定数量以上の危険物を製造したり，取扱ったりする施設を指します。製造ではなく，加工のみを行う施設は製造所ではなく「取扱所」に分類されるので注意が必要です。

■製造所等の種類

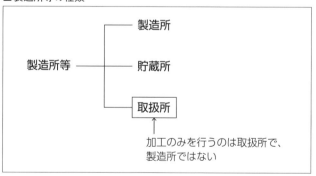

　これらのうち，貯蔵所・取扱所はさらに細分化されますが，それぞれが重要事項になります。

2 貯蔵所

貯蔵所は，危険物の貯蔵と取扱いを行うための施設のことです。貯蔵方法と場所の違いにより，以下の7種類に分類されます。

■貯蔵所の種類

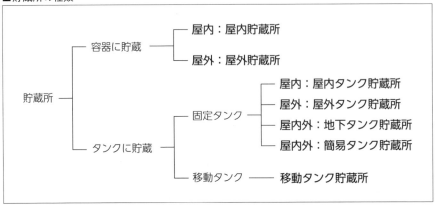

① 屋内貯蔵所

屋内貯蔵所は屋内で危険物の貯蔵と取扱いを行う施設のことで，容器に危険物を収納して保管するしくみとなっています。危険物の規制に関する政令では，「屋内の場所において危険物を貯蔵し，または取扱う貯蔵所」と規定されています。

■屋内貯蔵所

② 屋外貯蔵所

　屋外貯蔵所は屋外で危険物の貯蔵と取扱いを行うための施設で，貯蔵可能な危険物が限定されているのが特徴です。

■屋外貯蔵所

　　　　　　　　　　　貯蔵可能な危険物は，以下のように第2，第4類の一部となるため，ガソリンは貯蔵できません。

（a）第2類

　硫黄または引火性固体（引火点が0℃以上のもの）

（b）第4類

　特殊引火物以外のもの（第1石油類は引火点が0℃以上のもの）

③ 屋内タンク貯蔵所

　危険物を屋内のタンクに貯蔵，または取扱いを行う貯蔵所です。

■屋内タンク貯蔵所

簡易タンク貯蔵所のタンク容量
簡易タンク貯蔵所におけるタンク容量は，1基につき600ℓ以下と定められています。また，1つの簡易タンク貯蔵所に設置可能な簡易タンクは3基以内となっています。

2
危険物施設の区分

④ 屋外タンク貯蔵所

危険物を屋外のタンクに貯蔵，または取扱いを行う貯蔵所です。

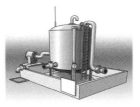

■屋外タンク貯蔵所

⑤ 地下タンク貯蔵所

地下タンク貯蔵所は，危険物を地盤面下に埋設したタンクで貯蔵，取扱う施設のことです。

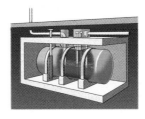

■地下タンク貯蔵所

⑥ 簡易タンク貯蔵所

簡易タンク貯蔵所は，危険物を簡易タンクで貯蔵または取扱いを行う施設のことです。

■簡易タンク貯蔵所

⑦ 移動タンク貯蔵所

移動タンク貯蔵所はタンクローリーとも呼ばれており，危険物を車両に固定されたタンクで貯蔵，取扱う施設のことです。

■移動タンク貯蔵所

2 危険物施設の区分

チャレンジ問題

問1 次の説明のうち正しいものには○，誤っているものには×をつけよ。

(1) 地盤面下に埋設したタンクで危険物を貯蔵し，または取扱う貯蔵所は地下タンク貯蔵所である。

(2) 屋外にあるタンクにおいて危険物を貯蔵し，または取扱う貯蔵所は屋外タンク貯蔵所である。

(3) 屋内のタンクにおいて危険物を貯蔵し，または取扱う貯蔵所は屋内貯蔵所である。

(4) 車両や船舶に固定されたタンクにおいて危険物を貯蔵し，または取扱う貯蔵所は移動タンク貯蔵所である。

(5) 簡易タンクにおいて危険物を貯蔵し，または取扱う貯蔵所は簡易タンク貯蔵所である。

解説 (1) 地盤面下に埋設したタンクに危険物を貯蔵し，または取扱います。

(2) 屋外タンクに危険物を貯蔵し，または取扱います。

(3) 屋内貯蔵所は屋内のタンクではなく，屋内で危険物の貯蔵と取扱いを行う施設で，容器に危険物を収納するしくみになっています。

(4) 車両や船舶ではなく，車両に固定されたタンクに危険物を貯蔵し，または取扱います。移動タンク貯蔵所はタンクローリーとも呼ばれます。

(5) 簡易タンクに危険物を貯蔵し，または取扱います。

解答 (1) ○ (2) ○ (3) × (4) × (5) ○

問2 次の説明のうち，正しいものには○，誤っているものには×を
つけよ。

（1）屋外にあるタンクを用いて危険物を貯蔵または取扱いを
行う屋外貯蔵所では，危険物の貯蔵と取扱いは車両に固定
したタンクで行う。

（2）屋内の場所において危険物を貯蔵または取扱いを行う屋
内貯蔵所では，貯蔵できる危険物が限定されている。

（3）危険物の製造所等は，危険物を製造する施設である「製
造所」のみを指す用語である。

（4）簡易タンクを用いて危険物を貯蔵または取扱いを行う簡
易タンク貯蔵所では，危険物の貯蔵と取扱いは簡易タンク
で行うよう規定されている。

（5）危険物の加工のみを行う施設である給油取扱所，販売取
引所，移送取扱所，一般取扱所などは，製造所に含まれて
いる。

解説 （1）屋外貯蔵所では，危険物の貯蔵と取扱いに際しては，車
両に固定したタンクではなく，容器に収納して保管します。

（2）貯蔵できる危険物が限定されているのは，屋内貯蔵所で
はなく屋外貯蔵所です。

（3）危険物の製造所等には，製造所をはじめとし，貯蔵所と
取扱所が含まれます。

（5）危険物を加工する施設である給油取扱所，販売取引所，
移送取扱所，一般取扱所は，製造所ではなく，取扱所に分
類されます。

解答 （1）× （2）× （3）× （4）○ （5）×

取扱所

1 取扱所

　取扱所は，指定数量以上の危険物を「製造」以外の目的で扱う施設です。具体的には，加工や移送，販売などがあり，政令によって4種類に分類されています。

① 給油取扱所

■給油取扱所

　給油取扱所は，ガソリンスタンドのように，給油設備を使って自動車などの燃料タンクに直接給油を行います。

　給油取扱所の固定給油設備と固定注油設備のポンプ機器について，次の表のように定められているのが重要です。

■ポンプ機器の最大吐出量（毎分）

区分 油種	固定給油設備	固定注油設備
ガソリン	50ℓ以下	
メタノールまたはメタノールを含有するもの	50ℓ以下	
軽油	180ℓ以下	60ℓ以下※
灯油		60ℓ以下※

※車両に固定されたタンク上部から注油する場合は，180ℓ以下

② 販売取扱所

　販売取扱所は，危険物を容器に入れたままの状態で販売するところで，第1種と第2種の2種類に分かれています。

---

③　移送取扱所

配管やポンプなどの設備を使って危険物の移送を行います。

■移送取扱所

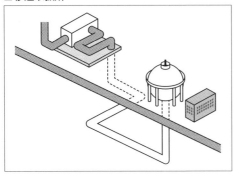

④　一般取扱所

以下のように給油取扱所，販売取扱所，移送取扱所のいずれにも該当しない取扱所です。

（1）吹付塗装作業を行う一般取扱所

（2）洗浄の作業を行う一般取扱所

（3）焼入れ作業を行う一般取扱所

（4）危険物を消費するボイラーまたはバーナー以外では危険物を取扱わない一般取扱所

（5）車両に固定されたタンクに危険物を注入する作業を行う一般取扱所

（6）容器に危険物を詰め替える作業を行う一般取扱所

（7）危険物を用いた油圧装置または潤滑油循環装置以外では危険物を取扱わない一般取扱所

（8）切削油として危険物を用いた切削装置または研削装置以外では危険物を取扱わない一般取扱所

（9）危険物以外の物を加熱するための危険物を用いた熱媒体油循環装置以外では危険物を取扱わない一般取扱所

（10）危険物を用いた蓄電池設備以外では危険物を取扱わない一般取扱所

チャレンジ問題

問1 以下の説明について，正しいものには○，誤っているものには×をつけよ。

（1）重油をボイラーなどによって消費する施設は，取扱所の中の移送取扱所に該当する。

（2）給油設備を使って自動車などの燃料タンクに給油を行うのは，販売取扱所である。

（3）販売取扱所は，取扱いができる量によって第1種，第2種と分類されている。

（4）取扱所は，指定数量以上の危険物の製造や取扱いを行うための施設である。

（5）容器入りのままで危険物を販売する施設は，取扱所の中の販売取扱所に該当する。

解説 （1）重油をボイラー等によって消費する施設は，移送取扱所ではありません。一般取扱所のうち，「危険物を消費するボイラーまたはバーナー以外では危険物を取扱わない一般取扱所」に該当します。

（2）給油設備を使って自動車等の燃料タンクに給油を行うのは，販売取扱所ではなく，給油取扱所となります。

（3）第1種と第2種の違いは，第2種の方が取扱いができる危険物の量が多いことです。

（4）取扱所は，危険物の取扱いは行いますが，製造は行いません。製造は製造所が担当します。

解答 （1）×（2）×（3）○（4）×（5）○

3 製造所等の各種手続き

まとめ & 丸暗記　　この節の学習内容とまとめ

■ **申請手続き**

許可申請，承認申請，検査申請，認可申請の4種類。市町村長等や消防長・消防署長などの許可や承認が必要。

■ **届出手続き**

① 製造所等の譲渡または引き渡し

② 製造所等の用途の廃止

③ 危険物の品名，数量または指定数量の倍数の変更

を行う場合に必要。

■ **製造所等の設置・変更**

市町村長等の許可が必要。

設置・変更の許可申請→許可→工事着工→（液体危険物タンクを有する場合は完成検査前検査の申請→完成検査前検査→通知またはタンク検査済証の交付が必要）→工事完了→完成検査の申請→完成検査→完成検査済証交付→使用開始

■ **仮貯蔵・仮取扱い**

製造所等以外の場所で，10日以内に限り指定数量以上の危険物の貯蔵や取扱いができる。所轄の消防長か消防署長に申請して承認を受けることが条件となっている。

■ **仮使用**

製造所等の設備を一部変更する場合，変更部分以外の一部，もしくは全部に関して仮に使用することができる制度。市町村長等の承認が必要。

各種申請と届出

1 各種申請手続き

危険物に関する手続きは，**申請手続きと届出手続き**に大きく分けることができます。申請手続きは**許可申請，承認申請，検査申請，認可申請**の4種類ありますが，**市町村長等**や**消防長・消防署長**などの許可や承認を得なければなりません。そのため，届出よりも厳格な形となっています。

■申請手続きの種類

手続き内容	申請手続きの種類	申請先
製造所等の設置	許可	市町村長等
製造所等の位置，構造，設備の変更		
仮使用	承認	消防長・消防署長
仮貯蔵・仮取扱い		
完成検査	検査	市町村長等
完成検査前検査		
保安検査		
予防規程の作成，変更	認可	

　例えば川崎市では，製造所の申請には申請書をはじめとし，構造設備明細書，危険物貯蔵・取扱数量算定計算書（倍数集計表），事業所全体配置図，製造所等の周囲状況，機器全体配置図（平面図・立面図），工程概要説明書，工程概要図（フローシート），機器・装置等の漏れ，溢れ，飛散に対する安全対策，緊急時（エマージェンシー）対策，機器リスト，危政令第9条第1項第20号該当タンクの構造図，タンク基礎図等，その他の危険物取扱い機器の構造，建築物，工作物の概要（基礎図含む），囲い，油分離装置，貯留設

補足

申請手続きの申請先
申請先はいくつかの例外を除いては基本的に市町村長となります。仮貯蔵・仮取扱いに関しては，消防長または消防署長となっています。

29

備，床の傾斜，排水関係図，配管図（配管支持物等含む），避雷設備の概要など多岐にわたる書類に記入をし，申請を行わなければなりません。

2　各種届出手続き

製造所等の譲渡や廃止などを行う場合には，市町村長等に対して届出手続きを提出する必要があります。

①　製造所等の譲渡または引き渡し

製造所等の譲渡（譲受人）や引き渡しを受けた人は，市町村長等に届出を行わなければなりません。

②　製造所等の用途の廃止

製造所等の用途を廃止した場合には，製造所等の管理者，または占有者，所有者は市町村長等に届出を行わなければなりません。

③　危険物の品名，数量または指定数量の倍数の変更

製造所等の構造，位置，設備を変更せずに貯蔵，取扱いを行う危険物の指定数量の倍数を変更する場合には，市町村長等に届出を行わなければなりません。届出は，変更を行う10日前までに行います。

■届出手続きの種類

手続き内容	届出先	届出期限
製造所等の譲渡または引き渡し	市町村長等	延滞なく行うこと
製造所等の用途の廃止		延滞なく行うこと
危険物の品名，数量または指定数量の倍数の変更		変更を行う日の10日前まで
危険物保安監督者の選任，解任		延滞なく行うこと
危険物保安統括管理者の選任，解任		延滞なく行うこと

チャレンジ問題

問1 以下の説明について，正しいものには○，誤っているものには×をつけよ。

(1) 製造所等の譲渡があった場合には，譲渡した者が市町村長等に届出を行わなければならない。

(2) 申請手続きには，許可申請，承認申請，検査申請，認可申請，廃止申請がある。

(3) 製造所等の構造，位置，設備を変更せずに貯蔵，取扱いを行う危険物の指定数量の倍数を変更する場合には，変更を行う20日前までに市町村長等に届出を行う。

(4) 製造所等の用途を廃止した場合には，製造所等の管理者，または占有者，所有者が届出を行う。

(5) 申請手続きは，すべて市町村長等に対して行わなければならない。

解説 (1) 製造所等の譲渡があった場合には，譲渡した者ではなく，譲受人もしくは引き渡しを受けた人が届出を行います。

(2) 許可申請，承認申請，検査申請，認可申請の4種類で，廃止は届出となります。

(3) 製造所等の構造，位置，設備を変更せずに貯蔵，取扱いを行う危険物の指定数量の倍数を変更する場合，変更を行う10日前までが正解です。

(5) 仮貯蔵，仮取扱いは消防長・消防署長，それ以外は市町村長等に対して行います。

解答 (1)× (2)× (3)× (4)○ (5)×

製造所等の設置・変更

1 設置・変更の許可

　製造所等を設置したり，位置や構造，設備を変更したりするときには，市町村長等に申請を行い，許可を受ける必要があります。

　この申請許可がないと，工事を行うことはできません。また，申請を提出せずに製造所等の位置や構造，設備を変更した場合には，無許可変更を行ったとして，設置許可の取り消しや使用停止命令といったペナルティが科されます。

2 使用開始までの流れ

　製造所等の設置，位置，構造，設備の変更を行う場合には，市町村長等に許可申請を行います。許可証が交付されると，工事に着工することができますが，交付前または無許可で着工してしまうと，無許可変更を行ったとして使用停止命令または設置許可の取り消しとなります。

　許可証の交付後に工事に着工する際，製造所等が液体危険物タンク（液体の危険物を貯蔵するタンク）を有する場合には完成検査前検査の申請を行い，検査を実際に行って通知またはタンク検査済証の交付を受ける必要があります。

　完成検査前検査とは，液体危険物タンクに漏れがないか，変形がないかといった内容について細かく検査を行うことです。工事着工から完了までの間，つまり，完成検査の前に行う検査であることから，完成検査前検査と呼ばれています。

　工事が完了すると，完成検査の申請を行い，完成検査の後，技術上の基準に適合していることが認められてはじめて完成検査済証が交付されます。ここから，製造所等が使用できるようになります。

　この申請手続きの流れをまとめると，次のようになります。

■製造所等の設置・変更の流れ

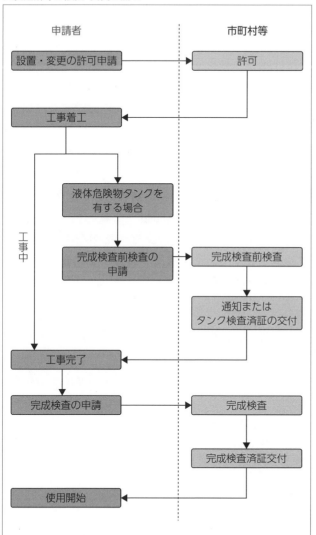

3
製造所等の各種手続き

市町村長等の意味
移送取扱所を除く製造所等の場合には，消防本部と消防署を設置する市町村では市町村長，それ以外の場合には都道府県知事を指します。また，移送取扱所では，消防本部と消防署を設置する市町村では市町村長，それ以外の場合には都道府県知事，2つ以上の都道府県にまたがる場合には総務大臣を指します。

チャレンジ問題

問1 以下の説明について，正しいものには○，誤っているものには×をつけよ。

(1) 製造所等を設置する場合，工事着工後に市町村等に届出を行わなければならない。

(2) 製造所等の設置・変更について，液体危険物タンクを有している場合には，工事着工と完了の間に完成検査前検査を行わなければならない。

(3) 製造所等を設置する場合，許可申請を提出後すぐに工事に着工しても構わない。

(4) 製造所等を設置する手順（液体危険物タンクがない場合）は，設置許可申請→許可→工事開始→工事完了→完成検査の申請→完成検査→完成検査済証交付→使用開始となる。

(5) 地下タンクを有する給油取扱所を設置する場合には，完成検査前検査を受ける必要はない。

解説 (1) 工事着工前に，市町村等に許可申請を行います。この許可申請を行わないと，無許可変更として設置許可の取り消しや使用停止命令を受けます。

(3) 許可申請を行い，許可を受ける必要があります。許可がない場合には工事を行うことはできません。

(5) 地下タンクは液体危険物タンクに該当するため，完成検査前検査を受ける必要があります。

解答 (1) × (2) ○ (3) × (4) ○ (5) ×

仮貯蔵・仮取扱い，仮使用

1 仮貯蔵・仮取扱い

　指定数量以上の危険物を貯蔵もしくは取扱いできるのは，製造所等のみに限定されています。しかし，所轄の消防長か消防署長に申請して許可を受けることができれば，製造所等以外の場所で，10日以内に限り貯蔵や取扱いができるようになります。この制度を，仮貯蔵・仮取扱いといいます。申請先は市町村長等ではなく所轄の消防長か消防署長です。

場所：製造所等以外の場所
内容：指定数量以上の危険物を期間限定で貯蔵もしくは取扱いを行う
申請先：消防長または消防署長
期間：10日以内

　京都市では，仮貯蔵等の期間は次のように規定されています。

　仮貯蔵等の期間は，法定期間である「10日以内」に限る。また，同一の場所において，繰り返し継続的な仮貯蔵等を承認することは，原則として認められない。ただし，次に掲げる場合は，3月を限度として認めることができる。

（1）災害の復旧現場において，仮貯蔵等を行う場合
（2）前後の承認の間に連続性がない場合

補足

消防長と消防署長の違い
市町村が設置する消防の組織には，消防本部，消防署，消防団があります。消防長は，消防の組織や人事，危険物規制などを行う消防本部の長で，消防署長は消火，救急，救助などの災害に対応する組織である消防署の長です。なお，自主的に市町村を守る消防組織である消防団の長は，消防団長といいます。

3

製造所等の各種手続き

（3）承認後，承認時の事情に変化があり，承認を更新することが火災の予防上支障がないと認められる場合

（4）その他更新することがやむを得ず，かつ，火災の予防上支障がないと認められる場合

2 仮使用

　製造所等の設備を一部変更する場合には，**許可申請**が必要となりますが，完成検査に合格するまで施設が使えなくなると，業務に支障が出てしまいます。そこで，**市町村長等**の承認が得られれば，**変更部分以外の一部**，もしくは**全部に関して仮に使用**することができるようになります。この制度を，**仮使用**といいます。

　内容をまとめると，次のようになります。

場所：使用している製造所等
内容：変更工事を行っている間，工事とは無関係分を仮に使用する
申請先：市町村長等
期間：変更工事の期間中

■仮使用で使用できる部分

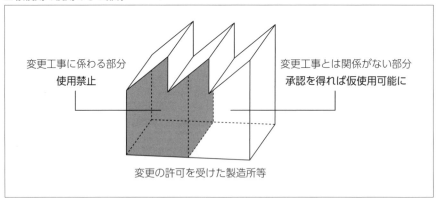

変更工事に係わる部分
使用禁止

変更工事とは関係がない部分
承認を得れば仮使用可能に

変更の許可を受けた製造所等

チャレンジ問題

3

問1 以下の仮貯蔵，仮取扱い，仮使用の説明について，正しいもの
には○，誤っているものには×をつけよ。

（1）仮使用は，製造所等の設備を一部変更する時だけでなく，
製造所等の設置を行う場合でも認められている。

（2）指定数量以上の危険物の貯蔵や取扱いは，原則として製
造所等のみに認められている。

（3）仮使用は，市町村長等の承認を受け，変更工事にかかわ
る部分以外の部分について，完成検査前の工事期間中，仮
に使用できることをいう。

（4）指定数量以上の危険物の仮貯蔵と仮取扱いを行う場合に
は，市町村長等の許可を得なければならない。

（5）指定数量以上の危険物の仮貯蔵と仮取扱いは，許可が得
られれば，製造所等以外の場所で10日以上にわたって可能
となる。

解説 （1）仮使用が認められているのは変更工事のときのみです。

（2）指定数量以上の危険物の貯蔵や取扱いは，仮貯蔵と仮取
扱いで例外的に認められています。

（4）仮貯蔵と仮取扱いに関しては，市町村長等ではなく，消
防長または消防署長の許可が必要です。なお，仮使用の申
請先は市町村長等であるため，間違えやすいので注意しま
しょう。

（5）製造所等以外の場所で指定数量以上の危険物の仮貯蔵と
仮取扱いができる期間は，10日以内に限定されています。

解答 （1）×（2）○（3）○（4）×（5）×

4 義務違反に対する措置

まとめ & 丸暗記　　この節の学習内容とまとめ

■ **貯蔵・取扱いの基準遵守命令**
市町村長等が違法に危険物を貯蔵，取扱いをしている製造所等に対し，技術基準に従うよう命じること。

■ **製造所等の基準適合命令**
市町村長等が位置，構造，設備の技術基準に違反している製造所等に対し，技術基準に従うよう命じること。

■ **危険物保安監督者等の解任命令**
市町村長等が製造所等の所有者等に対して，危険物保安監督者や危険物保安統括管理者の解任を命じること。

■ **応急措置命令**
市町村長等が所有者等に対して，危険物のさらなる流出防止，被害の拡散防止などの応急措置を命じること。

■ **無許可貯蔵等の危険物に対する措置命令**
市町村長等が無許可貯蔵や取扱いを行っている者に，危険物除去などの措置を命じること。

■ **許可の取り消しまたは使用停止命令の対象事項**
①無許可変更　　　②基準適合命令の違反　　　③完成検査前の使用
④保安検査未実施　　⑤定期点検未実施等

■ **使用停止命令のみの対象事項**
①基準遵守命令違反　　②危険物保安統括管理者未選任等
③危険物保安監督者未選任等
④危険物保安統括管理者等の命令違反

義務違反等に対する措置

1 貯蔵・取扱いの基準遵守命令

製造所等は，危険物の貯蔵や取扱いについては，法令が規定する技術上の基準に従う必要があります。この基準に違反している製造所等に対して，市町村長等は技術上の基準に従うよう命令することができます。

これを基準遵守命令といい，この命令が出されたにもかかわらず違反し続ける製造所等は，施設の使用停止命令の対象となるので注意が必要です。

2 製造所等の基準適合命令

製造所等の構造，設備，位置等は，法令が定める技術上の基準に従う必要があります。この基準に違反している製造所等に対して，市町村長等は製造所等の改造，修理，移転などを命ずることができます。これを基準適合命令といいます。

この命令が出されたにもかかわらず違反し続ける製造所等は，施設の使用停止命令または設置許可の取り消しの対象となります。

例えば，横浜市には「危険物貯蔵・取扱基準適合命令書」と「危険物製造所等修理・改造・移転命令書」の命令書があり，それぞれ下記の内容が記載されています。

①製造所等の設置場所　②製造所等の別　③設置許可年月日及び許可番号　④措置事項　⑤履行期限

補足

施設の使用停止命令，設置許可取り消しの対象とならない措置命令応急措置命令，予防規程の変更命令，無許可貯蔵等の危険物に対する措置命令は，従わなくても施設の使用停止命令，設置許可取り消しの対象にはなりません。

4
義務違反に対する措置

3 危険物保安監督者等の解任命令

　危険物保安監督者や危険物保安統括管理者が消防法令に違反した場合や，これらの者にその業務を行わせることが公共の安全の維持や災害の発生の防止に支障を及ぼすおそれがあるときには，市町村長等は製造所，貯蔵所または取扱所の所有者，管理者または占有者に対して**危険物保安監督者，危険物保安統括管理者**の解任を命じることができます。消防法第13条の24には，以下のように規定されています。

　市町村長等は，危険物保安統括管理者もしくは危険物保安監督者がこの法律もしくはこの法律に基づく命令の規定に違反したとき，またはこれらの者にその業務を行わせることが公共の安全の維持もしくは災害の発生の防止に支障を及ぼすおそれがあると認めるときは，第12条の7第1項または第13条第1項に規定する製造所，貯蔵所または取扱所の所有者，管理者または占有者に対し，危険物保安統括管理者または危険物保安監督者の解任を命ずることができる。

　この解任命令を無視して解任しないときには，施設の使用停止命令の対象になります。
　横浜市では，横浜市長が危険物保安監督者，危険物保安統括管理者の解任を命ずることができますが，「危険物保安統括管理者・危険物保安監督者解任命令書」では，日付，解任命令書を行う施設名の住所と担当者に加えて以下の内容が記入されます。

（1）解任理由
（2）製造所等の設置場所
（3）製造所等の別
（4）設置許可年月日および許可番号

4 応急措置命令／予防規程の変更命令

　製造所等で事故が発生したり，危険物が流出したりした場合には，市町村長等は，所有者等に対し，危険物のさらなる流出防止，被害の拡散防止，流出した危険物の除去，火災の発生防止などの応急措置を命ずることができます。ただし，現場付近にいる人に消火活動を行わせることは応急措置には含まれません。

　また，市町村長等は，火災予防などの目的で，予防規程の変更を命令することができます。予防規程は，製造所等が定めて市町村長等の認可を受けるものです。消防法第14条の2では，「市町村長等は，火災の予防のため必要があるときは，予防規程の変更を命ずることができる」と規定されています。

5 無許可貯蔵等の危険物に対する措置命令

　製造所等が設置許可や仮貯蔵・仮取扱いの承認を得ずに指定数量以上の危険物の貯蔵や取扱いを行った場合には，重大な違反行為となります。

　市町村長等は，こうした無許可貯蔵や取扱いを行っている者に対して，災害防止の観点から危険物の除去などの措置を命ずることができます。

　消防法の第16条の6では，「市町村長等は，第10条第1項ただし書の承認または第11条第1項前段の規定による許可を受けないで指定数量以上の危険物を貯蔵し，または取扱っている者に対して，当該貯蔵または取扱いに係る危険物の除去その他危険物による災害防止のための必要な措置をとるべきことを命ずることができる」と規定されています。

補足

消防機関への通報義務
危険物の流出等の事故が製造所等で発生したとき，発見者は消防機関等へ速やかに通報しなければなりません。また，虚偽の通報に対しては罰則が科されます。

4

義務違反に対する措置

問1　以下の説明について，正しいものには○，誤っているものには
×をつけよ。

（1）製造所等で危険物の流出等が発生した時には，所有者等
は直ちに応急措置を講じなければならない。

（2）危険物が流出したことで火災が発生した場合，現場付近
の人に消火活動を手伝ってもらうことは応急措置として認
められる。

（3）予防規程の変更命令は，従わなくても施設の使用停止命
令や設置許可取り消しの対象にはならない。

（4）製造所等の技術基準を守らずに危険物を貯蔵，もしくは
取扱いをしている場合，市町村長等は直ちに施設の使用停
止を命ずることができる。

（5）危険物保安監督者や危険物保安統括管理者が消防法令に
違反した場合，市町村長等はこれらの者に対して直接解任
を命ずることができる。

解説　（2）現場付近の人に消火活動を手伝ってもらうことは，応急
措置としては認められていません。

（4）技術基準を守らずに危険物を貯蔵，もしくは取扱いをし
ている場合には，先に貯蔵・取扱いの基準遵守命令が出さ
れ，これに従わない場合に施設の使用停止命令が出されま
す。

（5）危険物保安監督者や危険物保安統括管理者が消防法令に
違反した場合における危険物保安監督者等の解任命令は，
危険物保安監督者や危険物保安統括管理者に対してではな
く，製造所等の所有者等に対して出されるものです。

解答　（1）○ （2）× （3）○ （4）× （5）×

許可の取り消し，使用停止命令

1 許可の取り消しまたは使用停止命令の対象事項

製造所等が以下の5つのいずれかに該当する違反を犯した場合には，市町村長等は，製造所等に対して設置許可の取り消しや，期間限定の使用停止を命じることができます。

① 無許可変更

許可を得ずに位置，構造，設備を変更した場合。

② 基準適合命令の違反

基準適合命令（位置，構造，設備に対する修理，改造移転などの命令）に従わなかった場合。

③ 完成検査前の使用

完成検査証の交付前に製造所等を使用した場合，もしくは，仮使用の承認を得ずに製造所等を使用した場合。

④ 保安検査未実施

保安検査を受けてない場合（ただし，屋外タンク貯蔵所と移送取扱所に限る）。

⑤ 定期点検未実施等

定期点検を実施してない，もしくは定期点検を行った際の点検記録を作成，保存していない場合。

補足

使用停止命令
製造所等が使用停止命令を命じられた場合，一定期間は貯蔵や取扱いができなくなりますが，それを過ぎると再開することができます。

許可設置の取り消し
許可設置の取り消しが命じられると，危険物の貯蔵や取扱いができなくなります。

4
義務違反に対する措置

2 使用停止命令のみの対象事項

　製造所等が以下の4つのいずれかに該当する違反を犯した場合には，市町村長等は，製造所等に対して**使用停止**を命じることができます。この命令は，定められた期間だけ効力を発揮します。

① 基準遵守命令違反
　危険物の貯蔵，取扱い基準の遵守命令に従わなかった場合（ただし，移動タンク貯蔵所については，市町村長の管轄区域下においてその命令に従わなかった場合）。

② 危険物保安統括管理者未選任等
　該当する製造所等が，危険物保安統括管理者を選任していない，もしくは選任しても保安に関する業務を行わせていない場合。

③ 危険物保安統括管理者等の解任命令違反
　危険物保安統括管理者または危険物保安監督者の解任命令に違反した場合。つまり，解任命令に従って危険物保安統括管理者または危険物保安監督者を解任しなかった場合となります。

④ 危険物保安監督者未選任等
　該当する製造所等が，危険物保安監督者を選任していない，もしくは選任しても保安に関する業務を行わせていない場合。

　これらはいずれも，危険物保安統括管理者や危険物保安監督者といった「人的違反」である点で共通しています。
　使用停止命令は施設の構造や位置などに関する違反である「許可の取り消しまたは使用停止命令」とは対照的なので，違いを把握した上できちんと覚えておきましょう。

3 その他の命令

市町村長等は，他にも以下の３種類の命令を製造所等に対して命じることができます。

① 資料提出命令・立入検査

危険物の貯蔵や取扱いに伴う火災防止の必要性を認めたとき，市町村長等は指定数量以上の危険物の貯蔵や取扱いを行っているすべての場所の所有者等に対して，資料の提出や報告，消防事務に従事する職員による立入検査を命じることができます。

また，危険物の流出等の事故により火災が発生する危険がある場合でも，原因究明のために資料提出命令や立入検査をすることができます。

② 緊急使用停止命令

公共の安全の維持または災害発生の防止のため緊急の必要があると認める場合には，市町村長等は製造所等の所有者等に対して，**製造所等の使用を一時停止または使用制限**を命じることができます。

③ 移動タンク貯蔵所の停止

危険物の移送によって火災防止のために特に必要であると認める場合，**消防吏員または**警察官は移動タンク貯蔵所に乗車している危険物取扱者に対して，危険物取扱者免状の提示を求めることができます。

消防吏員とは，消防職員の中で，制服を着て消火，救急等の業務に携わる人を指します。

補足

緊急使用停止命令の解除

緊急使用停止命令は，①火災の鎮火，漏えい危険物の回収など災害防除措置の状況②当該危険物施設における消防法令の遵守状況③事故原因を踏まえた再発防止策の内容を勘案し，公共の安全維持と災害発生の防止が確保されたときに解除されます。

4 義務違反に対する措置

45

問1 以下の説明について，正しいものには○，誤っているものには×をつけよ。

(1) 市町村長等は，危険物の貯蔵や取扱いに伴う火災防止の必要性が認めた場合，指定数量以上の危険物の貯蔵や取扱いを行っているすべての場所の所有者等に対して，資料の提出や報告，立入検査を命ずることができる。

(2) 市町村長等は，危険物の移送によって火災防止のために特に必要であると認める場合，移動タンク貯蔵所に乗車している危険物取扱者に対して，危険物取扱者免状の提示を求めることができる。

(3) 危険物の流出等の事故で火災が発生する危険がある場合には，市町村長等は製造所等に対して資料提出命令や立入検査を命ずることができない。

(4) 市町村長等は，公共の安全維持または災害発生防止のため緊急の必要があると認める場合には，製造所等の使用の永久停止を命ずることができる。

(5) 緊急使用停止命令は，火災の鎮火，漏えい危険物の回収など災害防除措置の状況，当該危険物施設における消防法令の遵守状況，事故原因を踏まえた再発防止策の内容を勘案し，公共の安全維持と災害発生の防止が確保されたときに解除される。

解説 (2) 資料の提出や報告，立入検査を命じることができるのは，市町村等ではなく，消防吏員または警察官です。

(3) 危険物の流出等の事故で火災が発生する危険がある場合でも，資料提出命令や立入検査を命ずることができます。

(4) 永久停止ではなく，一時停止または使用制限です。

解答 (1) ○ (2) × (3) × (4) × (5) ○

4
義務違反に対する措置

問2 製造所等の所有者などに対して，法令上，市町村長等が許可取り消しを命令することができる事項に該当しないものは，以下のどれか。

（1）完成検査済証の交付前使用
（2）位置，構造，設備の無許可変更
（3）保安検査を受けていない移送取扱所
（4）危険物の貯蔵，取扱い遵守命令違反
（5）定期点検が義務づけられている製造所等の定期点検の未実施

解説 （4）危険物の貯蔵，取扱い遵守命令は，市町村長等の措置命令に該当します。

解答 （4）

問3 使用停止命令の発令理由として適切なものを選べ。

（1）危険物保安講習を危険物取扱者が受講してないとき
（2）危険物保安監督者を選任していないとき
（3）危険物施設保安員を選任していないとき
（4）危険物が流出した際，応急措置を講じてないとき
（5）予防規程を承認なしに変更したとき

解説 （2）危険物保安監督者を選任していないときに，使用停止命令が発令されます。

解答 （2）

5 危険物取扱者制度

まとめ & 丸暗記　　　この節の学習内容とまとめ

■ 危険物取扱者の免状

取扱える危険物の種類によって，甲種，乙種，丙種に分かれている。甲種は第1～6類すべて，乙種は取得した免状に記載された危険物のみ，丙種は第4類危険物のうち，指定されたもののみを扱える。

■ 立会い

無資格者が危険物を取扱うとき，危険物取扱者が監督や指示を与えるために現場に居合わせること。

■ 免状の交付

危険物取扱者試験の合格者が受験した都道府県の知事に申請する。

■ 免状の再交付

免状を汚損，破損，亡失，滅失した場合に，免状を交付した都道府県知事か，書き換えをした都道府県知事に申請を行うと再交付が可能。

■ 免状の書き換え

①氏名，本籍地が変更になった場合②添付写真が撮影から10年経過した場合といった免状の記載事項に変更があった場合に必要。

■ 免状の不交付

①危険物取扱者免状の返納を命じられており，その日から起算して1年を経過しない者②消防法またはこの法律に基づく命令の規定に違反して罰金以上の刑に処せられ，その執行を終わり，または執行を受けることがなくなった日から起算して2年を経過しない者に対して，都道府県知事は免許の不交付が可能。

危険物取扱者制度

1 免状の種類と権限

　国家資格である**危険物取扱者試験**に合格し，都道府県知事より危険物取扱者の**免状**を交付された者は，危険物取扱者になることができます。この免状は，取扱える危険物の種類によって，**甲種，乙種，丙種**の３種類に分かれています。

　危険物を製造所等で取扱う場合，危険物取扱者（甲種，乙種，丙種）自身で取扱う場合と，危険物取扱者（甲種または乙種）が立会い，危険物取扱者ではない無資格者が行う２通りの方法があります。

　危険物の取扱いは危険物取扱者の資格を持つものだけが可能で，無資格者は取扱うことができません。そのため，**無資格者が危険物を取扱う場合には，危険物取扱者は監督や指示を与えるために現場に居合わせる必要があります。これを立会い**といいます。

　甲種，乙種，丙種の違いは以下の通りです。甲種は第１〜６類にわたるすべての危険物を扱え，立会いも可能です。乙種は，第１〜６類について，取得した免状に記載された危険物のみ，取扱いと立会いが可能となっています。丙種は第４類危険物のうち，指定されたもののみを扱えますが，立会いはできません。

　なお，丙種で取扱える指定された危険物とは，ガソリン，灯油，軽油，第３石油類の重油，潤滑油および引火点が130℃以上のもの，第４石油類，動植物油類です。

　この違いを表にまとめると，次のようになります。

補足

日本全国で有効な免状
危険物取扱者の免状は，取得した都道府県に限らず，日本全国で有効となっています。

■危険物取扱者の種類と違い

	甲種	乙種	丙種
取扱える危険物の種類	第1～6類すべて	免状に指定された類	指定された危険物のみ
立会いの権限	○	○	×
危険物保安監督者になれるか	○ (ただし6カ月の実務経験が必要)	○ (ただし6カ月の実務経験が必要)	×

2 免状の手続き

① 免状の交付

　危険物取扱者試験の合格者は，受験した都道府県の知事に申請すると，危険物取扱者免状が交付されます。免状には，氏名，生年月日，本籍地，甲乙丙種の別，交付年月日，交付番号，交付知事などが記載されています。

■危険物取扱者免状

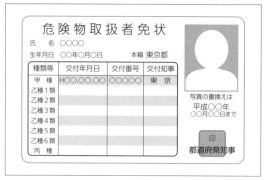

② 免状の再交付

　交付された免状を汚損，破損，亡失，滅失した場合には，免状を交付した都道府県知事か，書き換えをした都道府県知事に申請を行うと免状の再交付が可能となります（ただし，義務ではありません）。

　汚損や破損の場合は，申請書に免状を添える必要があります。再発行を受けたものの，亡失免状を発見した場合には，この免状を都道府県知事に10日以内に提出しなければなりません。

③　免状の書き換え

　免状の記載事項に変更があった場合には，延滞なく免状の書き換えを申請しなければなりません。申請は免状を交付した都道府県知事，もしくは居住地や勤務地を管轄する都道府県知事に対して行います。

　変更内容とは，以下の2点を指します。

①　氏名，本籍地の都道府県が変更になった場合
②　添付写真が撮影から10年経過した場合

　危険物取扱者免状には更新制度は採用されていないので，免状の書き換えは免状の更新ではないことに注意する必要があります。なお，添付写真の条件を考えると，免状は10年経過するごとに書き換えをしなければなりません。

　免状の交付，再交付，書き換え，亡失免状の発見についてまとめると，以下のようになります。

■免状の内容と申請先

手続き	内容	申請先
交付	危険物取扱者試験の合格者に交付	試験を行った都道府県知事
再交付	免状を汚損，破損，亡失，滅失した場合	免状を交付した都道府県知事免状の書き換えをした都道府県知事
書き換え	氏名もしくは本籍が変更になった場合，免状の写真が10年を経過した場合	免状を交付した都道府県知事，居住地の都道府県知事，勤務地の都道府県知事
亡失免状の発見	免状の再交付後，亡失免状を発見した場合	再交付を受けた都道府県知事

補足

免状の亡失と滅失
亡失とは免状をなくすことで，滅失とは燃焼や溶解により免状自体がなくなってしまうことです。

5
危険物取扱者制度

危険物取扱者免状を交付した都道府県知事は，その**危険物取扱者**が消防法令に違反している場合に免状の返納を命じることができます。

　この他，都道府県知事は，以下に該当する危険物取扱者試験合格者に対して，免状を交付しないことが可能です（不交付）。

① 　危険物取扱者免状の返納を命じられており，その日から起算して１年を経過しない者
② 　消防法またはこの法律に基づく命令の規定に違反して罰金以上の刑に処せられ，その執行を終わり，または執行を受けることがなくなった日から起算して２年を経過しない者

　例えば，千葉県における**免状返納命令**の基本的なしくみは次のようになっています。Ａ県知事が交付した免状を持ち，Ａ県ａ市で業務を行う危険物取扱者が違反を犯した場合を考えてみましょう。ａ市の市町村長等が違反を把握すると，違反事項をその危険物取扱者に通知，さらにＡ県知事に対して報告を行います。報告を受けたＡ県知事は，違反処理台帳に記載，管理を行い，Ｃ県知事に対して違反台帳の有無を確認，違反台帳の移管を行います。その後，Ａ県知事はその危険物取扱者に対して聴聞・免状返納命令を命じます。

■免状返納命令の基本的なしくみ（千葉県）

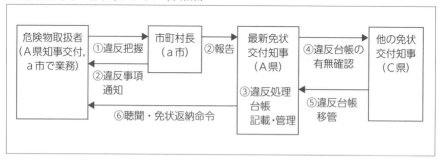

チャレンジ問題

問1 以下の説明について，正しいものには○，誤っているものには×をつけよ。

(1) 危険物取扱者は，危険物を取扱える量によって，甲種，乙種，丙種の3種類に分かれている。

(2) 危険物取扱者の免状の書き換えは，免状を交付した都道府県知事に申請する必要がある。

(3) 危険物取扱者の免状を汚損または破損した場合には，再交付を申請することができる。

(4) 危険物取扱者の免状を亡失して再交付を受けた場合，その亡失した免状を発見した時には15日以内に再交付を受けた都道府県知事に対してその発見した免状を提出しなければならない。

(5) 危険物取扱者免状の返納を命じられており，その日から起算して1年を経過しない者や，消防法またはこの法律に基づく命令の規定に違反して罰金以上の刑に処せられ，その執行を終わり，または執行を受けることがなくなった日から起算して2年を経過しない者は，都道府県知事が危険物取扱者の免状を交付しない場合がある。

解説 (1) 危険物取扱者は，危険物の取扱い量ではなく，取扱える種類によって分かれています。

(2) 免状を交付した都道府県知事だけでなく，居住地や勤務地を管轄する都道府県知事にも申請できます。

(4) 15日以内ではなく，10日以内です。

解答 (1)× (2)× (3)○ (4)× (5)○

保安講習

1 受講義務のある者

　保安講習とは，一定時期に製造所等で危険物の取扱い作業に従事する危険物取扱者向けの講習のことです。都道府県知事が実施し，危険物取扱者は受講義務を負います。ただし，危険物取扱者の資格を持っていても，危険物の取扱い作業に従事していない場合には受講義務は発生しません。

2 受講期間

　保安講習は，甲種，乙種，丙種にかかわらず受講義務は同じで，どの都道府県で受講してもよいことになっています。受講の時期は原則と例外の2種類に分かれています。

① 原則

　危険物取扱いに従事し始めた日から1年以内に受講します。その後は，受講した日以降の最初の4月1日から3年以内ごとに受講を繰り返すしくみとなっています。

■保安講習の原則

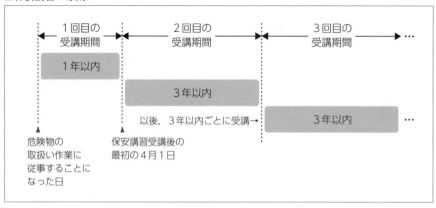

② 例外

危険物の取扱い作業に従事することになった日よりも過去2年以内に免状の交付か保安講習を受けている場合には，受講期間が変わります。具体的には，免状の交付か保安講習を受けた日以降の最初の4月1日から3年以内に受講し，以後，3年以内ごとに受講を繰り返します。

なお，受講義務のある者で，受講を怠った場合には，免状の返納命令の対象となるので注意が必要です。

■保安講習の例外

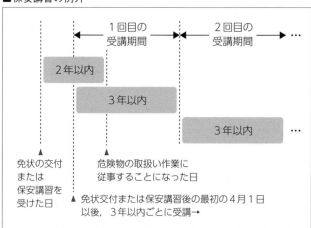

保安講習の正式名称は「**危険物の取扱作業の保安に関する講習**」といいます。

自動車免許などとは異なり，消防法令に違反した危険物取扱者が受講する講習ではなく，**現在危険物の取扱い作業に従事している危険物取扱者に受講義務**があります。間違えやすいので注意しましょう。

保安講習の受講義務がない者
①危険物取扱者ではあるが，危険物の取扱い作業には従事していない者②危険物取扱者ではないが，危険物の取扱い作業に従事している者

5
危険物取扱者制度

問1　以下の説明について，正しいものには○，誤っているものには
×をつけよ。

（1）保安講習の受講義務がある者は，製造所等で危険物の取
扱い作業に携わるすべての人である。

（2）保安講習の内容は甲種，乙種，丙種で変わるわけではな
く，いずれの都道府県でも受講できる。

（3）現状で危険物の取扱い作業に従事していない危険物取扱
者には，保安講習の受講義務はない。

（4）保安講習後の4月1日以後，1年以内ごとに受講を繰り
返さなければならない。

（5）危険物取扱者の免状を取得後，すぐに危険物の取扱い作
業に従事し，その日から1年3カ月が過ぎた場合，この者
は保安講習の受講時期が過ぎている。

解説　（1）現在危険物の取扱い作業に従事している危険物取扱者の
みが対象で，危険物取扱者の資格を持たない人には受講義
務はありません。

（4）保安講習の原則では，1年ごとではなく，3年以内ごと
に受講を繰り返します。

（5）これは過去2年以内に免状の交付を受けた場合に相当す
るため，保安講習の例外の扱いとなります。そのため，免
状の交付以降，最初の4月1日から3年以内に受講すれば
よいため，1年3カ月は受講期限内です。

解答　（1）×　（2）○　（3）○　（4）×　（5）×

問2　危険物保安講習に関する内容について，正しいものを選べ。

（1）危険物保安監督者のみに受講義務がある。

（2）消防法令に違反したときに受講しなければならない。

（3）製造所等で，危険物の取扱いに従事していない場合には受講義務はない。

（4）危険物取扱者免状の再交付を受けたときに受講しなければならない。

（5）危険物施設保安員は必ず受講しなければならない。

解説 5つの選択肢のうち，正しいものは3のみです。

解答 （3）

問3 危険物の取扱い作業の保安に関する講習について，次の文章の（ア）〜（ウ）に該当する組み合わせで，正しいものを選べ。

製造所等において危険物の取扱作業に従事する危険物取扱者は，当該取扱作業に従事することとなった日から（ア）以内に講習を受けなければならない。ただし，当該取扱作業に従事することとなった日前（イ）以内に危険物取扱者免状の交付を受けている場合または講習を受けている場合は，それぞれ当該免状の交付を受けた日または当該講習を受けた日以後における最初の（ウ）から3年以内に講習を受けることをもって足りるものとする。

（1）（ア）3年　　（イ）2年　　（ウ）10月1日
（2）（ア）2年　　（イ）3年　　（ウ）4月1日
（3）（ア）1年　　（イ）2年　　（ウ）4月1日
（4）（ア）2年　　（イ）1年　　（ウ）6月1日
（5）（ア）1年　　（イ）5年　　（ウ）3月1日

解説 （ア）（イ）（ウ）に入るものは，それぞれ（ア）1年，（イ）2年，（ウ）4月1日となります。

解答 （3）

6 危険物の保安に関わる者

■ 危険物保安監督者

危険物取扱い作業に関して保安監督を行う者

選任・解任を行う者：製造所の所有者等

常に選任が必要な施設：①製造所②屋外タンク貯蔵所③給油取扱所④移送取扱所

選任が不要な施設：①移動タンク貯蔵所

資格：甲種または乙種危険物取扱者のうち，製造所等で危険物取扱いの実務を6カ月以上経験した者

■ 危険物保安統括管理者

第4類危険物を大量に取扱う事業所で，危険物の保安に関する業務を統括管理する者

選任・解任を行う者：製造所等の所有者等

選任が必要な施設：①製造所（指定数量の倍数が3,000以上）②一般取扱所（指定数量の倍数が3,000以上）③移送取扱所（指定数量以上）

資格：不要

■ 危険物施設保安員

製造所等で危険物保安監督者を補佐する者

選任・解任を行う者：製造所等の所有者等

選任が必要な施設：①製造所（指定数量の倍数が100以上）②一般取扱所（指定数量の倍数が100以上）③移送取扱所（指定数量に関係なく必要）

資格：不要

危険物保安監督者

1 危険物保安監督者の定義

危険物保安監督者とは，危険物取扱い作業に関して保安監督を行う者のことです。この危険物保安監督者は，製造所の所有者，管理者，占有者のいずれかによって選任または解任されます。危険物保安監督者を選任（解任）した場合，製造所の所有者等は延滞なく市町村長等に届出を行わなければなりません。

例えば，川崎市では，危険物保安監督者を選任（解任）した場合には，危険物保安監督者選任・解任届出書を提出しなければなりません。その届出書に記入する主な必要事項は，以下の通りです。

- 届出者の住所，氏名，電話番号
- 設置者の住所，氏名，電話番号
- 製造所等の別，貯蔵所または取扱所の区分
- 設置の許可年月日および許可番号
- 設置場所
- 選任者の氏名，危険物取扱者免状の種類，
  選任年月日
- 解任者の氏名，危険物取扱者免状の種類，
  解任年月日

危険物保安監督者の選任が必要な製造所等は種類が多いため，常に必要な施設とそうでない施設を区別して覚えておくようにしましょう。先にこの2種類の施設をまとめると，次のようになります。

補足

危険物保安監督者になれない危険物取扱者
危険物取扱者のうち，保安監督者になれないのは丙種危険物取扱者です。また，乙種危険物取扱者が保安監督できるのは指定された類のみとなります。

6
危険物の保安に関わる者

常に選任が必要な施設

①製造所　②屋外タンク貯蔵所　③給油取扱所　④移送取扱所

常に選任が不要な施設

①移動タンク貯蔵所

2　選任の必要がある事業所

危険物保安監督者の選任が必要な製造所等は，以下の通りです。

■選任を必要とする製造所等

危険物の種類	第4類の危険物				第4類以外の危険物	
貯蔵・取扱いを行う危険物の指定数量の倍数	30倍以下		30倍を超えるもの		30倍以下	30倍を超えるもの
貯蔵・取扱いを行う危険物の引火点	40℃以上のみ	40℃未満	40℃以上のみ	40℃未満		
製造所	○	○	○	○	○	○
屋内貯蔵所		○	○	○	○	○
屋外タンク貯蔵所	○	○	○	○	○	○
屋内タンク貯蔵所		○		○	○	○
地下タンク貯蔵所		○	○		○	○
簡易タンク貯蔵所		○		○	○	○
移動タンク貯蔵所	不要	不要	不要	不要	不要	不要
屋外貯蔵所			○	○		○
給油取扱所	○	○	○	○	○	○
第1種販売取扱所		○	✕	✕	○	✕
第2種販売取扱所		○	✕	○	○	○
移送取扱所	○	○	○	○	○	○
一般取扱所（ボイラー等消費，容器詰替）		○	○	○	○	○
一般取扱所（上記以外）	○	○	○	○	○	○

（左端の区分欄：製造所等の区分）

3 危険物保安監督者に必要な資格

危険物保安監督者になるには，甲種または乙種危険物取扱者のうち，製造所等で危険物取扱いの実務を6カ月以上経験する必要があります。

また，乙種危険物取扱者の場合には免状を取得した類の危険物のみの保安監督ができますが，丙種危険物取扱者の場合にはもとより保安監督者になる資格がないので注意しましょう。

4 危険物保安監督者の業務

危険物保安監督者の主な業務は，以下の通りです。

① 危険物の取扱い作業を行うに当たって，その作業が予防規程の定める保安基準や技術上の基準に適合するよう，作業者（当該作業に立会う危険物取扱者を含む）に対して適切な指示を出すこと。

② 火災をはじめとした災害が発生したときには，作業者を指揮して応急の措置を講じるとともに，直ちに消防機関その他関係のある者に連絡すること。

③ 危険物施設保安員を置く製造所等にあっては，危険物施設保安員に必要な指示を行い，危険物施設保安員を置かない製造所等にあっては，危険物施設保安監督自らが危険物施設保安員の業務を行うこと。

④ 火災をはじめとした災害の防止に関して，当該製造所等に隣接する製造所等その他関連する施設の関係者との間に連絡を保つこと。

⑤ この他，危険物の取扱作業の保安に関し，必要な監督業務を行うこと。

補足

危険物保安監督者が負う責務

危険物の規制に関する政令では，第31条で危険物保安監督者が負う責務を規定しています。それは「危険物保安監督者は，危険物の取扱作業に関して保安の監督をする場合は，誠実にその職務を行わなければならない」というものです。

自衛消防組織

大量の第4類危険物を取扱う事業所で，事業所の従業員により構成されている自衛の消防組織を指します。編成の義務を負う事業所は，危険物保安統括管理者の設置義務を負う事業所と同じです。

6 危険物の保安に関わる者

問1 以下の説明について，正しいものには○，誤っているものには×をつけよ。

（1）甲種または乙種危険物取扱者のうち，製造所等で危険物取扱いの実務を3カ月以上経験すると，危険物保安監督者になる資格が得られる。

（2）甲種，乙種，丙種危険物取扱者いずれにも危険物保安監督者になることができる資格が与えられている。

（3）危険物保安監督者は，危険物の作業者に指示を出すときには，その作業が予防規程の定める保安基準や技術上の基準に適合するようにしなければならない。

（4）危険物保安監督者は，災害発生時に，作業者を指揮して応急の措置を講じるとともに，直ちに消防機関その他関係のある者に連絡しなければならない。

（5）危険物保安監督者は，製造所等に隣接している製造所等その他の関連施設の関係者とは連絡を保たなくてもよい。

解説 （1）危険物保安監督者になるための実務は6カ月以上です。

（2）危険物取扱者のうち，丙種危険物取扱者は危険物保安監督者になることはできません。

（5）危険物保安監督者は，当該製造所等に隣接する製造所等その他関連する施設の関係者との間と連絡を保つことで，災害の防止に努めなければなりません。

解答 （1）× （2）× （3）○ （4）○ （5）×

問2 危険物保安監督者の説明について，誤っているものはどれか。

（1）危険物保安監督者を選任もしくは解任した場合は，遅滞なく市町村長等に届出をしなければならない。

（2）危険物の数量や種類を問わず，製造所は危険物保安監督

者を選任しなければならない。

（3）特定の危険物を取扱う製造所等であれば，丙種危険物取扱者を危険物保安監督者に選任することができる。

（4）火災等の災害が発生したときには，作業者を指揮して応急措置を講じるとともに，消防機関等に連絡しなければならない。

（5）危険物保安監督者になるには，甲種または乙種危険物取扱者のうち，製造所等で6カ月以上危険物取扱いの実務経験を有していなければならない。

解説 （3）丙種危険物取扱者は，危険物保安監督者になれません。

解答 （3）

問3 危険物保安監督者を定める際，正しい組み合わせはどれか。

A：指定数量の倍数が50の第4類危険物（引火点40℃）を貯蔵，または取扱う簡易タンク貯蔵所

B：指定数量の倍数が60の第4類危険物（引火点40℃）を貯蔵，または取扱う屋内貯蔵所

C：指定数量の倍数が40の移動タンク貯蔵所

D：指定数量の倍数が40の第4類危険物を貯蔵，または取扱う移送取扱所

（1）AとB（2）BとC（3）AとD（4）BとD（5）CとD

解説 A：簡易タンク貯蔵所の場合，指定数量の倍数は30以上，第4類危険物は引火点40℃未満のものを貯蔵もしくは取扱う場合に危険物保安監督者が必要です。

C：移動タンク貯蔵所は，指定数量の倍数に関わらず危険物保安監督者は不要です。

解答 （4）

危険物保安統括管理者

1 危険物保安統括管理者の定義

危険物保安統括管理者は，第4類危険物を大量に取扱う事業所で，危険物の保安に関する業務を統括管理する者をいいます。

危険物保安統括管理者になるための資格は不要で，危険物取扱者でない者でもなることができます。ただし，政令では「当該事業所においてその事業の実施を統括管理する者をもって充てなければならない」と規定されています。

選任（解任）については，製造所等の所有者等が行います。選任（解任）を行った場合には，延滞なく市町村長等に届出を行わなければなりません。

2 選任の必要がある事業所

選任を必要とする事業所は，以下の通りです。ただし，規制によって一部除外されている施設もあります。

① 製造所：指定数量の3,000倍以上
② 一般取扱所：指定数量の3,000倍以上
③ 移送取扱所：指定数量以上

3 危険物保安統括管理者の業務

危険物保安統括管理者は，製造所等の安全を確保，維持することを目的とし，危険物保安監督者，危険物施設保安員らとともに，保安業務を統括的に管理することを主な業務としています。

チャレンジ問題

問1 以下の説明について，正しいものには○，誤っているものには×をつけよ。

（1）指定数量の3,000倍以上の第4類危険物を取扱う製造所では，危険物保安統括管理者を選任しなければならない。

（2）危険物取扱い作業の保安に関する危険物保安統括管理者の選任，解任は市町村長等が行う。

（3）危険物保安統括管理者の選任，解任を行った際は消防長または消防署長へ届出を行う。

（4）危険物保安統括管理者になるには，危険物取扱者の資格を取得した者でなければならない。

（5）危険物保安統括管理者は，危険物保安監督者，危険物施設保安員らとともに，保安業務を統括的に管理する業務を行う。

解説 （1）常に危険物保安統括管理者の選任が必要な施設は，指定数量の3,000倍以上の製造所，一般取扱所，指定数量以上の移送取扱所です。

（2）危険物保安統括管理者の選任，解任は，市町村長等ではなく，当該事務所の所有者，管理者，または占有者が行います。

（3）危険物保安統括管理者の選任，解任を行った際は，消防長または消防署長ではなく，市町村長等へ届け出ます。

（4）危険物取扱者の資格を持たなくても，危険物保安統括管理者になることができます。

解答 （1）○ （2）× （3）× （4）× （5）○

危険物施設保安員

1 危険物施設保安員の定義

　危険物施設保安員は，製造所等で危険物保安監督者を補佐する者で，特に資格は必要ありません。選任または解任は製造所等の所有者等が行いますが，市町村長等への届出は不要です。

2 選任の必要がある事業所

　危険物施設保安員を選任する必要がある製造所等は，①製造所②一般取扱所（ともに指定数量の倍数が100以上のもの）③移送取扱所（指定数量に関係なく定める必要がある）の３つのみです（一部除外される施設もあります）。

3 危険物施設保安員の業務

危険物施設保安員の業務内容は，次のように定められています。

① 　製造所等の構造と設備を技術上の基準に適合するように維持するため，定期および臨時の点検を行い，その記録を保存すること。
② 　製造所等の構造および設備の異常を見つけたときは，危険物保安監督者その他関係者に連絡し，状況を判断して適当な措置を講じること。
③ 　火災の発生または火災発生の危険性が著しいとき，危険物保安監督者と協力して応急の措置を講じること。
④ 　製造所等の計測装置，制御装置，安全装置等の機能が適正に保持されるように保安管理すること。
⑤ 　その他，製造所等の構造，設備の保安に必要な業務を行うこと。

チャレンジ問題

問1 以下の説明について，正しいものには○，誤っているものには×をつけよ。

（1）危険物施設保安員は，危険物保安監督者を指導しながら危険物の取扱いを行う者である。
（2）指定数量の倍数が100未満の移送取扱所では，危険物施設保安員を選任しなくてよい。
（3）危険物施設保安員になれるのは，危険物取扱者のみで，他の者はなることができない。
（4）危険物施設保安員の業務は，製造所等の構造と設備を技術上の基準に適合するように維持するため，定期および臨時の点検を行い，その記録を保存することである。
（5）危険物施設保安員は，製造所等で火災の発生，もしくは火災発生の危険性が著しい場合には，危険物保安監督者と協力して応急の措置を講じなければならない。

解説 （1）危険物保安監督者を指導するのではなく，補佐する業務です。
（2）製造所と一般取扱所のうち，指定数量の倍数が100以上のものに関しては，危険物施設保安員の選任が必要です。ただし，移送取扱所に関しては，指定数量の倍数の如何にかかわらず危険物施設保安員を選任しなければなりません。
（3）危険物施設保安員になるのに，特に資格は必要ありません。そのため，危険物取扱者でない者でもなることができます。

解答 （1）× （2）× （3）× （4）○ （5）○

6
危険物の保安に関わる者

7 危険物の予防規程・定期点検・保安検査

まとめ & 丸暗記　　この節の学習内容とまとめ

■ **予防規程**
製造所等が危険物の保安に関して必要事項を定めた自主的な保安基準。

■ **予防規程の作成が必要な事業所**
① 指定数量の大小を問わず必要：給油取扱所，移送取扱所
② 指定数量の倍数が一定量以上の場合に必要
製造所と一般取扱所，屋外貯蔵所，屋内貯蔵所，屋外タンク貯蔵所

■ **予防規程の認可**
予防規程は製造所等の所有者等が作成・変更を行い，その際には市町村長等の認可が必要。

■ **予防規程の遵守義務者**
製造所等の所有者，管理者および占有者と従業者が予防規程の遵守義務を負う。

■ **定期点検**
製造所等の所有者等が自ら定期的に点検を行い，記録を作成，保存すること。原則として危険物取扱者（甲種，乙種，丙種）もしくは危険物施設保安員が行う。

■ **指定数量に関係なく定期点検の実施義務がある施設**
地下タンク貯蔵所，地下タンクを有する製造所，地下タンクを有する給油取扱所，地下タンクを有する一般取扱所，移動タンク貯蔵所，移送取扱所。

■ **保安検査**
市町村長等が屋外タンク貯蔵所と移送取扱所について検査を行うこと。

予防規程

1 予防規程の作成が必要な事業所

　予防規程とは，製造所等が火災を予防することを目的として，危険物の保安に関して必要事項を定めた自主的な保安基準です。予防規程を定めなくてはいけない製造所等は，指定数量を問わず必要な施設と，指定数量の倍数が一定量以上の場合の2通りに分かれます。

① **指定数量の大小を問わず必要**
　給油取扱所，移送取扱所

② **指定数量の倍数が一定量以上の場合に必要**
　製造所と一般取扱所：10倍以上
　屋外貯蔵所：100倍以上
　屋内貯蔵所：150倍以上
　屋外タンク貯蔵所：200倍以上

2 予防規程の認可

　製造所等の所有者等は，予防規程を作成する**義務**があります。予防規程の作成と変更に関しては，市町村長等の認可が必要となります。
　認可を行う市町村長等が予防規程の内容が火災防止に対して不適切であると判断した場合には，認可は行われません。その際，予防規程の変更が命じられることがあります。

補足

予防規程の作成が不要な施設
・屋内タンク貯蔵所
・移動タンク貯蔵所
・地下タンク貯蔵所
・簡易タンク貯蔵所
・販売取扱所

3 予防規程の遵守義務者

製造所等の所有者，管理者および占有者と従業者は，予防規程を遵守する義務を負います。予防規程は製造所等の所有者，管理者および占有者によって作成・変更されますが，従業者にも適用されることに注意する必要があります。

4 予防規程に定める事項

予防規程で定める主な内容は，以下の通りです。内容の中心は，製造所等の火災防止にあります。

① 危険物の保安に関する業務を管理する者の職務及び組織に関すること

② 危険物保安監督者が，旅行，疾病その他の事故によってその職務を行うことができない場合にその職務を代行する者に関すること

③ 化学消防自動車の設置その他自衛の消防組織に関すること

④ 危険物の保安に係る作業に従事する者に対する保安教育に関すること

⑤ 危険物の保安のための巡視，点検，検査に関すること

⑥ 危険物施設の運転または操作に関すること

⑦ 危険物の取扱い作業の基準に関すること

⑧　補修等の方法について，施設の工事における火気の使用もしくは取扱いの管理または危険物等の管理等安全管理に関すること，製造所及び一般取扱所にあっては，危険物の取扱工程または設備等の変更に伴う危険要因の把握及び当該危険要因に対する対策に関すること，顧客に自ら給油等をさせる給油取扱所にあっては，顧客に対する監視その他保安のための措置に関すること

⑨　移送取扱所にあっては，配管の工事現場の責任者の条件その他配管の工事現場における保安監督体制に関すること

⑩　移送取扱所にあっては，配管の周囲において移送取扱所の施設の工事以外の工事を行う場合における当該配管の保安に関すること

⑪　災害その他の非常の場合に取るべき措置について，地震が発生した場合及び地震に伴う津波が発生し，または発生するおそれがある場合における施設及び設備に対する点検，応急措置等に関すること

⑫　危険物の保安に関する記録に関すること

⑬　製造所等の位置，構造及び設備を明示した書類及び図面の整備に関すること

　ただし，労災防止マニュアル，火災による被害調査といった内容に関しては予防規程の記載事項には該当しません。

補足

自衛消防組織と予防規程
自衛消防組織を組織することで，予防規程の代替とすることはできません。注意しましょう。

7
危険物の予防規程・定期点検・保安検査

問1 以下の説明について，正しいものには○，誤っているものには×をつけよ。

(1) 予防規程とは，火災防止を目的として，各製造所等が定める自主保安基準である。

(2) 火災の防止を目的として，すべての製造所等は，予防規程を作成する義務を負う。

(3) 予防規程は各製造所等の自主保安基準なので，市町村長等の認可は必要ない。

(4) 予防規程を遵守しなければならないのは，製造所等の従業者のみである。

(5) 予防規程には，危険物保安監督者が旅行，疾病，病気，事故などが原因で職務の遂行ができない場合，職務の代行を行う者に関する事項が含まれている。

解説 (2) 予防規程を作成しなければならないのは，給油取扱所，移送取扱所，指定数量の倍数が一定以上の製造所（指定数量の倍数が10以上），一般取扱所（指定数量の倍数が10以上），屋外貯蔵所（指定数量の倍数が100以上），屋内貯蔵所（指定数量の倍数が150以上），屋外タンク貯蔵所（指定数量の倍数が200以上）です。

(3) 予防規程の作成，変更には市町村長等の認可が必要となります。

(4) 予防規程を遵守しなければならないのは，作成，変更に関わった製造所等の所有者，管理者，および占有者も含まれます。

解答 (1) ○ (2) × (3) × (4) × (5) ○

定期点検

1 定期点検の定義

定期点検とは，製造所等の所有者等が自ら定期的に点検を行い，記録を作成，保存することです。技術上の基準に適合した製造所等の位置，構造，設備を維持することが目的です。

2 定期点検を行う者

定期点検は，原則として危険物取扱者（甲種，乙種，丙種）もしくは危険物施設保安員が行います。また，危険物取扱者の立会いがあれば，資格を持たない者でも実施可能です。

3 点検を実施する製造所等

点検の実施義務を負う製造所等は，以下の通りとなります。

① **指定数量に関係なく実施義務がある施設**
- 地下タンク貯蔵所
- 地下タンクを有する製造所
- 地下タンクを有する給油取扱所
- 地下タンクを有する一般取扱所
- 移動タンク貯蔵所
- 移送取扱所（一部例外があります）

補足

丙種危険物取扱者による定期点検
丙種危険物取扱者は，無資格者による危険物取扱いの立会いはできませんが，定期点検の立会いは行うことができます。

7
危険物の予防規程・定期点検・保安検査

地下タンクは，漏れや問題があるか否かを地上から確かめるのは困難で
あるため，地下タンクを有している施設についてはすべて定期点検の対象
となります。

　定期点検を必ず実施しなければならない施設は，１つずつ名称を覚えて
いくよりも，地下タンクを有している施設，移動タンク貯蔵所，移送取扱
所とまとめて覚えたほうが効率がよいでしょう。

② 指定数量の倍数が一定以上の場合，実施義務がある施設

- 製造所，一般取扱所：10倍以上
- 屋外貯蔵所：100倍以上
- 屋内貯蔵所：150倍以上
- 屋外タンク貯蔵所：200倍以上

　また，定期点検を実施する必要がない施設は，以下の通りとなります。

- 屋内タンク貯蔵所
- 簡易タンク貯蔵所
- 販売取扱所

4 定期点検の時期

　定期点検は，１年に１回以上行うのが原則です。そして，定期点検の際
には点検記録を残し，３年間保存しておくのが原則となっています。

　この点検記録には，①点検を行った製造所等の名称②点検の方法および
結果③点検を行った年月日④点検を行った危険物取扱者もしくは危険物施
設保安員または点検に立会った危険物取扱者の氏名を記載する必要があり
ます。

5 定期点検の点検事項

定期点検で行う点検事項は，政令で定められた技術上の基準に対して，製造所等の位置，構造，設備がきちんと適合しているか否かです。

6 漏れの点検

通常行う定期点検に加えて，移動貯蔵タンク，地下貯蔵タンクなどがある製造所等では，こうしたタンクに漏れがないか確認する点検をしなければなりません。これを，漏れの点検といいます。

タンクの種類によって，点検の時期は以下のように異なっており，点検記録の保存期間については，移動貯蔵タンクは10年，それ以外は3年となっています。

■漏れの点検時期

タンクの名称	点検時期
地下貯蔵タンク 地下埋設配管	設置完成検査済証交付日，または前回の点検日から1年以内に1回以上
	設置完成検査済証交付日，または前回の点検日から3年以内に1回以上（ただし，次のいずれかに該当するものに限る）①完成検査（設置，交換）を受けた日から15年以内のもの②危険物の漏れを覚知し，その漏えい拡散を防止するための措置が講じられているもの
二重殻タンクの強化プラスチック製外殻（FRP外殻）	設置完成検査済証交付日，または前回の点検日から3年以内に1回以上
移動貯蔵タンク	設置完成検査済証交付日，または前回の点検日から5年以内に1回以上

補足

二重殻タンクの強化プラスチック製外殻（FRP外殻）
地下貯蔵タンクに危険物の漏れ検知設備を設け，繊維強化プラスチック（FRP）を間げきを有するように被覆したものです。

7 危険物の予防規程・定期点検・保安検査

問1 以下の説明について，正しいものには○，誤っているものには
×をつけよ。

（1）製造所等が定期的に行う，技術上の基準に適合するよう
維持するための定期点検は，記録の作成と保存が義務づけ
られている。

（2）定期点検が義務づけられているのは，すべて危険物の取
扱い量が決められた指定数量の倍数以上の製造所等である。

（3）定期点検は，原則として危険物取扱者か危険物施設保安
員が行うため，丙種危険物取扱者は立会いを行うことがで
きない。

（4）定期点検は1年に1回以上行い，その記録は原則3年間
保存する義務がある。

（5）二重殻タンクの強化プラスチック製外殻は，設置完成検
査済証交付日，または前回の点検日から1年以内に1回以
上の定期点検を行わなければならない。

解説 （2）危険物の取扱い量が決められた指定数量の倍数以上の製
造所等だけでなく，地下タンクを有する製造所等は指定数
量の量にかかわらず実施の義務があります。

（3）丙種危険物取扱者は，定期点検の立会いを行うことがで
きます。

（5）設置完成検査済証交付日，または前回の点検日から3年
以内に1回以上です。

解答 （1）○ （2）× （3）× （4）○ （5）×

問2　製造所等における**定期点検実施者**について，以下のA～Dについて，法令上適切でないものの数はいくつあるか。規則で定めるところの漏れの点検，固定式の泡消火設備に関する点検は除くものとする。

A　甲種危険物取扱者の立会いを受けた，免状が交付されていない者
B　免状が交付されていない甲種危険物取扱者
C　危険物施設保安員
D　乙種危険物取扱者

解説　A：免状が交付されていない者でも，危険物取扱者の立会いがあれば定期点検の実施は可能です。
B：免状が交付されていない甲種危険物取扱者は，定期点検は実施できません。
C・D：危険物施設保安員，乙種危険物取扱者ともに定期点検の実施は可能です。

解答　1

問3　以下の製造所等のうち，法令上，**定期点検の実施が義務づけ**られているものはいくつあるか。

（1）地下タンクを有する給油取扱所　（2）移動タンク貯蔵所
（3）地下タンクを有する製造所　　　（4）簡易タンク貯蔵所
（5）移送取扱所

解説　5つの選択肢の中で，定期点検が不要なものは簡易タンク貯蔵所のみとなります。また，地下タンクを有するものは漏れが確認できないため，定期点検の対象となります。

解答　4

保安検査

1 保安検査の定義

　保安検査とは，市町村長等が屋外タンク貯蔵所と移送取扱所について検査を行うことを指します。保安検査を行う理由としては，自主点検のみで安全性を確保することが難しいことと，事故や火災が発生した場合には周囲の被害や社会的影響が大きくなることが挙げられます。

2 定期保安検査と臨時保安検査

　保安検査には，定期的に行われる定期保安検査と，臨時に行われる臨時保安検査の２種類があります。臨時保安検査は，不等沈下によって危険物が流出する可能性があるなどの特定の理由がある場合に行われるもので，対象は容量1000kℓ以上の屋外タンク貯蔵所に限られます。不等沈下とは，地盤が均等に沈下（地盤沈下）せず，一部のみが沈下することで建物が傾斜してしまう状態を指します。

　一方，定期保安検査の検査対象と検査事項は，以下のように規定されています。定期保安検査と臨時保安検査では，検査対象となる屋外タンク貯蔵所の容量が異なることに注意しましょう。

■検査対象と検査事項

	定期保安検査	
	屋外タンク貯蔵所	移送取扱所
検査対象	容量10,000kℓ以上のもの	・配管の延長が15kmを超えるもの ・配管の最大常用圧力が0.95MPa以上かつ配管延長が７km〜15kmのもの
検査時期	原則として８年に１回	原則として１年に１回
検査事項	タンク底部の漏液防止板の板厚と溶接部	移送取扱所の構造および設備

チャレンジ問題

問1　以下の説明について，正しいものには○，誤っているものには×をつけよ。

（1）大規模な移送取扱所と屋外タンク貯蔵所については，消防長または消防署長による保安検査が義務づけられている。

（2）保安検査には，定期的に行われる定期保安検査と，臨時的に行われる臨時保安検査の2種類がある。

（3）定期保安検査の対象は，容量が1,000kℓ以上の屋外タンク貯蔵所と，移送取扱所については，配管延長が15kmを超えるもの，その最大常用圧力が0.95MPa以上かつ延長が7〜15km以下のものである。

（4）移送取扱所の定期保安検査の検査時期は，原則として8年に1回行うことになっている。

（5）定期保安検査における屋外タンク貯蔵所の点検事項は，主にタンクの構造と設備である。

解説　（1）保安検査は，消防長または消防署長ではなく，市町村長等が行います。間違えやすいので注意しましょう。

（3）定期保安検査の場合，屋外タンク貯蔵所については，容量は1,000kℓ以上ではなく，10,000kℓ以上が対象となります。容量が1,000kℓ以上になるのは臨時保安検査の場合なので注意が必要です。

（4）8年に1回は屋外タンク貯蔵所で，移送取扱所における定期保安検査の検査時期は，1年に1回となります。

（5）屋外タンク貯蔵所の点検事項は，タンク底部の漏液防止板の板厚と溶接部となります。

解答　（1）×（2）○（3）×（4）×（5）×

危険物の予防規程・定期点検・保安検査　7

8 製造所の位置・構造・設備等の基準

まとめ & 丸暗記　　この節の学習内容とまとめ

■ 保安距離と保有空地

保安距離：製造所等の外壁から保安対象物までの距離

保有空地：消防活動や延焼防止用に製造所等の周囲に設ける空き地

■ 危険物施設の種類

①製造所②屋内貯蔵所③屋外貯蔵所④屋内タンク貯蔵所⑤屋外タンク貯蔵所⑥地下タンク貯蔵所⑦簡易タンク貯蔵所⑧移動タンク貯蔵所⑨販売取扱所⑩給油取扱所⑪屋内給油取扱所⑫セルフ型スタンド

■ 建物の構造の共通基準

①屋根：不燃材料でつくり，金属板などの軽量な不燃材料で葺く

②壁，柱，階段，床，梁：不燃材料でつくる

③窓，出入口：防火設備，もしくは延焼の危険性がある外壁に特定防火設備を設置。ガラスを用いる場合には，網入りガラスを採用する

④床（液状危険物の場合）：危険物が浸透しない構造で，傾斜を設ける

⑤地階：設置不可

■ 建物の設備の共通基準

①最高，照明，換気等：危険物の取扱いに必要な設備を設置

②排出設備：可燃性蒸気や微粉などが滞留する可能性がある場所には，可燃性蒸気などを屋外の高所へ排出する設備，防爆構造の電気設備を設置

③静電気の除去：静電気が発生する可能性がある設備に対しては，静電気を有効的に除去できる接地などの装置を設置する

④避雷設備：危険物の指定数量の倍数が10以上の施設（製造所，屋内貯蔵所，屋外タンク貯蔵所のみ）は，避雷設備を設置する

保安距離・保有空地

1 保安距離

　製造所等は，火災や爆発が発生した場合に，付近の学校，住宅，病院などの**保安対象物**に影響が出ないよう，**保安対象物から一定の距離を取ること**が義務づけられています。こうすることで，万が一の災害に対して，周辺住民の円滑な避難や，火災や爆発が発生した製造所等に対する迅速な消防活動，被害のさらなる拡大を防ぐための措置などが行えるようになるからです。この距離を，**保安距離**といいます。

　この**保安距離**は，製造所等の外壁（またはこれに相当する工作物の外側）から保安対象物までを指します。製造所の位置と基準については，政令第9条1号で詳しく規定されており，この基準は一般取扱所，屋内貯蔵所，屋外貯蔵所，屋外タンク貯蔵所にも適用されます。

　保安距離は，必要である施設と不要である施設に大きく分かれており，詳細は以下の通りとなっています。保安距離が必要な施設をしっかりと覚えておきましょう。

■保安距離が必要な施設

保安距離が必要な製造所等	保安距離が不要な製造所等
・製造所 ・屋内貯蔵所 ・屋外貯蔵所 ・一般取扱所 ・屋外タンク貯蔵所	・屋内タンク貯蔵所 ・簡易タンク貯蔵所 ・移動タンク貯蔵所 ・地下タンク貯蔵所 ・給油取扱所 ・移送取扱所 ・販売取扱所

学習のポイント
保安距離と保有空地については，必要とされる製造所等をきちんと把握した上で，保安距離の長さも覚えておきましょう。また，保有空地の距離は，製造所のみ覚えておくとよいでしょう。

8

製造所の位置・構造・設備等の基準

保安距離が必要な施設のうち，取扱所は一般取扱所のみ，タンク貯蔵所では屋外タンク貯蔵所のみであると考えると，覚えやすくなります。

製造所等と保安対象物との保安距離は，以下のように保安対象物ごとに異なっています。

① 一般住居

保安距離：10m以上

製造所等が位置する敷地外にある住居を対象とし，敷地内のものは除きます。

② 学校，病院など多人数を収容する施設

保安距離：30m以上

保育園などの児童福祉施設，老人ホームなどの高齢者福祉施設，養護学校等の障害者福祉施設などの各種福祉施設，小学校，中学校，高校などの学校，病院，劇場，演芸場，映画館などが含まれます。

③ 重要文化財，重要有形民俗文化財，史跡もしくは重要な文化財として指定され，または重要美術品として認定された建造物

保安距離：50m以上

建築物そのものが重要文化財に指定されているものをいいます。主なものは金沢城石川門（石川県），大阪城（大阪府），旧富岡製糸場（群馬県）などがあります。

④ 高圧ガス，液化石油ガスの施設

保安距離：20m以上

災害が発生する危険性のある高圧ガスなどの貯蔵，取扱いを行う施設のことです。

⑤ 特別高圧架空電線

使用電圧が7,000V超～35,000V以下：水平距離で3m

使用電圧が35,000V超：水平距離で5m

架空電線は配電線の一種で，電柱を利用して空中にかけられた電線のことです。

保安対象物と保安距離を図で表すと，以下のようになります。

■保安対象物と保安距離

50m以上
重要文化財，
重要有形民俗文化財史跡，
重要美術品等の建造物

30m以上
多数の人を収容する施設
学校，劇場，映画館等の施設，
百貨店，病院，児童福祉施設，
保護施設，有料老人ホーム，
身体障害者更生援護施設，
精神障害者社会復帰施設，
障害者職業能力開発校等

20m以上
高圧ガス，液化石油ガスの施設

10m以上
同敷地外にある住居

特別高圧架空電線
5m以上 35,000ボルトを超える
3m以上 7,000～35,000ボルト以下

製造所

8
製造所の位置・構造・設備等の基準

2 保有空地

保有空地とは，危険物を取扱う製造所等で火災が発生した際，消防活動や延焼防止のため，製造所等の周囲に設ける空き地です。そのため，この保有空地には，たとえそれが危険物の取扱いに必要なものであったとしても，物品を置くことは禁じられています。

保有空地の幅は，指定数量の倍数や建物の構造などによって異なり，また，製造所等の種類によっては不要なものもあります。

　保安距離が必要な５施設（製造所，一般取引所，屋内貯蔵所，屋外貯蔵所，屋外タンク貯蔵所）に地上に設置する移送取扱所，屋外に設置する簡易タンク貯蔵所を追加すると保有空地が必要な施設になる，と考えると覚えやすいでしょう。

〈保有空地が必要な製造所等〉

- 製造所
- 屋内貯蔵所
- 屋外貯蔵所
- 簡易タンク貯蔵所（屋外用）
- 屋外タンク貯蔵所
- 一般取扱所
- 移送取扱所（地上用）

〈製造所の場合に必要な保有空地〉

- ３m以上／指定数量の倍数が10以下の製造所
- ５m以上／指定数量の倍数が10を超える製造所

■屋内貯蔵所の場合に必要な保有空地

| 区分 | 空地の幅 | |
指定数量の倍数	壁，柱，床が耐火構造の場合	壁，柱，床が耐火構造以外の場合
5以下	0m	0.5m以上
5を超え　10以下	1m以上	1.5m以上
10を超え　20以下	2m以上	3m以上
20を超え　50以下	3m以上	5m以上
50を超え　200以下	5m以上	10m以上
200を超える	10m以上	15m以上

3 建物の構造と設備の共通基準

製造所等の構造や設備には，以下のように共通の基準があります。

[構造の共通基準]

① 屋根

- 不燃材料でつくり，金属板などの軽量な不燃材料で葺きます。軽量な不燃材料を用いるのは，施設内で爆発が発生した場合に，爆風が上に抜けるようにするためです。

② 壁，柱，階段，床，梁

- 不燃材料でつくります。延焼の危険性がある外壁に対しては，出入口部分以外の開口部がない耐火構造としなければなりません。

③ 窓，出入口

- 防火設備，もしくは延焼の危険性がある外壁に対しては，特定防火設備を設置します。ガラスを用いる場合には，網入りガラスを採用します。網入りガラスは，防火設備用ガラス，ワイヤー入りガラスなどとも呼ばれ，中に金網が封入されています。製造所等で火災が発生し，ガラスが破損した場合でも，中の金網が破片を支えて飛散を防止します。

④ 床（液状危険物の場合）

- 危険物が浸透しない構造にしなければなりません。
- 適度な傾斜を設け，漏れた危険物を臨時に貯留できる，貯留設備などの設備を設置します。

補足

移送取扱所の保安距離と保有空地
・学校や避難空地等に対して，一定の水平距離を保たなければなりません。
・配管にかかる圧力に応じて，その配管の両側に一定幅の空地を設ける必要があります。

製造所の建物の構造，設備の基準
製造所における建物の構造，設備の基準は，その他の施設に共通する基準となっています。

8 製造所の位置・構造・設備等の基準

⑤　地階

• 設置することはできません。

[設備の共通基準]

①　採光，照明，換気等

• 危険物の取扱いに必要な採光，照明，換気設備を設置しなければなりません。

②　排出設備

• 可燃性蒸気や微粉などが滞留する可能性がある場所には，以下の設備を設置しなければなりません。

• **可燃性蒸気などを屋外の高所へ排出する設備**

• **防爆構造の電気設備**

③　静電気の除去

• 静電気が発生する可能性がある設備に対しては，**静電気を有効的に除去できる接地**などの装置を設置しなければなりません。静電気が蓄積していくと，火花や放電が発生し，火災や爆発を招く恐れがあるからです。

• 接地はアースとも呼ばれ，発生した静電気を大地に逃す働きがあります。

④　避雷設備

• 危険物の指定数量の倍数が10以上の施設（製造所，屋内貯蔵所，屋外タンク貯蔵所のみ）は，雷から設備，建築物，危険物などを保護するための避雷設備を設置しなければなりません。

• 避雷設備は，具体的には発生した雷を大地に安全に逃がす避雷針などがあります。

[タンク施設に共通の基準]

①　タンクの外面

• タンク外面は，さび止め塗装をしなければなりません。

② タンクの厚さ
• タンクの厚さは，3.2mm以上の鋼板を使用します。

③ 危険物の液体を貯蔵する場合
• 危険物の液体量を自動表示できる装置を設置します。

④ 圧力タンク以外のタンク（移動貯蔵タンクを除く）
• 無弁，もしくは大気弁付きの通気管を設置します。
• 圧力タンクの場合には，安全装置を設けます。

[主な配管の基準]
① 十分な強度を有するものとし，最大常用圧力の1.5倍以上の圧力で水圧試験を行った際，漏えいなどの異常がないものであること。

② 配管は，取扱う危険物によって容易に劣化する恐れのないものであること。

③ 配管は，火災等の熱に容易に変形するおそれのないものであること。

④ 外面の腐食を防止するための措置を講ずること。

⑤ 地下に設置する場合には，配管の接合部分からの危険物の漏えいを点検できる措置を講ずること。

⑥ 配管に加熱や保温のための設備を設ける場合には，火災予防上安全な構造とすること。

補足

学習のポイント
構造と設備に関する基準について，製造所・屋内貯蔵所などは共通している点も多いですが，異なる点もあります。この違いを把握して間違えないようにしましょう。

8
製造所の位置・構造・設備等の基準

問1 以下の説明について，正しいものには○，誤っているものには×をつけよ。

（1）製造所等が付近の住宅や病院といった保安対象物から一定の距離を取ることを，保安距離という。

（2）保安距離が必要な施設は，製造所，屋内貯蔵所，屋外貯蔵所，屋外タンク貯蔵所，移送取扱所である。

（3）屋外タンク貯蔵所と給油取扱所については，保安距離は必要ない。

（4）危険物を取扱う製造所等の周囲に確保しなければならない空き地を，保有空地という。

（5）屋外用の簡易タンク貯蔵所と販売取扱所については，保有空地は不要である。

解説 （2）製造所，屋内貯蔵所，屋外貯蔵所，屋外タンク貯蔵所以外に保安距離が必要な施設は，移送取扱所ではなく，一般取扱所です。

（3）屋外タンク貯蔵所については，保安距離が必要となります。保安距離が不要な施設は給油取扱所の他にも，屋内タンク貯蔵所，地下タンク貯蔵所，簡易タンク貯蔵所，移動タンク貯蔵所，販売取引所，移送取引所があります。

（5）屋外用の簡易タンク貯蔵所については，保有空地が必要です。保有空地が必要な施設はこの他にも，製造所，屋内貯蔵所，屋外貯蔵所，屋外タンク貯蔵所，一般取扱所，移送取扱所（地上用）があります。

解答 （1）○ （2）× （3）× （4）○ （5）×

各危険物施設の基準

1 製造所

　危険物を製造する**製造所**は，保安距離と保有空地が必要な施設です。

[製造所の構造の基準]
　すべて建物の構造の共通基準と同じです。
① 屋根
・**不燃材料**でつくり，施設内で爆発が発生した場合に，爆風が上に抜けるようにするため金属板などの軽量な不燃材料で葺きます。

② 壁，柱，階段，床，梁
・**不燃材料**でつくります。延焼の危険性がある外壁に対しては，出入口部分以外の開口部がない耐火構造としなければなりません。

③ 窓，出入口
・防火設備，もしくは延焼の危険性がある外壁に対しては，**特定防火設備を設置**します。

④ 床（液状危険物の場合）
・危険物が浸透しない構造にしなければなりません。

補足

不燃材料
通常の火災では燃焼しない建築材料で，煙や有害ガスも発生しないのが特徴です。コンクリート，鋼材，瓦，モルタルなどがあります。

耐火構造
主要な構造部分が，通常の火災では被害を受けにくく，軽い修理で再使用できる構造のものを指します。鉄筋コンクリート造，レンガ造などがあります。

製造所の窓・出入口
建物の構造の共通基準と同じになります。ガラスを用いる場合には，網入りガラスを採用します。網入りガラスは，防火設備用ガラス，ワイヤー入りガラスなどとも呼ばれ，中に金網が封入されています。製造所等で火災が発生し，ガラスが破損した場合でも，中の金網が破片を支えて飛散を防止します。

8
製造所の位置・構造・設備等の基準

• 適度な傾斜を設け，漏れた危険物を臨時に貯留できる，貯留設備などの設備を設置します。

⑤　地階
• 設置することはできません。

[製造所の設備の基準]
①　採光，照明，換気等
• 採光，照明，換気設備を設置しなければなりません。

②　排出設備
• 可燃性蒸気や微粉などが滞留する可能性がある場所には，**可燃性蒸気などを屋外の高所へ排出する設備と防爆構造の電気設備**を設置しなければなりません。

③　避雷設備
• 危険物の指定数量の倍数が10以上の施設は，避雷設備を設置しなければなりません。

■製造所の基準

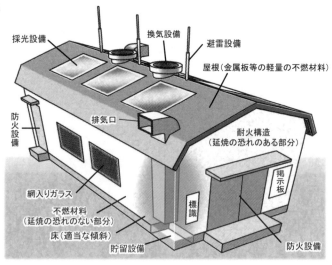

2 屋内貯蔵所

屋内で危険物の貯蔵や取扱いを行う施設である屋内貯蔵所は，保安距離と保有空地が必要な施設です。

屋内貯蔵所で危険物の貯蔵や取扱いを行う建築物は，貯蔵倉庫といいます。指定数量の倍数によって必要な保有空地の条件がそれぞれ異なっていますので，確認しておきましょう。

① 指定数量の倍数が5以下の屋内貯蔵所

壁・柱・床が耐火構造：保有空地の幅　0 m

壁・柱・床が非耐火構造：保有空地の幅　0.5m以上

② 指定数量の倍数が5を超え10以下の屋内貯蔵所

壁・柱・床が耐火構造：保有空地の幅　1 m以上

壁・柱・床が非耐火構造：保有空地の幅　1.5m以上

③ 指定数量の倍数が10を超え20以下の屋内貯蔵所

壁・柱・床が耐火構造：保有空地の幅　2 m以上

壁・柱・床が非耐火構造：保有空地の幅　3 m以上

④ 指定数量の倍数が20を超え50以下の屋内貯蔵所

壁・柱・床が耐火構造：保有空地の幅　3 m以上

壁・柱・床が非耐火構造：保有空地の幅　5 m以上

⑤ 指定数量の倍数が50を超え200以下の屋内貯蔵所

壁・柱・床が耐火構造：保有空地の幅　5 m以上

壁・柱・床が非耐火構造：保有空地の幅　10m以上

補足

静電気の除去
製造所の設備において，静電気が発生する可能性がある場合，接地等の装置を設置しなければなりません。

8
製造所の位置・構造・設備等の基準

⑥　指定数量の倍数が200を超える

　壁・柱・床が耐火構造：保有空地の幅　10m以上

　壁・柱・床が非耐火構造：保有空地の幅　15m以上

　隣接して2以上の屋内貯蔵所を設置する場合には，保有空地の幅を減少させることができます。

［貯蔵倉庫の構造の基準］

　屋内貯蔵所の貯蔵倉庫は，独立した専用の建築物としなければならない規定があるので注意しましょう。屋内貯蔵所の中に独立した専用の貯蔵倉庫があるとイメージすればよいでしょう。

①　屋根

・不燃材料でつくります。

・金属板などの軽量な不燃材料で葺きます。

・施設内で爆発があった場合，上に爆風が吹き抜けるよう，天井は設けません。

②　壁，柱，階段，床，梁

・壁，柱，床は耐火構造でつくります。

・梁は不燃材料でつくります。

・延焼の危険性がある外壁は，出入口以外開口部のないものにします。

・床は地盤面以上に設けます。

③　窓，出入口

・防火設備を設けます。

・延焼の危険性がある外壁に設ける出入口には，随時開けることができる自動閉鎖の特定防火設備を設置しなければなりません。

・ガラスは網入ガラスにしなければなりません。

④ 床（液状危険物の場合）

・危険物が浸透しない構造にしなければなりません。

・適度な傾斜を設け，貯留設備などの設備を設置します。

⑤ 床面積

・1,000m²以下となります。

⑥ 軒高

・6m未満の平屋建てとなります。

■屋内貯蔵所の構造の基準

補足

第2類・第4類危険物の場合の軒高
第2類もしくは第4類の危険物のみの貯蔵と取扱いを行う貯蔵倉庫の軒高は，20m未満まで可能です。

8

製造所の位置・構造・設備等の基準

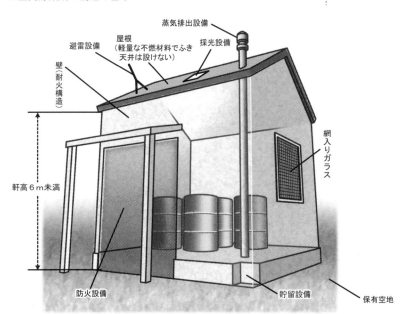

採光設備
蒸気排出設備
屋根
（軽量な不燃材料でふき天井は設けない）
避雷設備
壁
（耐火構造）
網入りガラス
軒高6m未満
防火設備
貯留設備
保有空地

[貯蔵倉庫の設備の基準]

① 採光，照明，換気等

・採光，照明，換気設備を設置しなければなりません。

② 排出設備

- 引火点が70℃未満の危険物の貯蔵倉庫では，内部に滞留した可燃性蒸気を屋根上に排出する設備を設けなければなりません。

③ 電気設備

- 可燃性ガスが滞留する可能性がある場所に対しては，防爆構造の電気設備を設置しなければなりません。

④ 避雷設備

- 危険物の指定数量の倍数が10以上の施設は，避雷設備を設置しなければなりません。

⑤ 架台

- 不燃材料でつくり，堅固な基礎に設置，固定します。

■貯蔵倉庫の設備の基準

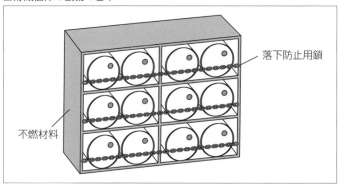

落下防止用鎖

不燃材料

3 屋外貯蔵所

　屋外貯蔵所は，**危険物の貯蔵や取扱いを屋外で行う貯蔵所**のことです。屋根や壁のない場所での保存となり，風雨や日光といった厳しい自然条件にさらされるため，**引火点が低いものや，自然発火の危険性がある危険物は貯蔵できない**よう規定されています。

屋外貯蔵所で貯蔵，取扱いが可能な危険物は第2類と第4類の危険物です。換言すれば，第1類危険物，第3類危険物，第5類危険物，第6類危険物，第2類と第4類のうち下記を除くものは貯蔵と取扱いができないようになっています。

① **第2類**
硫黄類（硫黄または硫黄のみを含むもの）
引火性固体（引火点が0℃以上のもの）

② **第4類**
第1石油類（引火点が0℃以上のもの）
アルコール類
第2石油類
第3石油類
第4石油類もしくは動植物油類

第4類のうち，第1石油類ではガソリン，ベンゼン，酢酸エチル，アセトン，メチルエチルケトンなどの引火点が0℃以下のものは貯蔵と取扱いができません。

また，アセトアルデヒド，二硫化炭素，ジエチルエーテル，酸化プロピレン（プロピレンオキシド）など，第4類危険物の中で沸点，引火点，発火点が最も低い特殊引火物も不可となります。

補足

引火点が70℃未満の
第4類危険物
・第1石油類
・第2石油類
・特殊引火物
・アルコール類
等が該当します。

屋外貯蔵所の設置場所
屋外貯蔵所は，湿潤でなく排水のよい場所に設ける決まりがありますが，これは容器が腐食するのを防ぐことが目的です。腐食により容器に穴が空き，危険物が漏れると，汚染や自然発火，爆発などの危険があるからです。

8
製造所の位置・構造・設備等の基準

[屋外貯蔵所の位置の基準]

　屋外貯蔵所では，危険物の貯蔵および取扱いを行う場所を明確にするため，柵を設ける必要があります。その際，保有空地は指定数量の倍数により規定された幅を，柵の外側に設けなければなりません。柵の内側ではないことに注意しましょう。

指定数量の倍数が10以下：3 m以上
指定数量の倍数が10を超え20以下：6 m以上
指定数量の倍数が20を超え50以下：10m以上
指定数量の倍数が50を超え200以下：20m以上
指定数量の倍数が200を超える：30m以上

■屋外貯蔵所の位置の基準

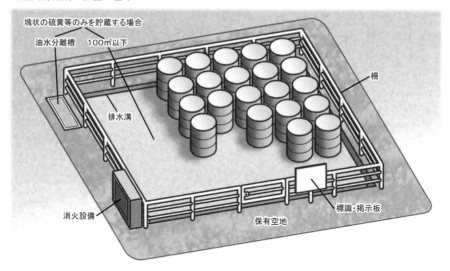

[屋外貯蔵所の構造と設備の基準]

① 設置場所

・湿潤でなく，かつ，排水のよい場所に設置しなければなりません。

② 柵

• 危険物の貯蔵または取扱いを行う場所の周囲には，柵等を設けて明確に区画しなければなりません。

③ 架台

• 不燃材料を用い，堅固な地盤に固定します。
• 高さは6m未満です。
• 容器が落下しないように工夫します。
• 地震や風などの影響に対して安全なものにします。

④ 避雷設備

• 必要ありません。

⑤ 標識・掲示板

• 見やすい箇所に，屋外貯蔵所であることを示した標識か防火に関して必要な事項を掲示した掲示板を設置しなければなりません。

[塊状の硫黄等のみを地盤面に設けた囲いの内側で貯蔵または取扱いを行うものの基準]

• 囲いは硫黄などが漏れない不燃材料でつくること。
• 囲いの高さは1.5m以下にすること。
• 囲いの内部面積は100m²以下とすること。
• 囲いには，硫黄等の溢れや飛散防止用のシートを固着する装置を設けること。
• 周囲には，排水溝及び分離槽を設けること。

補足

屋内貯蔵タンク
屋内で危険物の貯蔵や取扱いを行うタンクで，地下タンク，移動タンク，簡易タンクは除きます。

8
製造所の位置・構造・設備等の基準

4 屋内タンク貯蔵所

　屋内貯蔵タンクを利用して危険物の貯蔵や取扱いを行う**屋内タンク貯蔵所**は，保安距離，保有空地いずれも不要です。

　屋内貯蔵タンクは，平家建の建築物に設けられたタンク専用室に設置することが原則ですが，引火点が40℃以上の第4類危険物のみを貯蔵または取扱うものに関してはこの限りではありません。

　屋内貯蔵タンクの容量に関しては，指定数量の倍数が40，第4類石油類および動植物油類以外の第4類の危険物は，20,000ℓ以下に制限されています。

■屋内タンク貯蔵所の基準

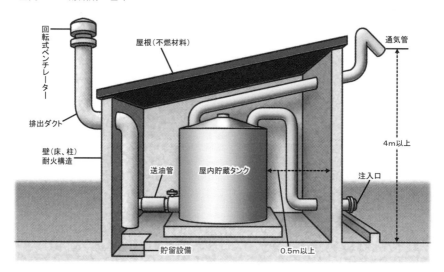

[屋内貯蔵タンクの主な基準]

① 設置場所

• 平屋建の建築物に設けられたタンク専用室に設置することが原則。

• 屋内貯蔵タンクとタンク専用室の壁との間および同一のタンク専用室内に屋内貯蔵タンクを2以上設置する場合，それらのタンクの間に0.5m以上の間隔を保たねばなりません。

② 容量
- 指定数量の倍数が40以下。
- 第4類石油類および動植物油類以外の第4類の危険物は，20,000ℓ以下。
- 同一のタンク専用室に屋内貯蔵タンクを2以上設置する場合，それらのタンクの容量の総計も，上述の範囲内でなければなりません。

③ 設備
- 圧力タンクには，安全装置を設置しなければなりません。
- 圧力タンク以外のタンクは無弁通気管を設置しなければなりません。
- タンクの弁の基準は，屋外貯蔵タンクの弁に準じます。

④ 液体の危険物の屋内貯蔵タンク
- 危険物の量を自動的に表示する装置を設置しなければなりません。
- 注入口の基準は，屋外貯蔵タンクの注入口に準じます。

⑤ タンク専用室の構造と設備
- 壁，柱及び床を耐火構造，梁を不燃材料でつくり，延焼のおそれのある外壁は出入口以外の開口部を有しない壁にしなければなりません。

補足

タンク専用室の天井
タンク専用室は，不燃材料で屋根をつくりますが，天井を設置してはならないと決められています。

8
製造所の位置・構造・設備等の基準

- 引火点が70℃以上の第4類の危険物のみの屋内貯蔵タンクを設置するタンク専用室では，延焼の危険がない外壁，柱及び床を不燃材料でつくることができます。
- タンク専用室の窓及び出入口には，防火設備を設けるとともに，延焼のおそれのある外壁に設ける出入口には，随時開けることができる自動閉鎖の特定防火設備を設置しなければなりません。
- タンク専用室の窓または出入口にガラスを用いる場合は，網入ガラスとします。
- 液状の危険物の屋内貯蔵タンクを設置するタンク専用室の床は，危険物が浸透しない構造とし，適当な傾斜を付け，貯留設備を設置しなければなりません。
- タンク専用室の出入口のしきいの高さは，床面から0.2m以上とします。
- タンク専用室の採光，照明，換気及び排出の設備は，屋内貯蔵所の基準に準じます。

⑥　標識・掲示板
- 見やすい箇所に，屋内タンク貯蔵所であることを示した標識か防火に関して必要な事項を掲示した掲示板を設置しなければなりません。

[引火点が40℃以上の第4類危険物のみを貯蔵，または取扱う場合のタンク専用室の基準]
- 壁，柱，床および梁を耐火構造とします。
- 窓を設置してはいけません。
- 出入口には自動閉鎖の特定防火設備を設けます。
- タンク専用室の換気及び排出の設備には，防火上有効にダンパー等を設置しなければなりません。
- 屋内貯蔵タンクから漏れた危険物がタンク専用室以外に流出しない構造にしなければなりません。

5 屋外タンク貯蔵所

8
製造所の位置・構造・設備等の基準

屋外タンク貯蔵所は，危険物を屋外で貯蔵や取扱いを行うタンクの中で，簡易タンク，地下タンク，移動タンクを除いたものを指します。

引火点を有する液体の危険物を貯蔵または取扱う屋外タンク貯蔵所に関しては，敷地内距離を確保しなければなりません。タンクの側板から敷地の境界線までの敷地内距離は，以下のように定義されています。

■タンク別敷地内距離

屋外貯蔵タンクの区分	危険物の引火点	距離
石油コンビナート等災害防止法で規定する第1種事業所または第2種事業所に存する屋外タンク貯蔵所の屋外貯蔵タンクで，その容量が1,000kℓ以上のもの	21℃未満	タンクの水平断面の最大直径（横型のものにあっては，横の長さ）の数値（以下「直径等の数値」という。）に1.8を乗じて得た数値（数値がタンクの高さの数値より小さい場合には，高さの数値）または50mのうち大きいものに等しい距離以上
	21℃以上70℃未満	タンクの直径等の数値に1.6を乗じて得た数値（数値がタンクの高さの数値より小さい場合には，高さの数値）または40mのうち大きいものに等しい距離以上
	70℃以上	タンクの直径等の数値（数値がタンクの高さの数値より小さい場合には，高さの数値）または30mのうち大きいものに等しい距離以上
上記以外の屋外貯蔵タンク	21℃未満	タンクの直径等の数値に1.8を乗じて得た数値（数値がタンクの高さの数値より小さい場合には，高さの数値）に等しい距離以上
	21℃以上70℃未満	タンクの直径等の数値に1.6を乗じて得た数値（数値がタンクの高さの数値より小さい場合には，高さの数値）に等しい距離以上
	70℃以上	タンクの直径等の数値（数値がタンクの高さの数値より小さい場合には，高さの数値）に等しい距離以上

[屋外タンク貯蔵所の位置の基準]

① 保安距離：必要

　タンクの側板から保安対象物までの距離。

② 保安空地：必要

　タンクの側板の周囲に設置する一定の幅。

③ 敷地内距離

　タンクの側板から敷地の境界線までの距離。ただし，不燃材料でつくった防火上有効な塀を設けること，地形上火災が生じた場合に延焼のおそれが少ないことなど，市町村長等が安全であると認めたときは，当該市町村長等が定めた距離を当該距離にできます。

■屋外タンク貯蔵所の位置の基準

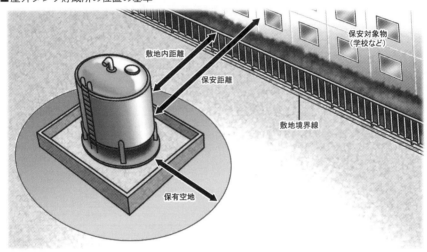

[屋外タンク貯蔵所の構造と設備の基準]

① 構造

• 屋外貯蔵タンク（特定屋外貯蔵タンク，準特定屋外貯蔵タンク，固体の危険物の屋外貯蔵タンクを除く）は，厚さ3.2mm以上の鋼板で気密につくらなければなりません。

• 屋外貯蔵タンクは，地震や風圧に耐えられる構造とし，その支柱は，鉄筋コンクリート造，鉄骨コンクリート造その他これらと同等以上の耐火

性能を持たせなければなりません。

- 屋外貯蔵タンクは，危険物の爆発等によりタンク内の圧力が異常に上昇した場合に内部のガスまたは蒸気を上部に放出できる構造とします。
- 屋外貯蔵タンクの外面には，さび止めの塗装を行います。
- 底板を地盤面に接して設ける場合，底板の外面の腐食を防止する措置を講じなければなりません。

② 設備

- 圧力タンクには安全装置を，圧力タンク以外のタンクには通気管（無弁または大気弁付き）を設置しなければなりません。
- 弁については，鋳鋼またはこれと同等以上の機械的性質を有する材料でつくります。
- ポンプ設備（ポンプとこれに付属する電動機）の周囲には3m以上の幅の空地を確保しなければなりません。

③ 液体危険物の屋外貯蔵タンクの設備

- 液体の危険物の屋外貯蔵タンクには，危険物の量を自動的に表示する装置を設置しなければなりません。
- 液体の危険物の屋外貯蔵タンクの注入口は火災の予防上支障のない場所に設け，注入ホースもしくは注入管と結合することができ，かつ，危険物が漏れないものにしなければなりません。
- 注入口には弁またはふたを設けます。
- ガソリンその他静電気で災害が発生する危険がある液体の危険物の屋外貯蔵タンクの注入口付近に，静

補足

敷地内距離
火災などが発生した場合に近隣に対する延焼防止のために設けられる距離をいいます。タンクの中心ではなく，側板からの距離となりますので注意が必要です。

8
製造所の位置・構造・設備等の基準

電気除去用接地電極を設置します。
- 引火点が21℃未満の危険物の屋外貯蔵タンクの注入口には，屋外貯蔵タンクの注入口の旨および防火の必要事項を示した掲示板を設置します。

④ 避雷設備
- 指定数量の倍数が10以上の場合に設置します。

また，二硫化炭素を除く液体の危険物の屋外貯蔵タンクの周りには，**防油堤の設置が義務づけられています。防油堤とは，危険物が漏れた場合に，その流出を防ぐためのものです。**

[防油堤の基準]
- 引火点を有する液体危険物の貯蔵タンクの場合には容量の110％以上，同一防油堤内に引火点を有する液体危険物の貯蔵タンクが2以上ある場合には容量が最大のタンクの容量の110％以上とします。
- 防油堤の高さは0.5m以上，面積は80,000m²以下とし，内部の滞水を外部に排水するための水抜口を設け，弁等を外部に設けなければなりません。
- 高さが1mを超える防油堤には，30mごとに出入用階段を設置するか，土砂の盛上げ等を行わなければなりません。

■防油堤の基準

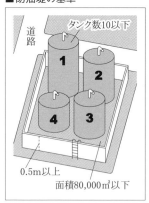

6 地下タンク貯蔵所

　地下タンク貯蔵所は，地盤面下に埋没されている地下貯蔵タンクにて危険物の貯蔵や取扱いを行う貯蔵所を指します。保安距離，保有空地は不要です。

[地下タンク貯蔵所] 構造の基準

・原則として地盤面下に設けられたタンク室に設置しますが，二重殻タンクの場合には地盤面下に埋設が可能です。

・地下貯蔵タンクとタンク室の内側との間は，0.1m以上の間隔を保ち，周囲に乾燥砂をつめなければなりません。

・地下貯蔵タンクの頂部は，0.6m以上地盤面から下にします。

■地下タンク貯蔵所の基準

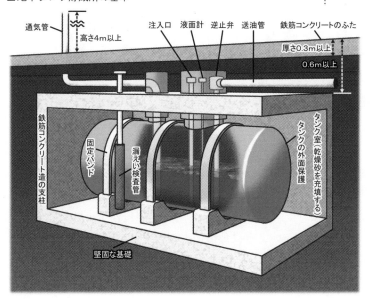

通気管　　高さ4m以上　　注入口　液面計　逆止弁　送油管　鉄筋コンクリートのふた

厚さ0.3m以上
0.6m以上

鉄筋コンクリート造の支柱
固定バンド
漏えい検査管
タンクの外面保護
タンク室（乾燥砂を充填する）
堅固な基礎

> **補足**
>
> 地下タンク貯蔵所の設備の基準
> ・通気管または安全装置を設置し，配管は，当該タンクの頂部に取り付けなければなりません。
> ・タンクまたはその周囲に液体危険物の漏れを検知する設備を設置しなければなりません。
> ・注入口は，屋外に設けます。

8

製造所の位置・構造・設備等の基準

7 簡易タンク貯蔵所

　簡易タンク貯蔵所は，簡易貯蔵タンクにて危険物の貯蔵や取扱いを行う貯蔵所を指します。なお，簡易貯蔵タンクの容量は，600ℓ以下に制限されています。

[簡易タンク貯蔵所] 構造と設備の基準

① 構造・設備の基準

材料と外面	厚さ3.2mm以上の鋼板で気密につくること 70kPaの圧力で10分間行う水圧試験で，漏れや変形しないものであること さび止めの塗装を施すこと
設置可能な タンク数	1つの簡易タンク貯蔵所に対して3基以内。同一品質の危険物は1基のみ
その他	通気管を設ける

■電動式簡易タンクと手動式簡易タンク

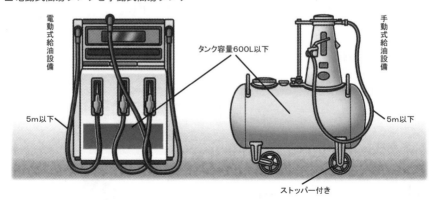

② 位置の基準

　簡易貯蔵タンクは，専用室内に設置する場合を除き，屋外に設置することが前提となっています。そのため，タンクの周囲には1m以上の保有空地を設け，タンクは動かないように地盤面や架台などに固定します。また，保安距離は不要です。

　専用室内に設置する場合には，専用室の壁とタンクの間には0.5m以上の間隔を確保します。

8 移動タンク貯蔵所

移動タンク貯蔵所とは，危険物を車両に固定された
タンクで貯蔵または取扱いを行う貯蔵所です。タンク
の容量は，30,000ℓ以下に規制されています。

[移動タンク貯蔵所] 構造と設備の基準

① 構造の基準

材料および外面	厚さ3.2mm以上の鋼板またこれと同等以上の機械的性質を有する材料で気密につくる 圧力タンクを除くタンクでは70kPaの圧力で，圧力タンクでは最大常用圧力の1.5倍の圧力でそれぞれ10分間行う水圧試験において，漏れや変形がないものであること 外面にさび止めの塗装をすること
防波板と安全装置	間仕切りにより仕切られた部分には，それぞれマンホールと安全装置を設け，厚さ1.6mm以上の鋼板またはこれと同等以上の機械的性質を有する材料でつくられた防波板を設置すること
容量	容量は30,000ℓ以下とする タンク内は，4,000ℓ以下ごとに完全な間仕切りを設ける 間仕切りには厚さ3.2mm以上の鋼板またはこれと同等以上の機械的性質を有する材料を使用すること

② 位置の基準

保有空地と保安距離については特に必要とされてい
ませんが，タンクを積んだ車両を駐車するための常置
場所については次のような規定があります。

屋内	防火上安全な場所または壁，床，はり及び屋根を耐火構造とするか，不燃材料でつくった建築物の1階に常置する
屋外	防火上安全な場所

補足

移動タンク貯蔵所における間仕切りの役割
移動タンク貯蔵所のタンク内には，間仕切りがあります。液体の危険物は移動中に揺れるため，間仕切りはこの揺れを抑え，万が一の事故の際には漏れを最小限に食い止める役割を持っています。さらに，間仕切りがあることで複数の危険物を運搬することができます。

8 製造所の位置・構造・設備等の基準

■移動タンク貯蔵所

マンホール
防護枠
側面枠
防波板
間仕切板

③ 設備の基準

移動タンク貯蔵所の設備については,排出口,配管など細かく規定されています。

表示設備	貯蔵または取扱う危険物の類,品名及び最大数量を表示する設備を見やすい箇所に設ける 1辺が0.3m以上0.4m以下の正方形で,地が黒色の板に黄色の反射塗料その他反射性を有する材料で「危」と表示したものを車両の前後の見やすい箇所に掲げる
排出口	移動貯蔵タンクの下部に排出口を設ける場合は,当該タンクの排出口に底弁を設ける 非常の場合に直ちに当該底弁を閉鎖することができる手動閉鎖装置および自動閉鎖装置を設ける（ただし引火点が70℃以上の第4類の危険物の移動貯蔵タンクの排出口または直径が40mm以下の排出口に設ける底弁を除く）
配管	先端部に弁等を設ける
接地導線 （アース）	ガソリン,ベンゼンその他静電気による災害が発生するおそれのある液体の危険物の移動貯蔵タンクには,接地導線を設ける

9 販売取扱所

販売取扱所とは,危険物を店舗において容器入りのまま販売する取扱所のことです。指定数量の倍数が15以下の場合には**第1種販売取扱所**,15超40以下の場合には**第2種販売取扱所**と呼んで区別しています。

■販売取扱所の指定数量

販売取扱所	取扱う危険物の数量
第1種販売取扱所	指定数量の15倍以下
第2種販売取扱所	指定数量の15倍を超え40倍以下

① 第1種販売取扱所と第2種販売取扱所の共通基準

• 建築物の1階に設置する

• 窓または出入口にガラスを用いる場合は，網入ガラスとする

• 危険物の配合室の基準

　床面積は6m²以上10m²以下

　壁で区画する

　危険物が浸透しない構造とするとともに，適当な傾斜を付け，かつ，貯留設備を設ける

　出入口には，随時開けることができる自動閉鎖の特定防火設備を設ける

　出入口の敷居の高さは床面から0.1m以上

■第1種販売取扱所

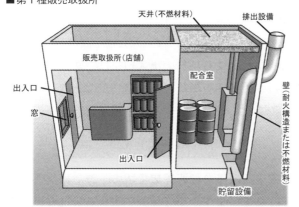

補足

一般取扱所

給油取扱所，販売取扱所，移送取扱所に該当しない取扱所のうち，指定数量以上の危険物を取扱うものは一般取扱所に分類されます。位置，構造，設備については製造所の基準を準用します。

8

製造所の位置・構造・設備等の基準

内部に滞留した可燃性の蒸気または可燃性の微粉を屋根上に排出する設備を設ける

②　第1種販売取扱所の基準

- 販売取扱所に使用する部分は，壁を準耐火構造とする（ただし，第1種販売取扱所に使用する部分とその他の部分との隔壁は，耐火構造とする）
- はりと天井は不燃材料でつくる
- 第1種販売取扱所に使用する部分は，上階がある場合には上階の床を耐火構造とし，上階のない場合には屋根を耐火構造とし，または不燃材料でつくる
- 第1種販売取扱所に使用する部分の窓および出入口には，防火設備を設ける

③　第2種販売取扱所の基準

- 壁，柱，床，はりを耐火構造とするとともに，天井は不燃材料でつくる
- 上階がある場合には上階の床を耐火構造とし，上階のない場合には屋根を耐火構造とする
- 第2種販売取扱所の使用する部分には，延焼の恐れのない部分に限り，窓を設けることができるものとし，当該窓には防火設備を設ける
- 建築物の第2種販売取扱所に使用する部分の出入口には，防火設備を設ける。ただし，当該部分のうち延焼の恐れのある壁またはその部分に設けられる出入口には，随時開けることができる自動閉鎖の特定防火設備を設けなければならない

　　このように，第1種販売取扱所と第2種販売取扱所の基準では共通基準と独自の基準の2種類が存在しています。第2種販売取扱所のほうが取扱える危険物の量が多いため，基準も厳しいものとなっていますので注意する必要があります。

10 給油取扱所

給油取扱所とは，給油設備を用いて，自動車等の燃料タンクに直接給油する目的で危険物を取扱う取扱所（灯油や軽油を容器に詰め替える取扱所を含む）をいいます。

① 給油設備と給油空地

- 給油設備は，ポンプ機器及びホース機器からなる固定された設備とする
- ホース機器の周囲に，自動車等に直接給油し，および給油を受ける自動車等が出入りするための間口10m以上，奥行6m以上の給油空地を保有しなければならない

② 注油設備と注油空地

- 注油設備は，給油取扱所に灯油もしくは軽油を容器に詰め替え，または車両に固定された容量4,000ℓ以下のタンク（容量2,000ℓを超えるタンクは，その内部を2,000ℓ以下ごとに仕切ったもの）に注入するための固定された固定注油設備とする
- 固定注油設備を設ける場合には，ホース機器の周囲（懸垂式の固定注油設備ではホース機器の下方）に，灯油もしくは軽油を容器に詰め替え，または車両に固定されたタンクに注入するための注油空地を保有しなければならない

③ 給油空地と注油空地の共通基準

- 漏れた危険物が浸透しないための舗装をすること

補足

固定給油設備（懸垂式）の位置
・道路境界線から4m以上の間隔
・敷地境界線から2m以上の間隔
・給油取扱所の建築物から2m（開口部がない場合は1m）以上の間隔

給油取扱所に設置できる建築物
・給油または灯油，軽油の詰替えを行う作業場
・給油，灯油，軽油の詰替えまたは自動車等の点検・整備，洗浄のための作業場
・給油等のために給油取扱所に出入りする者を対象とした店舗，飲食店，展示場
・給油取扱所の所有者等が居住する住居等
・給油取扱所の業務を行うための事務所

8

製造所の位置・構造・設備等の基準

- 漏れた危険物と可燃性の蒸気が滞留せず，かつ，危険物その他の液体が給油空地および注油空地以外の部分に流出しないよう，措置を講じなければならない

④　**給油取扱所のタンク**

- 給油取扱所に設置できるのは，固定給油設備もしくは固定注油設備に接続する専用タンクか廃油タンクのみ
- 専用タンクは容量の制限のないタンク
- 廃油タンクは容量10,000ℓ以下のタンク
- 専用タンクと廃油タンクは，地盤面下に埋設すること
- タンクの構造等は地下タンク貯蔵所の基準を準用
- 防火地域と準防火地域以外の地域では，固定給油設備に接続する容量600ℓ以下の簡易タンクを，地盤面上に3基まで設置できる

■給油取扱所

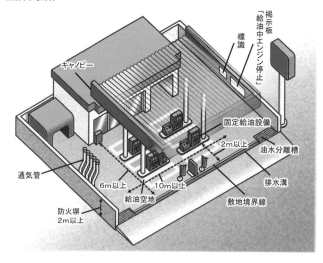

⑤　**給油取扱所の建築物の構造と設備**

- 給油取扱所の建築物は，壁，柱，床，はり，屋根は耐火構造または不燃材料でつくる
- 開口部のない耐火構造の床または壁で他の部分と区画

- 窓と出入口には防火設備を設ける
- 周囲には火災による被害の拡大を防止するための耐火構造もしくは不燃材料でつくられた高さ2m以上の塀（壁）を設ける

11 屋内給油取扱所

　屋内給油取扱所とは，建築物内に設置する給油取扱所です。位置，構造，設備等については一般的な給油取扱所の基準（ただし建築物の構造・設備の基準を除く）が準用されます。

［屋内給油取扱所］構造と設備の基準

- 壁，柱，床，はりおよび屋根を耐火構造とするとともに，開口部のない耐火構造の床または壁で当該建築物の他の部分と区画する
- 建築物の屋内給油取扱所に使用する部分の上部に上階がない場合には，屋根を不燃材料でつくることができる
- 専用タンク及び廃油タンク等に通気管または安全装置を設ける
- 窓および出入口には，防火設備を設ける
- 窓または出入口にガラスを用いる場合は，網入りガラスとする
- 専用タンクには，危険物の過剰な注入を自動的に防止する設備を設ける
- 上部に上階がある場合には，危険物漏えいの拡大とび上階への延焼を防止するための措置を講ずること
- 屋内給油取扱所は，内部に病院や福祉施設，救護施設等がある建築物には設置できない

補足

制御卓（コントロールブース）
セルフ型スタンドには，顧客自らが行う給油や注油を直接視認できる制御卓（コントロールブース）が設けられています。制御卓では，顧客の監視をはじめ，放送機器を用いて顧客に適切な指示を与えることができるようになっています。

8
製造所の位置・構造・設備等の基準

12 セルフ型スタンド

　セルフ型スタンドは，顧客が自ら給油や灯油，軽油を容器に詰め替える作業を行う給油取扱所のことで，正式名称は「顧客に自ら給油等をさせる給油取扱所」といいます。

　セルフ型スタンドには，給油取扱所と屋内給油取扱所の基準と，特例基準があります。

[セルフ型スタンド]

構造と設備の特例基準

① 表示

• 給油取扱所へ進入する際，見やすい箇所にセルフスタンドであることを表示する

② 顧客用固定給油設備の構造と設備

• 給油ホースの先端部に手動開閉装置を備えた給油ノズルを設ける

• 給油ノズルは，自動車等の燃料タンクが満量となったときに給油を自動的に停止する構造のものとする

• 給油ホースは，著しい引張力が加わると安全に分離し，分離部分から危険物が漏えいしない構造のものとする

• ガソリンおよび軽油相互の誤給油を有効に防止することができる構造のものとする

• 1回の連続した給油量および給油時間の上限をあらかじめ設定できる構造のものとする

• 地震時にホース機器への危険物の供給を自動的に停止する構造のものとする

③ 使用方法と品名の表示

• 給油ホース等の直近その他の見やすい箇所に，ホース機器等の使用方法および危険物の品目を表示する

チャレンジ問題

問1 以下の説明について，正しいものには○，誤っているものには×をつけよ。

（1）危険物を取扱う建築物では，危険物の化学変化や爆発を防ぐため採光と換気は行ってはならない。

（2）屋内貯蔵所の貯蔵倉庫の外壁は，延焼のおそれがない場合でも，安全のため耐火構造としなければならない。

（3）屋外貯蔵所では，第2類危険物のうち，引火点0℃以上の引火性固体と硫黄類を貯蔵することができる。

（4）屋内タンク貯蔵所の平屋建てのタンク専用室の床，壁，柱は耐火構造にしなければならない（ただし，引火点70℃以上の第4類危険物のみの貯蔵時を除く）。

（5）給油取扱所では，給油等のために出入りする者向けの立体駐車場，ゲームセンター，飲食店を設置することはできない。

解説 （1）採光は危険物の取扱いに必要不可欠で，換気も適切に行わなければなりません。

（2）貯蔵倉庫の外壁は，延焼のおそれがない場合には不燃材料でつくることができます。

（5）給油取扱所には立体駐車場やゲームセンター（遊技場）は設置できませんが，飲食店は設置できます。

解答 （1）× （2）× （3）○ （4）○ （5）×

9 貯蔵・取扱いの基準

まとめ & 丸暗記　　この節の学習内容とまとめ

■ 危険物の貯蔵と取扱いの基準

① すべての製造所等に対する共通基準

② 貯蔵の基準

③ 取扱い（消費と廃棄）の基準

■ すべての製造所等に対する共通基準

すべての製造所等が守るべき基準。内容により「してはいけないこと」「理由もなくしてはいけないこと」「完全にしなければならないこと」などが異なる。

■ 貯蔵の基準

原則として危険物の同時貯蔵は禁止。屋内貯蔵所・屋外貯蔵所，タンク貯蔵所，移動タンク貯蔵所それぞれに基準が設けられている。

■ 取扱い（消費と廃棄）の基準

危険物の取扱いでは，製造，消費，廃棄，詰替について規定されている。消費は吹付け，焼入れ，染色・洗浄，バーナーの使用，廃棄については投棄，焼却，埋没について規定されている。また，給油取扱所，移動タンク貯蔵所それぞれについても取扱いの基準が設けられている。

■ 各類の共通基準

危険物各類の取扱いで避けるべき行為は，第1類では可燃物，分解を促す物品との接近，第2類では酸化物，炎など，第3類は自然発火性物品は炎などとの接近と禁水性物品は水との接触，第4類は炎との接触，第5類は炎との接近，第6類では可燃物との接触など。

貯蔵・取扱いの基準

1 共通基準

　危険物の貯蔵と取扱いの基準は，すべての製造所等に対する共通基準，貯蔵の基準，取扱い（消費と廃棄）の基準の3種類です。共通基準を軸にして，基準の内容を把握しておきましょう。また，危険物各類についても共通基準があります。すべての製造所等に対する共通基準は，以下の通りです。

① 　許可や届出が行われた品名以外の危険物，または許可や届出が行われた数量（または指定数量の倍数）を超える危険物の貯蔵や取扱いをしない

② 　みだりに火気を使用しない

③ 　みだりに係員以外の者を出入りさせない

④ 　常に整理・清掃を行うとともに，みだりに不必要な物件を置かない

⑤ 　貯留設備や油分離装置にたまった危険物は，あふれないよう随時汲み上げる

⑥ 　危険物のくずやかす等は，1日に1回以上危険物の性質に応じて安全な場所で廃棄または適切な処置をする

⑦ 　危険物の貯蔵や取扱いを行う建築物の工作物や設備は，危険物の性質に応じて遮光や換気を行う

⑧ 　危険物は，温度計，湿度計，圧力計等の計器を監視し，危険物の性質に応じた適正な温度，湿度，圧力を保つように貯蔵や取扱いを行う

補足

品名と指定数量の倍数の変更
許可や届出が行われた品名や指定数量の倍数以上の危険物の貯蔵と取扱いはできないため，変更が必要な場合には変更の10日前までに市町村長等に届出を行わなければなりません。

危険物の貯蔵・取扱いを行う場合
①危険物の漏れ，あふれ，飛散を防止する措置を講ずる。
②危険物の変質，異物の混入等により，危険物の危険性が増大しないよう措置を講ずる。

⑨　危険物が残存または残存のおそれがある設備，機械器具，容器等を修理する場合は，安全な場所で危険物を完全に除去した後に行う

⑩　危険物を容器に収納して貯蔵や取扱いを行うときは，容器は危険物の性質に適応し，かつ，破損，腐食，さけめ等がないものにする

⑪　危険物を収納した容器の貯蔵や取扱いには，みだりに転倒させ，落下させ，衝撃を加え，または引きずる等粗暴な行為をしない

⑫　可燃性の液体，可燃性の蒸気，可燃性のガスの漏れ，滞留の恐れがある場所や可燃性の微粉が著しく浮遊するおそれのある場所では，電線と電気器具とを完全に接続し，火花を発する機械器具，工具，履物等は使用しない

⑬　危険物を保護液中に保存する場合は，危険物が保護液から露出しないようにする

　②③④⑪の文章中に「みだりに」とあるのは，絶対に禁止されているわけではないという意味です。そのため，問題で「製造所等では火気を絶対に使用してはならない」のように出題された場合には，その文章は誤りとなりますので注意しましょう。

　②で危険物を汲み上げなければならないのは，そのままにしておくと火災が発生する危険性があるためです。防災上必要な措置として行わなければなりません。

　⑬の「保護液から露出しないようにする」は，保存に使用している保護液から外に出ないようにするという意味です。問題で「危険物の中身を視認できるよう，一部を露出させる」という選択肢が登場した場合には，誤りとなります。

　このように，共通基準では「してはいけないこと」「理由もなくしてはいけないこと」「完全にしなければならないこと」などが混在しているため，非常に間違いやすくなっています。しっかりと違いを理解し，把握しておきましょう。

2 貯蔵の基準

　危険物の貯蔵に関しては，安全を確保するため，危険物以外の物品との同時貯蔵と，類が異なる危険物の同時貯蔵は原則として禁止されています。ただし，いくつかの例外は認められています。

① 同時貯蔵の禁止

（ア）危険物以外の物品との同時貯蔵

　貯蔵所では，**危険物以外の物品の貯蔵は原則禁止**です。ただし，屋内貯蔵所と屋外貯蔵所では危険物と危険物以外の物品とをそれぞれを取りまとめて貯蔵した上で，相互に1m以上の間隔を置く場合には貯蔵が可能です。

（イ）類が異なる危険物の同時貯蔵

　類が異なる危険物を同一貯蔵所で貯蔵することは，**原則禁止**とされています。ただし，屋外貯蔵所と屋内貯蔵所に限り，以下の危険物の同時貯蔵が認められています。

　なお，同時貯蔵を行う際は，お互いに1m以上の間隔を開けなければなりません。

- 第1類危険物（アルカリ金属の過酸化物またはこれを含有するものを除く）と第5類危険物
- 第1類危険物と第6類危険物
- 第2類危険物と自然発火性物品（黄りんまたはこれを含有するものに限る）

補足

危険物と危険物以外の物品の同時貯蔵
危険物と危険物以外の物品の同時貯蔵は原則禁止ですが，移動タンク貯蔵所，屋内タンク貯蔵所，屋外タンク貯蔵所，地下タンク貯蔵所では例外として認められる場合があります。

9

貯蔵・取扱いの基準

- アルキルアルミニウム等と第4類の危険物のうち，アルキルアルミニウムまたはアルキルリチウムのいずれかを含有するもの
- 第4類の危険物のうち有機過酸化物またはこれを含有するものと第5類の危険物のうち有機過酸化物またはこれを含有するもの
- 第4類の危険物と第5類の危険物のうち1－アリルオキシ－2,3－エポキシプロパンもしくは4-メチリデンオキセタン-2-オンまたはこれらのいずれかを含有するもの

② 屋内貯蔵所，屋外貯蔵所の貯蔵の基準

- 屋内貯蔵所，屋外貯蔵所では，危険物は原則として容器に収納して貯蔵する
- 危険物を収納する容器は，3mを超えて積み重ねることはできない
- 屋外貯蔵所では，危険物を収納する容器を架台で貯蔵する際，高さ6mを超えることはできない
- 屋内貯蔵所では，容器に収納して貯蔵する危険物の温度が55℃を超えないように必要な措置を講じること

③ タンク貯蔵所の貯蔵の基準

- 屋外貯蔵タンク，屋内貯蔵タンク，地下貯蔵タンクまたは簡易貯蔵タンクの計量口は，あふれや可燃性蒸気の漏洩のおそれがあるため，**計量するとき以外は閉鎖しておく**
- 屋外貯蔵タンク，屋内貯蔵タンクまたは地下貯蔵タンクの元弁（液体の危険物を移送するための配管に設けられた弁のうち，タンクの直近にあるもの）と注入口の弁（またはふた）は，危険物を出し入れするとき以外は，閉鎖しておく

- 屋外貯蔵タンクの周囲に防油堤がある場合，通常はその水抜口を閉鎖しておくとともに，当該防油堤の内部に滞油し，滞水した場合は遅滞なくこれを排出する

④　移動タンク貯蔵所の貯蔵の基準

- 移動貯蔵タンクには，当該タンクが貯蔵または取扱う危険物の類，品名及び最大数量を表示する
- 移動貯蔵タンクおよびその安全装置並びにその他の附属の配管は，さけめ，結合不良，極端な変形，注入ホースの切損等による漏れが起こらないようにするとともに，タンクの底弁は，使用時以外は完全に閉鎖しておく
- 被けん引自動車に固定された移動貯蔵タンクに危険物を貯蔵するときは，当該被けん引自動車にけん引自動車を結合しておく
- 積載式移動タンク貯蔵所以外の移動タンク貯蔵所は，危険物を貯蔵した状態で移動貯蔵タンクの積替えを行わない
- 移動タンク貯蔵所には，完成検査済証，定期点検記録，譲渡・引渡しの届出書，品名・数量または指定数量の倍数の変更届出書を備え付ける
- 移動貯蔵タンクから危険物を貯蔵し，または取扱うタンクに引火点が40℃未満の危険物を注入するときは，移動タンク貯蔵所の原動機（エンジン）を停止させる

補足

移動タンク貯蔵所の規定書類
甲種試験では，移動タンク貯蔵所に備え付けなければならない書類について出題されることがあります。規定の書類をきちんと覚えておきましょう。

9

貯蔵・取扱いの基準

2 各類の共通基準

危険物の各類については，危険物の規制に関する政令の第25条に共通基準が定められています。いずれも，避けるべき行為について細かく規定されています。

① **第1類**
- 可燃物との接触，混合
- 分解を促す物品との接近，過熱，衝撃，摩擦
- アルカリ金属の過酸化物は水との接触

② **第2類**
- 酸化剤との接触，混合
- 炎，火花，高温体との接近，過熱
- 鉄粉，金属粉，マグネシウムは水，酸との接触
- 引火性固体はみだりに蒸気を発生させない

③ **第3類**
- 自然発火性物品（アルキルアルミニウム，アルキルリチウム，黄りん）は炎，火花，高温体との接近，過熱，空気との接触
- 禁水性物品は水との接触

④ **第4類**
- 炎，火花，高温体との接近，過熱を避ける
- みだりに蒸気を発生させない

⑤ **第5類**
- 炎，火花，高温体との接近，過熱，衝撃，摩擦

⑥ **第6類**
- 可燃物との接触，混合
- 分解を促す物品との接近，過熱

チャレンジ問題

問1　以下の説明について，正しいものには○，誤っているものには
×をつけよ。

（1）製造所等に対する貯蔵の基準において，許可や届出が行
われた品名以外の危険物，または許可や届出が行われた数
量（または指定数量の倍数）を超える危険物の貯蔵や取扱
いは，10日を超えなければ可能である。

（2）貯留設備にたまった危険物は，あふれた分のみを汲み上
げて捨てればよい。

（3）危険物のくずやかす等は，3日に1回以上の割合で安全
な場所で廃棄しなければならない。

（4）屋内貯蔵所と屋外貯蔵所では，危険物を原則として容器
に入れて貯蔵することになっているが，その際，容器を積
み重ねる高さは3m以下とされている。

（5）第3類の貯蔵・取扱いの共通基準で，自然発火性物品
（アルキルアルミニウム，アルキルリチウム，黄りん）は
炎，火花，高温体との接近，過熱，空気との接触は避ける
ようにする。

解説　（1）許可や届出が行われた品名以外の危険物，または許可や
届出が行われた数量（または指定数量の倍数）を超える危
険物の貯蔵や取扱いは，日数を問わず禁止されており，超
えた量の貯蔵や取扱いを行う場合には届出を行います。

（2）危険物は，あふれないよう随時汲み上げる必要がありま
す。

（3）1週間に1回以上ではなく，危険物の性質に応じて1日
に1回以上，安全な場所で廃棄または適切な処置をしなけ
ればなりません。

解答　（1）×（2）×（3）×（4）○（5）○

消費・廃棄の際の基準

1 消費の際の基準

　危険物の取扱いについては，消費，廃棄，製造，詰め替えなどに関する基準が細かく定められています。ここでは，**消費と廃棄の際の基準**を見ていきましょう。

[消費の基準]

① 吹付塗装作業

・吹付塗装作業は，防火上有効な隔壁等で区画された，安全な場所で行わなければならない

② 焼入れ作業

・金属を加熱して高温の状態にした後，急速に冷やすことでその組織を変える焼入れ作業は，危険物が危険な温度に達しないようにして行う

③ 染色，洗浄作業

・染色，洗浄作業は，可燃性の蒸気の換気をよくし，廃液をみだりに放置せず安全に処置する

④ バーナーの使用

・バーナーを使用するときには，逆火を防ぎ，危険物があふれないようにする

　逆火はバックファイアーともいい，バーナー（燃焼装置）の点火時期や弁の開閉時期の不整，供給ガスの燃焼速度，供給ガスの圧力の異常低下，腐食によるバーナーの炎孔の巨大化などが原因となって，**炎がバーナーに戻ってしまう危険な現象**を指します。

2 廃棄の際の基準

廃棄の基準は，以下のように規定されています。

- 焼却する場合は，安全な場所で，燃焼または爆発が原因で他に危害または損害を及ぼすおそれのない方法で行うとともに，見張人をつける
- 埋没する場合は，危険物の性質に応じて安全な場所で行う
- 危険物は，海中または水中に流出させたり投下したりしないこと（ただし，他に危害や損害を及ぼすおそれのないとき，または災害の発生を防止するための適当な措置を講じたときは除外されます）

3 その他の共通基準

以下の危険物を屋外貯蔵タンク，屋内貯蔵タンクまたは移動貯蔵タンクに注入するときは，あらかじめタンク内の空気を不活性の気体と置換しておかなければなりません。

アセトアルデヒド／アルキルアルミニウム／アルキルリチウム／酸化プロピレン／ジエチルエーテルなど

不活性の気体は，**不活性ガスともいい，化学反応が起きにくい気体**を指します。具体的には窒素やアルゴン，二酸化炭素などがよく知られており，化学反応により爆発や延焼などのおそれがある危険物をタンク内に保存する際，空気の代わりに用いられます。

補足

その他の共通基準
その他の共通基準については，「危険物の規制に関する規則」第40条3の2と3の3に詳しく規定されています。

9
貯蔵・取扱いの基準

問1 以下の説明について，正しいものには○，間違えているものには×をつけよ。

（1）吹付塗装作業は，隔壁等で区画されていないなくても，安全な場所で行うのならば問題はない。

（2）バーナーを使用する場合に必要なのは，炎がバーナー(燃焼装置)に戻ってしまう危険な現象である逆火を防ぐことと，危険物があふれないようにすることである。

（3）廃棄のうち，焼却を行う場合は，安全で，燃焼または爆発が原因でほかに危害または損害を及ぼすおそれのない方法で行えば，見張人は必要ない。

（4）他に危害や損害を及ぼすおそれのないとき，または災害の発生を防止するための適当な措置を講じたときを除いて，危険物を海中または水中に流出させたり投下したりしてはいけない。

（5）貯蔵タンクにアルキルアルミニウムを注入する場合，タンク内に特別の措置は施さなくてよい。

解説 （1）吹付塗装作業は，隔壁等で区画された安全な場所で行わなければなりません。

（2）逆火は，バーナー(燃焼装置)の点火時期や弁の開閉時期の不整などが原因で発生するので注意が必要です。

（3）焼却を行う場合には，必ず見張人をつけなければなりません。

（5）貯蔵タンクにアルキルアルミニウムを注入する場合には，タンク内は空気ではなく不活性の気体と置換しておかなければなりません。

解答 （1）× （2）○ （3）× （4）○ （5）×

各危険物施設の取扱基準

1 移動タンク貯蔵所

　移動タンク貯蔵所の取扱いの基準は，以下の通りです。

- 移動貯蔵タンクから危険物を貯蔵または取扱うタンクに液体の危険物を注入するときは，当該タンクの注入口に移動貯蔵タンクの注入ホースを緊結する（ただし，タンクに引火点が40℃以上の第4類の危険物を注入するときは，この限りでない）
- 移動貯蔵タンクから液体の危険物を容器に詰め替えないこと（ただし，容器に引火点が40℃以上の第4類の危険物を詰め替えるときは，この限りでない）
- ガソリン，ベンゼンその他静電気による災害が発生するおそれのある液体の危険物を移動貯蔵タンクに入れ，または移動貯蔵タンクから出すときは，移動貯蔵タンクを接地する
- 移動貯蔵タンクから危険物を貯蔵し，または取扱うタンクに引火点が40℃未満の危険物を注入するときは，移動タンク貯蔵所の原動機を停止させる
- ガソリン，ベンゼンその他静電気による災害が発生するおそれのある液体の危険物を移動貯蔵タンクにその上部から注入するときは，注入管を用いるとともに，注入管の先端を移動貯蔵タンクの底部に着けなければならない

補足

自動車等の原動機
給油取扱所や移動タンク貯蔵所の取扱いの基準に登場する自動車等の原動機は，エンジンのことです。ガソリンスタンドなどで給油する際は，必ずエンジンを止めなければなりません。

静電気災害の防止
ガソリンを貯蔵していた移動貯蔵タンクに灯油もしくは軽油を注入するとき，または灯油もしくは軽油を貯蔵していた移動貯蔵タンクにガソリンを注入するときは，静電気等による災害を防止するための措置を講じます。

9
貯蔵・取扱いの基準

2 給油取扱所

給油取扱所の基準は，以下の通りです。

- 自動車等に給油するときは，固定給油設備を使用して直接給油する
- 自動車等に給油を行うときは，**自動車等の原動機を停止させなければならない**
- 自動車等の一部または全部が給油空地からはみ出たままで給油してはいけない
- 固定注油設備から灯油もしくは軽油を容器に詰め替え，または車両に固定されたタンクに注入するときは，容器または車両の一部もしくは全部が注油空地からはみ出たままで灯油を容器に詰め替え，または車両に固定されたタンクに注入しない
- 移動貯蔵タンクから専用タンクまたは廃油タンク等に危険物を注入するときは，移動タンク貯蔵所を専用タンクまたは廃油タンク等の注入口の付近に停車させる
- 固定給油設備または固定注油設備には，当該固定給油設備または固定注油設備に接続する専用タンクまたは簡易タンクの配管以外のもので危険物を注入しない
- 自動車等に給油するときは，固定給油設備または専用タンクの注入口もしくは通気管の周囲においては，他の自動車等が駐車することを禁止するとともに，自動車等の点検もしくは整備または洗浄を行わない
- 自動車等の洗浄を行う場合は，引火点を有する液体の洗剤を使用してはいけない
- 給油の業務が行われていないときは，係員以外の者を出入させないため必要な措置を講じる

チャレンジ問題

問1 以下の説明について，正しいものには○，誤っているものには×をつけよ。

(1) 液体危険物を移動貯蔵タンクに出し入れするとき，静電気による災害が発生する可能性があるものは，移動貯蔵タンクを接地しなければならない。

(2) 引火点が40℃未満の危険物を移動貯蔵タンクから危険物を貯蔵または取扱うタンクに注入する場合には，移動タンク貯蔵所の原動機は停止させなくてもよい。

(3) 給油取扱所で自動車等に給油を行うときは，固定給油設備を使用するが，自動車等の原動機はついたままで構わない。

(4) 給油取扱所では，給油業務が行われていないときに係員以外の者を出入りさせないための措置を講じなければならない。

(5) 固定給油設備または専用タンクの注入口もしくは通気管の周囲において，自動車等に給油するときは，他の自動車等が駐車することは禁止するが，自動車等の点検もしくは整備または洗浄は行ってもよい。

解説 (2) 給油を行うときは，移動タンク貯蔵所の原動機（エンジン）は停止させなければなりません。

(3) 自動車等に給油を行うときは，自動車等の原動機は停止させなければなりません。

(5) 他の自動車等の駐車と，自動車等の点検もしくは整備，洗浄は行ってはなりません。

解答 (1) ○ (2) × (3) × (4) ○ (5) ×

10 運搬と移送の基準

まとめ & 丸暗記　　この節の学習内容とまとめ

■ **危険物の輸送方法**
①運搬：トラックをはじめとした車両を使って危険物を輸送すること
②移送：移動タンク貯蔵所を使って危険物を輸送すること

■ **運搬容器の基準**
容器の材質は鋼板，アルミニウム板，ブリキ板，ガラスなどで，堅固で容易に破損または危険物が漏れるおそれがないものにする。
落下試験，気密試験，内圧試験などの基準に適合したものにする。
運搬容器は原則，密封して収納する。

■ **積載方法の基準**
危険物は運搬容器に収納して積載，運搬容器は密封する。
危険物の種類によって，日光の直射を避けるため遮光性の被覆で覆う。
固体の危険物は，運搬容器の内容積の95％以下の収納率，液体の危険物は，運搬容器の内容積の98％以下の収納率，55℃の温度で漏れないようにする。

■ **運搬方法**
危険物や運搬容器が摩擦，動揺を起さないようにする。
指定数量以上の危険物を運搬する場合には，標識や消火設備を設置。

■ **移送の基準**
移動タンク貯蔵所に危険物取扱者が同乗，乗車中は危険物取扱者免状を携帯する。
移送者は，移送前に移動貯蔵タンクの底弁やマンホール，注入口のふた，消火器等の点検を十分に行う。
移送が長時間にわたる場合には，2人以上の運転要員を確保する。

運搬の基準

1 運搬の定義

危険物の輸送方法は，運搬と移送の2種類に分かれています。運搬とは，トラックをはじめとした車両を使って危険物を輸送することで，危険物取扱者は同乗する必要はありません。一方，移送はタンクローリーなどの移動タンク貯蔵所を使って危険物を輸送することであり，危険物取扱者の同乗が必要です。

2 運搬容器の基準

危険物を運搬するための容器を運搬容器といい，以下のように基準が定められています。

- 容器の材質は鋼板，アルミニウム板，ブリキ板，ガラス等定められたものを用いなければならない
- 容器の構造は，堅固で容易に破損するおそれがなく，その口から収納された危険物が漏れるおそれがないものにする
- 温度変化などにより危険物が漏れないよう，運搬容器を密封して収納する（ただし，危険物から発生したガスによって運搬容器内の圧力が上昇するおそれがある場合は，危険物の漏えいや他の物質の浸透を防止する構造のガス抜き口を設けた運搬容器に収納できる）
- 落下試験，気密試験，内圧試験などの基準に適合したものにする

補足

運搬容器の材質
運搬容器の材質は，鋼板，アルミニウム板，ブリキ板，ガラスの他，総務省令で定めるものであれば認められます。例えば，運搬容器としては灯油などを収納するポリタンクなどがあります。

使用できない運搬容器の材質
運搬容器の材質として陶器は使用することができません。

機械により荷役する構造を有する容器に関しては，以下の基準に適合することが必要です。

- 腐食等の劣化に対して適切に保護されたものであること
- 収納する危険物の内圧及び取扱い時または運搬時の荷重によって容器に生じる応力に対して安全なものであること
- 附属設備には，収納する危険物が当該附属設備から漏れないように措置が講じられていること
- 運搬容器種類に応じて，告示によって定められているもの

危険物は，危険性の程度によって以下のように３段階に区分されており，運搬容器にはこの区分を記入しなければなりません。

■危険物の危険等級

危険等級	類別	品名等
I	第1類	第1種酸化性固体の性状を有するもの
	第3類	カリウム，ナトリウム，アルキルアルミニウム，アルキルリチウム，黄りん，第1種自然発火性物質及び禁水性物質の性状を有するもの
	第4類	特殊引火物
	第5類	第1種自己反応性物質の性状を有するもの
	第6類	第6類の危険物すべて
II	第1類	第2種酸化性固体の性状を有するもの
	第2類	硫化りん，赤りん，硫黄，第1種可燃性固体の性状を有するもの
	第3類	危険等級Iに掲げる危険物以外のもの
	第4類	第1石油類，アルコール類
	第5類	危険等級Iに掲げる危険物以外のもの
III	―	第1類，第2類，第4類で上記以外の危険物

容器の外側には，以下のような表示を行わなければなりません。

■運搬容器の表示例

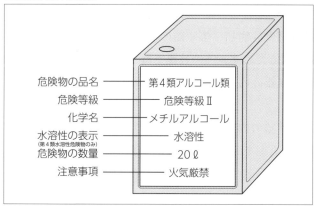

危険物の品名 ―― 第4類アルコール類
危険等級 ―― 危険等級Ⅱ
化学名 ―― メチルアルコール
水溶性の表示 ―― 水溶性
（第4類水溶性危険物のみ）
危険物の数量 ―― 20ℓ
注意事項 ―― 火気厳禁

また，運搬容器に収納する危険物については，それぞれ注意事項を容器に表示する必要があります。

■収納する危険物に応じた注意事項

類別	品名	注意事項
第1類	アルカリ金属の過酸化物またはこれを含有するもの	火気・衝撃注意 可燃物接触注意 禁水
	その他	火気・衝撃注意 可燃物接触注意
第2類	鉄粉，金属粉もしくはマグネシウム，またはこれらのいずれかを含有するもの	火気注意 禁水
	引火性固体	火気厳禁
	その他	火気注意
第3類 （自然発火性物品）	すべて	空気接触厳禁 火気厳禁
第3類 （禁水性物品）	すべて	禁水
第4類	すべて	火気厳禁
第5類	すべて	火気厳禁 衝撃注意
第6類	すべて	可燃物接触注意

補足

自然発火性物品の収納
第3類危険物の自然発火性物品を収納する際は，危険物が空気と接することがないよう，不活性ガスを封入して密封しなければなりません。

10
運搬と移送の基準

3 積載方法の基準

- 危険物は運搬容器に収納して積載する
- 温度変化等により危険物が漏れないように運搬容器を密封して収納する
- 第1類，第3類の自然発火性物品，第4類の特殊引火物，第5類，第6類は，日光の直射を避けるため遮光性の被覆で覆う
- 固体の危険物は，運搬容器の内容積の95％以下の収納率で運搬容器に収納する
- 液体の危険物は，運搬容器の内容積の98％以下の収納率，55℃の温度で漏れないよう空間容積を有して運搬容器に収納する
- 運搬容器の外部に危険物の品名等を表示して積載する
- 運搬容器が落下，転倒，破損しないように積載する
- 運搬容器は，収納口を上方に向けて積載する
- 運搬容器の積み重ねは，高さ3m以下とする
- 類の異なる危険物を同一車両に積載するのは原則禁止（ただし，下記の表の丸印を除く）

■混載可能な危険物

危険物の類	第1類	第2類	第3類	第4類	第5類	第6類
第1類		×	×	×	×	○
第2類	×		×	○	○	×
第3類	×	×		○	×	×
第4類	×	○	○		○	×
第5類	×	○	×	○		×
第6類	○	×	×	×	×	

4 運搬方法

　危険物の運搬方法の基準は，次のように規定されています。なお，危険物の運搬に関して消防長，消防署長や市町村長等に許可や承認といった申請手続き，届出などは不要です。

- 危険物や運搬容器が摩擦，動揺を起さないように運搬する

- 指定数量以上の危険物を車両で運搬する場合には，以下の基準に従わなければならない
  - （ア）積替，休憩，故障等のため車両を一時停止させるときは，安全な場所を選び，運搬する危険物の保安に注意する
  - （イ）危険物に適応する消火設備を備える
  - （ウ）車両の前後の見やすい部分に「危」の標識を掲げる
- 指定数量以上，指定数量以下の危険物を運搬する場合は，標識と消火設備については下記の通りとする
  - （ア）指定数量以上：標識・消火設備の設置義務あり
  - （イ）指定数量以下：標識・消火設備の設置義務なし
- 危険物の運搬中危険物が著しく漏れる等災害が発生するおそれのある場合は，災害を防止するため応急の措置を講ずるとともに，最寄りの消防機関その他の関係機関に通報する
- 品名または指定数量を異にする2以上の危険物を運搬する場合には，運搬に係るそれぞれの危険物の数量を危険物の指定数量で除し，その商の和が1以上となるときは，指定数量以上の危険物を運搬しているものとみなす

　運搬に関しては，指定数量とは関係なく消防法の規制を受けることになりますが，消火設備と標識に関しては，指定数量以上の場合にだけ備えればよいことになっています。

補足

運搬容器の外部に記入しなくてよいもの
消火方法・容器の材質（プラスチック・ポリエチレン製など）は記入する必要はありません。

危険物取扱者の免状
危険物を運搬する際，危険物取扱者の免状はなくてもかまいません。危険物の運搬は危険物取扱者でなくても行えますが，安全のため運搬する危険物を取扱うことのできる危険物取扱者が行うのが，望ましいとされています。

10
運搬と移送の基準

問1　以下の説明について，正しいものには○，誤っているものには×をつけよ。

(1) 危険物の輸送方法は，移動タンク貯蔵所を利用した運搬と，車両を利用した移送の2種類があり，前者には危険物取扱者が同乗しなければならない。

(2) 危険物を運搬するための運搬容器は，アルミニウム板，ブリキ板，ガラスを用いたものでなければならない。

(3) 危険等級Ⅰの危険物は黄りん，ナトリウム，アルキルアルミニウム，アルキルリチウム，特殊引火物等で，危険等級Ⅱの危険物は赤りん，第1石油類，アルコール類である。

(4) 危険物のうち，第1類，第3類の自然発火性物品，第4類の特殊引火物，第5類，第6類は，遮光性の被覆で覆わなければならない。

(5) 液体の危険物は，運搬容器の内容積の90％以下の収納率，55℃の温度で漏れないよう空間容積を確保して，運搬容器に収納しなければならない。

解説　(1) 運搬はトラックなどの車両を用いたもので，移送はタンクローリーなどの移動タンク貯蔵所を利用した輸送方法です。危険物取扱者が同乗しなければならないのは，移動タンク貯蔵所を利用した移送で，運搬の場合には必要ありません。

(2) 運搬容器の材質は，アルミニウム板，ブリキ板，ガラスの他にも，総務省令で定められたものであれば使用することができます。

(5) 液体の危険物は，運搬容器の内容積の98％以下の収納率にしなければなりません。

解答　(1) × (2) × (3) ○ (4) ○ (5) ×

移送の基準

1 移送の基準

　移動タンク貯蔵所によって危険物を輸送する際の移送基準は，以下の通りです。

- 危険物の移送は，移動タンク貯蔵所に危険物取扱者が同乗するとともに，乗車しているときは，**危険物取扱者免状を携帯していなければならない**

- 危険物の移送をする者は，移送の開始前に，移動貯蔵タンクの底弁その他の弁，マンホール及び注入口のふた，消火器等の点検を十分に行う

- **移送が長時間にわたる場合には，２人以上の運転要員を確保する**（ただし，動植物油類その他総務省令で定める危険物の移送については除外）

- 移動タンク貯蔵所を休憩，故障等のため一時停止させるときは，安全な場所を選ぶ

- 移動貯蔵タンクから危険物が著しく漏れる等災害が発生するおそれのある場合には，災害を防止するため応急措置を講じるとともに，最寄りの消防機関その他の関係機関に通報する

- アルキルアルミニウム，アルキルリチウムその他の危険物の移送をする場合には，移送の経路その他必要な事項を記載した書面を関係消防機関に送付するとともに，当該書面の写しを携帯し，書面に記載された内容に従う（ただし，災害その他やむを得ない理由がある場合には，記載された内容に従わないことができる）

10

運搬と移送の基準

	連続運転時間	１日当たりの運転時間
１人の運転時間	４時間を超える※	９時間を超える

※１回が連続10分以上で，かつ，合計が30分以上の運転の中断をすることなく連続して運転する時間のこと

　移送の際，危険物取扱者が危険物取扱者免状を携帯していなければならないのは，火災防止のため，必要である場合には警察官や消防官吏が移動タンク貯蔵所を停止させて，危険物取扱者免状の提示を求めることができるからです。

2　移送と運搬の基準の違い

　移送と運搬の基準の違いは，以下の通りです。

■移送と運搬の基準の違い

	移送	運搬
内容	タンクローリーなどの移動タンク貯蔵所で危険物を輸送する	車両に運搬容器を積載して危険物を運ぶ
危険物取扱者の免状	移送する危険物に対する取扱いができる危険物取扱者による運転もしくは同乗が必要	不要（無資格者でも運搬可能）
標識および消火設備	標識，消火設備の設置義務あり	指定数量以上の場合には設置義務あり 指定数量未満の場合には設置義務なし
許可	必要	不要

チャレンジ問題

問1　以下の説明について，正しいものには○，誤っているものには
×をつけよ。

（1）危険物を移送する場合，移動タンク貯蔵所の運転者は必
ず危険物取扱者免状を携帯し，消防官吏や警察官に提示を
求められたときには速やかに提示しなければならない。

（2）危険物の移送者は，移送を開始する前に，移動貯蔵タン
クの底弁やマンホール及び注入口のふた，消火器等の点検
を行わなければならない。

（3）危険物の移送で連続運転時間が5時間を超える場合と，
1日当たりの移送時間が9時間を超える場合には，3人以
上の運転要員が必要である。

（4）危険物が移動貯蔵タンクから漏れて災害が発生する危険
がある場合，応急措置を講じ，最寄りの消防機関等に通報
しなければならない。

（5）危険物のうち，アルキルアルミニウムやアルキルリチウ
ム等を移送する場合，書面に記した移送経路等の必要事項
を関係消防機関に送付するとともに，当該書面の写しを携
帯し，書面に記載された内容に従わなければならない。

解説　（1）移動タンク貯蔵所の運転者は，必ずしも危険物取扱者で
ある必要はありません。危険物取扱者の資格を持たない運
転者が運転する移動タンク貯蔵所に危険物取扱者が同乗す
る形であっても，問題はありません。

（3）連続運転時間は4時間を超える場合，1日当たりの移送
時間が9時間を超える場合には，2人以上の運転要員が必
要であるのが正解です。

解答　（1）×（2）○（3）×（4）○（5）○

10 運搬と移送の基準

11 製造所等に設ける共通の設備等

まとめ & 丸暗記　　　この節の学習内容とまとめ

■ 消火設備の種類

① 第1種消火設備（消火栓設備）：屋内消火栓，屋外消火栓

② 第2種消火設備（スプリンクラー設備）：スプリンクラー

③ 第3種消火設備（特殊消火設備）：水蒸気消火設備，水噴霧消火設備など

④ 第4種消火設備（大型消火器）：大型消火器

⑤ 第5種消火設備（小型消火器，その他）：水バケツ，水槽，乾燥砂，膨張ひる石，膨張真珠岩

■ 所要単位と能力単位

所要単位：製造所等の消火にどの程度の消火設備が必要となるかを定める際の基準値

能力単位：消火設備の消火能力を表す単位

■ 標識・掲示板

見やすい箇所に危険物の貯蔵や取扱いを行っていることが分かるよう，必要事項を記載した標識，防火に関して必要事項を記載した掲示板を設置する必要がある。

■ 警報設備

指定数量の倍数が10以上の製造所等（移動タンク貯蔵所を除く）に設置が義務づけられている。

■ 警報設備の種類

①非常ベル装置②自動火災報知設備③消防機関に連絡できる電話④拡声装置⑤警鐘

消火設備

1 消火設備の種類

消火設備とは，製造所等から火災等が発生した際，速やかつ有効的に消火を行うために設置が義務づけられている設備です。消火設備は，製造所等が扱う危険物の種類や規模，数量，電気設備などに応じて5種類に分類されています。

① **第1種消火設備**

種類：消火栓設備

内容：屋内消火栓，屋外消火栓

② **第2種消火設備**

種類：スプリンクラー設備

内容：スプリンクラー

③ **第3種消火設備**

種類：特殊消火設備

内容：水蒸気消火設備，水噴霧消火設備，泡消火設備，不活性ガス消火設備，ハロゲン化物消火設備，粉末消火設備（りん酸塩類等を使用するもの，炭酸水素塩類等を使用するもの，その他）

④ **第4種消火設備**

種類：大型消火器

内容：大型消火器

補足

防護対象物
消火設備によって消火すべき製造所等の建築物，その他の工作物と危険物を指します。

11

製造所等に設ける共通の設備等

⑤　第5種消火設備

種類：小型消火器，その他

内容：水バケツ，水槽，乾燥砂，膨張ひる石，膨張真珠岩

2 各消火設備の概要

① 第1種消火設備（消火栓設備）

屋内消火栓設備は，消火器では対応できない火災を消火するため，屋内に設置された消火設備です。構成要素は加圧送水装置（消火ポンプ），起動装置，屋内消火栓，水源，配管，弁類，非常電源などで，建物の各階に各部分からホース接続口までの水平距離が25m以内になるよう設置します。

■屋内消火栓設備

屋外消火栓設備は，隣接建物への延焼防止を目的とし，建築物の1階と2階を消火するために建物の周囲に設置されたものです。屋外消火栓は，地下式消火栓と地上式消火栓の2種類が存在し，それぞれホースの接続口が1個（単口型）のものと2個のもの（双口型）があります。

ホース接続口から防護対象物までの水平距離が40m以内になるように設置します。

■地上式消火栓（屋外消火栓設備）

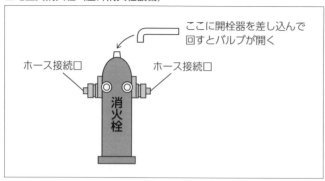

ここに開栓器を差し込んで回すとバルブが開く

ホース接続口　　ホース接続口

消火栓

② 第2種消火設備（スプリンクラー設備）

第2種消火設備のスプリンクラー設備は，火災感知から放水までを自動で行う消火設備で，防火対象物の屋根下または天井に設置されたスプリンクラーヘッド，もしくは壁面に設置された補助散水栓があります。スプリンクラー設備は，劇場や映画館など，不特定多数の人々が集う場所に設置されるもので，スプリンクラーヘッドや配管方式によりさまざまな種類があります。

設置については，防火対象物の各部分からスプリンクラーヘッドまでの水平距離が1.7m以下になるよう基準が設けられています。

■スプリンクラーヘッド（スプリンクラー設備）

馬蹄下向型

マルチ型

③ 第3種消火設備（特殊消火設備）

第3種消火設備である特殊消火設備は，消火に水をそのまま放出するのではなく，水蒸気や水噴霧にしたり，水以外の不活性ガス，泡，粉末などを利用したりして，放射口より消火剤を放出します。こうした特殊消火設備には，全固定式，半固定式，移動式の3種類があります。

• 水噴霧消火設備

細かな水の粒子を用いて冷却し，蒸気による窒息効

補足

消火器に用いられる消火剤
大型，小型消火器に用いられる消火剤は，以下の種類があります。
• 水（棒状，霧状）
• 強化液（棒状，霧状）
• 泡
• 二酸化炭素
• ハロゲン化物
• 消火粉末（りん酸塩類等，炭酸水素塩類等，その他）

11
製造所等に設ける共通の設備等

果で消火します。

・不活性ガス消火設備

不活性ガスの窒息作用によって消火を行います。不活性ガスは消火剤による汚損が少ないため，電気室や通信室などに使用されます。

・泡消火設備

油火災など，水による消火が適さない場所で用いられる，泡による冷却効果と窒息効果で消火を行う設備です。

④　第4種消火設備（大型消火器）

■大型消火器

第4種消火設備である大型消火器は車輪に固定することで移動が可能な消火器のことで，放射薬剤は水，泡，二酸化炭素，消火粉末などがあります。設置に関しては，防護対象物から大型消火器までの距離が30m以下となるよう基準が設けられています。

⑤　第5種消火設備（小型消火器）

■小型消火器

第5種消火設備には，小型消火器をはじめとし，水バケツ，水槽，乾燥砂，膨張ひる石（バーミキュライト）または膨張真珠岩（パーライト）などの簡易消火用具が含まれます。

設置については，移動タンク貯蔵所と給油取扱所などの一部の製造所等では有効に消火できる位置に，それ以外では防護対象物から歩行距離が20m以下となるよう基準が設けられています。

3 消火設備の設置基準

　製造所等は，その規模や貯蔵もしくは取扱う危険物の種類などによって，火災などが発生した場合の消火の困難性が異なります。そのため，下記の区分に応じて相応の消火設備の設置が義務づけられています。

■消火設備の設置基準

消火困難性の区分	設置すべき消火設備				
	第1種	第2種	第3種	第4種	第5種
著しく消火困難な製造所等	いずれか1つを設置			必ず設置	必ず設置
消火困難な製造所等	—	—	—	必ず設置	必ず設置
その他の製造所等	—	—	—	—	必ず設置

　また，地下タンク貯蔵所と移動タンク貯蔵所の消火設備の設置基準は，以下のように規定されています。

・地下タンク貯蔵所
　第5種消火設備を2個以上設置する
・移動タンク貯蔵所
　自動車用消火器のうち，充てん量が3.5kg以上の粉末消火器またはその他の消火器を2個以上設置する

　なお，電気設備に対する消火設備については，電気設備のある場所の面積100m²ごとに1個以上設けなければなりません。

補足

膨張ひる石と膨張真珠岩
膨張ひる石はバーミキュライトともいい，農業や園芸に用いられる土です。膨張真珠岩はパーライトともいい，高温処理した人工発泡体です。ともに熱を加えると膨張するため，消火器では対応できない危険物の消火に適しています。

第5種消火設備だけを設置すればよい施設
・簡易タンク貯蔵所
・地下タンク貯蔵所
・第1種販売所
・移動タンク貯蔵所

11

製造所等に設ける共通の設備等

4 所要単位と能力単位

① 所要単位

危険物の貯蔵や取扱いを行う製造所等が爆発や延焼を起こした場合，消火を行うのに十分な消火設備が必要となりますが，その設備の量は，建物の構造，規模，危険物の量などによって異なります。この消火の基準となる単位を所要単位といいます。所要単位は，下記の表に基づいて算出されます。

例えば，ある製造所の事務所の外壁が耐火構造で，延べ面積が200m^{2}だった場合には，所要単位は200（m^2）÷100（m^2）＝2（単位）となります。

■1所要単位の数値

	耐火構造の外壁の場合	耐火構造でない外壁の場合
製造所・取扱所	延べ面積　100m^2	延べ面積　50m^2
貯蔵所	延べ面積　150m^2	延べ面積　75m^2
危険物	指定数量の10倍	

② 能力単位

消火設備の消火能力を表す単位を，能力単位といいます。上記の製造所に対して，能力単位0.5の消火設備を設置する場合は，2（所要単位）÷0.5（能力単位）＝4となり，4個設置しなければならないことがわかります。

チャレンジ問題

問1 以下の説明について，正しいものには○，誤っているものには×をつけよ。

（1）泡の冷却効果と窒息効果で消火を行う泡消火設備は，第3種の消火設備である。

（2）加圧送水装置，起動装置，屋内消火栓，水源，配管などから構成される第1種消火設備を設置する場合は，建物各階の各部分からホース接続口までの水平距離が35m以下になるようにしなければならない。

（3）手持ちの小型消火器をはじめとした第4種消火設備は，防護対象物から大型消火器までの距離が30m以下となるように設置する。

（4）移動タンク貯蔵所は，充てん量が3.5kg以上の粉末消火器またはその他の消火器を2個以上設置しなければならない。

（5）耐火構造ではない外壁を持つ製造所の延べ面積が490m^{2}だった場合，所要単位は4.9となる。

解説 （2）第1種消火設備は，建物各階の各部分からホース接続口までの水平距離が25m以下になるように設置します。

（3）手持ちの小型消火器は，第5種消火設備です。第5種消火設備は，移動タンク貯蔵所と給油取扱所などの一部の製造所等では有効に消火できる位置に，それ以外では防護対象物から歩行距離が20m以下になるように設置します。第4種消火設備は大型消火器で，防護対象物から大型消火器までの距離が30m以下となるように設置します。

（5）490（m^2）÷50（m^2）＝9.8（単位）となります。

解答 （1）○ （2）× （3）× （4）○ （5）×

標識・掲示板

1 標識

製造所等は，見やすい箇所に危険物の貯蔵や取扱いを行っていることが分かるよう，**必要事項を記載した標識，防火に関して必要事項を記載した掲示板を掲示しなければなりません。**

標識には，以下の2種類があります。

① **製造所等の名称を表示する標識（移動タンク貯蔵所を除く）**
- 標識の大きさは幅0.3m以上，長さ0.6m以上
- 色は地が白色，文字は黒色とする
- 製造所等の名称を記載する（危険物給油取扱所など）
- 縦書き，横書きどちらでも可能

■標識の例

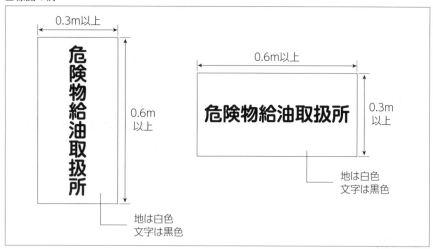

② 「危」と表示する標識

（ア）移動タンク貯蔵所の場合

- 標識の大きさは幅0.3m以上0.4m以下の正方形
- 色は地が黒色，文字は黄色とする
- 「危」と表示し，車両の前後の見やすい場所に掲げる

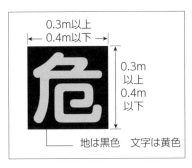

■移動タンク貯蔵所の標識

0.3m以上
0.4m以下
0.3m以上0.4m以下
地は黒色　文字は黄色

（イ）危険物運搬車両の場合

- 標識の大きさは幅0.3mの正方形
- 色は地が黒色，文字は黄色とする
- 「危」と表示し，車両の前後の見やすい場所に掲げる

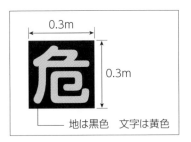

■危険物運搬車両の標識

0.3m
0.3m
地は黒色　文字は黄色

　標識に「危」を表示する場合，黄色の反射塗料その他反射性を有する材料で書かなければなりません。文字がさびて視認性が落ちるようになった場合でも，黄色以外の塗料で書き直すことは禁止されています。

補足

標識と掲示板に求められる掲示方法と書式
標識や掲示板は見やすい箇所に設置しなければなりませんが，長方形の標識や掲示板が縦，横どちらでも表示可能です。縦の場合には文章は縦書き，横の場合には文章は横書きとなります。

禁水性物品
第3類危険物の禁水性物品を貯蔵または取扱う場合には禁水の掲示板設置が必要となりますが，この時の禁水性物品はカリウムやナトリウムが含まれます。

11
製造所等に設ける共通の設備等

2 掲示板

　製造所等は，防火に関する必要事項を記した掲示板を見やすい場所に設置しなければなりません。掲示板は以下の4種類があり，いずれも大きさは幅0.3m以上，長さ0.6m以上の長方形の板に書く必要があります。

①　危険物等を表示する掲示板
- 色は地が白色，文字は黒色とする
- 危険物の類，品名，貯蔵（取扱い）最大数量，指定数量の倍数，危険物保安監督者の氏名（または職名）を記入する

■危険物等を表示する掲示板

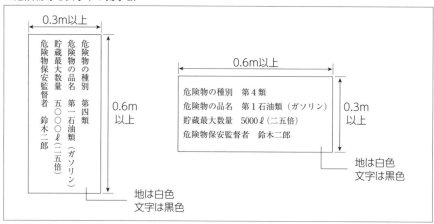

②　注意事項を表示する掲示板
　貯蔵や取扱う危険物の性状に応じて，以下の区分に従った注意事項の掲示板を設置しなければなりません。

■注意事項を表示する掲示板

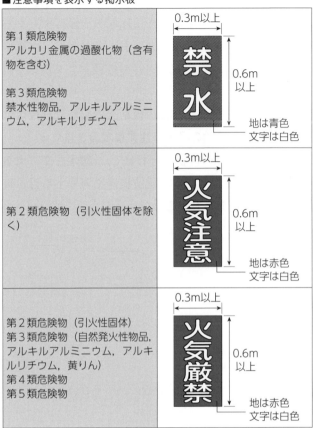

第1類危険物 アルカリ金属の過酸化物（含有物を含む） 第3類危険物 禁水性物品，アルキルアルミニウム，アルキルリチウム	禁水 0.3m以上／0.6m以上 地は青色 文字は白色
第2類危険物（引火性固体を除く）	火気注意 0.3m以上／0.6m以上 地は赤色 文字は白色
第2類危険物（引火性固体） 第3類危険物（自然発火性物品，アルキルアルミニウム，アルキルリチウム，黄りん） 第4類危険物 第5類危険物	火気厳禁 0.3m以上／0.6m以上 地は赤色 文字は白色

補足

給油取扱所の取扱い基準と掲示板

給油取扱所では「給油中エンジン停止」の掲示板を設置しなければなりません。これは，自動車等に給油する場合は，必ずエンジンを停止させなければならないという取扱い基準があるためです。

11

製造所等に設ける共通の設備等

③ 「給油中エンジン停止」の掲示板

給油取扱所では「給油中エンジン停止」と表示した掲示板を設置しなければなりません。

■「給油中エンジン停止」の掲示板

給油中エンジン停止
0.3m以上／0.6m以上
地は赤黄色
文字は黒色

④ タンク注入口，ポンプ設備の掲示板

　危険物のうち，引火点が21℃未満ものを貯蔵または取扱う屋外タンク貯蔵所，屋内タンク貯蔵所，地下タンク貯蔵所のタンク注入口とポンプ設備には，見やすい箇所に「屋外貯蔵タンク注入口」「屋外貯蔵タンクポンプ設備」などを表示します。

　上記に加えて，以下の必要事項を記載した掲示板を設置しなければなりません。**表示内容は危険物の類，危険物の品名，注意事項の３点です。**

　注意事項には，貯蔵や取扱う危険物の性状に合わせて，「禁水」や「火気注意」などの文言を記入します。背景と文字は危険物等を表示する掲示板と同じですが，注意事項のみ文字が赤色となるので注意が必要です。

■タンク注入口，ポンプ設備の掲示板

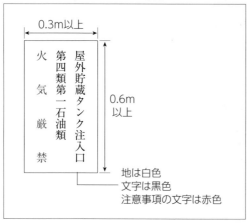

0.3m以上

火気厳禁　第四類第一石油類　屋外貯蔵タンク注入口

0.6m以上

地は白色
文字は黒色
注意事項の文字は赤色

チャレンジ問題

問1　以下の説明について，正しいものには○，誤っているものには×をつけよ。

(1) 製造所等は，危険物の貯蔵・取扱いを行っている標識を設置することが義務づけられており，その標識は，幅0.3m以上，長さ0.6m以上の長方形の板に，地は白色，文字は黒色で「危険物給油取扱所」などと表示する。

(2) 移動タンク貯蔵所であることを表示するための標識は，黒色の地に黄色の文字で「移動タンク貯蔵所」と名称を表示する。

(3) 危険物を表示する掲示板は，幅0.3m以上，長さ0.6m以上の縦書きとし，地を白色，文字を黒色で表記するよう規定されている。

(4) 第1類危険物のアルカリ金属の過酸化物（含有物を含む），第3類危険物の禁水性物品，アルキルアルミニウム，アルキルリチウムについての注意事項を表示する掲示板には，地は青色，文字を白で「禁水」と表示する。

(5) 引火点が20℃未満の危険物を貯蔵または取扱う屋外タンク貯蔵所，屋内タンク貯蔵所，地下タンク貯蔵所のタンク注入口とポンプ設備には，見やすい箇所に「屋外貯蔵タンク注入口」「屋外貯蔵タンクポンプ設備」と表示する。

解説　(2) 移動タンク貯蔵所の場合は，1辺が0.3m以上0.4m以下の正方形の板を用いて，黒色の地に黄色の文字で「危」と表示します。

(3) 危険物を表示する掲示板は，縦書きだけでなく，横書きにしても問題はありません。

(5) 引火点は，20℃ではなく21℃未満です。

解答　(1) ○ (2) × (3) × (4) ○ (5) ×

警報設備と避難設備

1 警報設備

　製造所等で危険物の流出や火災などが発生した場合には，速やかに従業員などに知らせたり，避難させたりする必要があります。そのため，指定数量の倍数が10以上の製造所等（移動タンク貯蔵所を除く）では，火災が発生した場合自動的に作動する火災報知設備その他の警報設備を設置することが義務づけられています。

　警報設備とは，火災の発生を早期に検知し，施設関係者や消防機関に報知するための機械器具，設備を指します。主な警報設備は，以下の5種類となります。

① 非常ベル装置

　スイッチなどを操作して作動させると，ベルの音が建物内に響き，火災の発生を知らせることができます。

■非常ベル装置

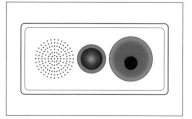

② 自動火災報知設備

　火災が発生した場合，煙，熱，炎を自動的に検知して，火災が発生したことを対象施設全域に報知します。

■自動火災報知設備

③ 消防機関に連絡できる電話

電話回線を利用して消防機関を呼び出し、通話ができるようになっている装置です。専用装置の他、消防機関に連絡できるものであれば、一般的な加入電話でも構いません。

■消防機関に連絡できる電話

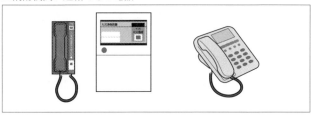

④ 拡声装置

拡声装置とは、携帯用拡声器（メガホン）など、火災が発生した場合に防火対象物内にいる人々に連絡が行える装置のことです。

■拡声装置

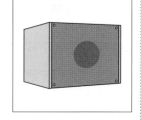

⑤ 警鐘

火災が発生した際、防火対象物内にいる人々に対して警報音を鳴らすことができる装置です。

■警鐘

また、給油取扱所のうち、建築物の2階部分を店舗や飲食店に使用する場合と、一方のみが開放されている屋内給油取扱所で、給油取扱所の敷地外に直接通じる避難口を設ける事務所等を有するものに関しては、誘導灯などの避難設備を設置しなければなりません。

補足

警報設備が不要な製造所等
警報設備は、危険物の指定数量が10以上の場合に設置しなければなりません。そのため、危険物の指定数量が10未満の場合の製造所等には、警報設備は不要となります。

移動タンク貯蔵所の場合
移動タンク貯蔵所では警報設備は不要となります。

11
製造所等に設ける共通の設備等

チャレンジ問題

問1 以下の説明について，正しいものには○，誤っているものには×をつけよ。

（1）火災が発生した際に自動的に作動する火災報知設備その他の警報設備を設置することが義務づけられているのは，指定数量の倍数が20以上の製造所等（移動タンク貯蔵所を除く）である。

（2）販売取扱所と給油取扱所は，ともに火災の発生を早期に検知し，施設関係者や消防機関に報知するための機械器具，設備である警報設備のうち自動火災報知設備を設置しなければならない。

（3）製造所等に設置する警報設備は，非常ベル装置，警鐘，拡声装置，消防機関に通報できる電話，自動火災報知設備の5種類である。

（4）給油取扱所のうち，建物の2階部分に店舗や飲食店がある場合には，出入口や通路に誘導灯等の避難設備を設置しなければならない。

（5）二方向に開放されている屋内給油取扱所で，敷地外に直接通じる避難口が設けられている事務所等は，出入口や通路に誘導灯等の避難設備を設置しなければならない。

解説 （1）製造所等で火災報知設備その他の警報設備を設置しなければならないのは，指定数量の倍数が10以上の製造所等です（ただし，移動タンク貯蔵所を除く）。

（2）指定数量の倍数が10以上の製造所等では自動火災報知設備などの警報設備の設置が義務づけられていますが，販売取扱所には設置義務はありません。

（5）正しくは二方向ではなく，一方向です。

解答 （1）×（2）×（3）○（4）○（5）×

156

第2章

物理学と化学の基礎

基礎物理学

■ 物質の三態と状態変化

物質の三態：条件によって物質が気体，固体，液体に変化すること

状態変化：三態（気体，固体，液体）の間の物理的な変化

状態変化と熱の関係：融解・凝固／蒸発・凝縮／昇華

■ 密度・比重・蒸気比重

$$密度（g/cm^3）＝\frac{物質の質量（g）}{物質の体積（cm^3）}$$

$$比重＝\frac{物質の質量（g）}{物質と同体積の水の質量（g）}$$

$$蒸気比重＝\frac{蒸気の質量（g）}{蒸気と同体積の空気の質量（g）}$$

■ ボイル・シャルルの法則

一定量の気体の体積Vは圧力Pに反比例し，絶対温度Tに比例する

■ 比熱と熱容量

比熱：1gの物質の温度を1℃（または1K）上昇させるのにかかる熱量

熱容量：ある物体全体の温度を1℃（または1K）上昇させるのにかかる熱量

■ 静電気の帯電量

帯電量（Q）＝静電容量（C）×帯電電圧（V）

物質の状態の変化

1 物質の三態

① 物質の三態と状態変化

物質は，一般的に気体，固体，液体の３つの状態で存在しています。例えば，水（液体）は条件によって水蒸気（気体）や氷（固体）に変化します。このように，条件によって物質が気体，固体，液体に変化することを物質の三態といい，三態の間の物理的な変化を状態変化といいます。

この状態変化には温度と圧力が密接に関係しているため，気温20℃，気圧１気圧の状態を普通の状態，すなわち**常温常圧**といいます。この条件下で，水蒸気であれば気体，水であれば液体，氷であれば固体ということができます。

② 状態変化と熱の関係

（ア）融解と凝固

ここでは，水を例にして状態変化と熱との関係を見ていくことにしましょう。氷は水が固体になっている状態ですが，氷は加熱すると溶けて水に戻ります。このように，**固体に熱エネルギーが加わることで液体に変化する現象を融解**といい，このとき**固体が吸収する熱を融解熱**といいます。

これとは逆に，水が冷却されると氷になります。この変化を**凝固**といい，このとき**液体から放出される熱を凝固熱**といいます。

補足

物理変化の例
状態変化以外の物理変化には，下記のようなものがあります。
・溶解
液体中に物質が溶けることで均一な液体になること。
・潮解
空気中の水分を固体が吸収，湿ることで溶解すること。
・風解
空気中に結晶水を含んだ物質を放置することで結晶水（の一部または全部）を失うこと。

（イ）蒸発と凝縮

　水を加熱していくとお湯となり，最終的には熱い蒸気（水蒸気）に変わります。このように，**液体が加熱されて気体に変化することを蒸発（気化）**といいます。

　逆に，水蒸気が冷やされると水になります。**気体が冷却され，液体になることを凝縮（液化）**といい，このとき**気体から放出される熱を凝縮熱**といいます。

（ウ）昇華

　一般的に，固体は液体，気体へと変化しますが，この過程を経ずに**固体から直接気体へ変化**することがあります。また，**気体が液体，固体の過程を経ずに直接固体に変化**することもあります。こうした変化をともに**昇華**といい，この時に**吸収（放出）される熱を昇華熱**といいます。昇華の最も分かりやすい例がドライアイスです。ドライアイスは固体から直接気体（二酸化炭素）に変化します。

　気体，液体，固体と融解，凝固，蒸発，凝縮，昇華の関係を図に表すと以下のようになります。

■状態変化と熱の関係

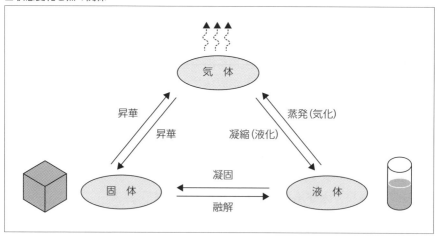

③ 物理変化

　銅線を折り曲げると形は変化しますが，銅の状態に変化はありません。このように，**物質の形が変わるだけの場合を物理変化**といいます。

　実は**状態変化**はこの物理変化の一種で，水が氷や水蒸気に変化しても化学式ではH_2Oであり，他の物質に変化してしまうわけではありません。

2 沸騰と沸点

　液体を加熱していくと，空気と接している液体の表面部分から蒸発が始まります。さらに**加熱をしていくと，液体の内部から気泡が発生し，液内部からの蒸発が発生します**。この現象を**沸騰**といい，この時の液体の温度を**沸点**といいます。沸点は，一般的に大気圧が１気圧の状態（標準状態）での沸点を**標準沸点**としています。

　沸騰は，以下のように液体の表面に作用している**外圧**が，液体が持つ**蒸気圧**と等しくなると発生します。

■外圧と蒸気圧

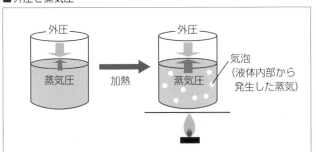

　このように，沸点は外圧の大小によって変わり，外圧が高いと沸点は高く，外圧が低いと沸点は低くなる

補足

昇華する物質
固体から直接気体に昇華する物質としてよく知られているのが，ドライアイスです。ドライアイスは固体化した二酸化炭素で，液体を経ずに直接，気体の二酸化炭素に変化します。また，防虫剤のパラジクロロベンゼンやナフタリンなども，ドライアイスと同様に昇華します。

特徴があります。

　例えば，水の沸点は摂氏約100℃ですが，富士山などの高い山では約90℃となります。これは高い山の上は空気の量が少ないので，気圧が低くなる，つまり外圧が低くなるため沸点が低くなることが理由なのです。この状態で米を炊くと，中まで火が通らず，生煮えのような状態になってしまいます。

　では逆に，沸点が高い場合ではどうなるでしょうか。圧力をかけて調理を行う圧力釜では，中の圧力が高めてあるため沸騰温度は約120℃となります。この場合では，高温になっているので火の通りが早い上に調理時間も短くなるという特徴があります。

　発生した蒸気は，無制限に拡散されると液体すべてが気体になるまで蒸発が続きます。

　例えば，ヤカンに入れた水を加熱し続けると，水が入っていたヤカンはやがて空になります。しかし，**空間が制限されている場合には，ある程度まで蒸発が進むとその空間は蒸気で飽和した状態となり，蒸発が進まなくなります。この状態の蒸気圧を飽和蒸気圧といいます。**この飽和蒸気圧は物質の温度と種類によって変化し，温度が上昇すると値も大きくなります。

　液体の加熱とともに飽和蒸気圧は上昇しますが，液体の蒸気圧が外圧と等しくなると沸騰が始まるのです。

3 蒸発熱

　蒸発熱とは，**液体を気化する場合に必要な熱量**のことで，主な物質の沸点は以下の通りとなっています。

■沸点と蒸発熱

物質名	沸点（℃）	蒸発熱（J/g）
水	100	2256.7
ベンゼン	80	393.5
エタノール	78	858.1
ジエチルエーテル	35	351.6

4 密度と比重

① 密度

　密度は，単位体積当たりに対してどの程度の重さ（質量）があるかを表します。液体や固体の密度は，$1\,cm^3$当たりの質量で表現します。

$$密度（g/cm^3）= \frac{物質の質量（g）}{物質の体積（cm^3）}$$

　例えば，物質の質量が300g，体積が$100cm^3$だった場合，密度は$300（g）÷100（cm^3）= 3（g/cm^3）$となります。また，物質の質量が同じで体積が$50cm^3$だった場合には，$300（g）÷50（cm^3）= 6（g/cm^3）$となります。

　このように，質量が同じで体積が増加すると密度は小さくなり，体積が減少すると密度は大きくなる特徴があります。

　それでは，物質が状態変化すると密度はどうなるでしょうか。一般的に，液体から固体になると体積が減少するため密度が大きくなります。ただし，水は１気圧４℃の条件下で体積が最小，つまり密度が最大となります。

② 比重（固体と液体の場合）

　純粋な水は１気圧４℃で密度が最大となりますが，比重とはこの時の水と物質の質量の比をいいます（単位はありません）。実質的には，密度から単位を省いたものが比重であると考えてよいでしょう。

補足

水の蒸発熱
水の蒸発熱は2256.7（J/g）で，他の物質と比較すると数値が大きいことが分かります。これは，蒸発時に多くの熱を奪うため，冷却効果が高いことを意味しているのです。

水に浮く物質
物質が水に浮くか否かは，その物質の比重を見ると分かります。比重が１よりも小さい，つまり水の質量よりも軽い場合には浮きます。ただし，その物質が水に溶けないことが条件です。

パスカルの原理
密閉空間で気体や液体に対してある方向に圧力をかけると，あらゆる方向にその力が伝わるという法則。水がいっぱい入ったビニール袋にたくさんの穴を開けて手で押すと，水はどの穴からでも同じ勢いで出てくるのがその一例です。

$$比重 = \frac{物質の質量（g）}{物質と同体積の水の質量（g）}$$

例えば，物質の質量が600gで，物質と同体積の水の質量が250gだった場合には，比重は600（g）÷250（g）＝2.4となります。

この式を変形すると，重量＝比重×体積，体積＝$\frac{重量}{比重}$となります。

主な固体と液体の比重は，以下の通りです。

■物質と比重

液体の場合	
物質	比重（水＝1として）
水（1気圧4℃）	1.00
エタノール	0.8
ガソリン	0.65～0.75

固体の場合	
物質	比重（水＝1として）
氷（0℃）	0.917
炭化カルシウム	2.2
無水硫酸	1.97

③　蒸気比重

物質の**蒸気比重**は，蒸気（気体）の質量と同体積の空気（1気圧0℃）との比をいいます（単位はありません）。

$$蒸気比重 = \frac{蒸気の質量（g）}{蒸気と同体積の空気の質量（g）}$$

主な気体と蒸気比重は，以下の通りです。

気体と蒸気比重

物質	比重（空気＝1として）
ガソリン（蒸気）	3～4
エタノール（蒸気）	1.6
二酸化炭素	1.53
プロパンガス	1.5
水蒸気	0.62

チャレンジ問題

問1 以下の説明について，正しいものには○，誤っているものには×をつけよ。

（1）ある物質が固体から液体に状態変化したとき，固体が吸収する熱を融解熱という。

（2）ドライアイスが固体から気体に直接変化することを昇華というが，この現象は物理変化には含まれない。

（3）液体を加熱していくと液体の蒸気圧が高くなっていき，その蒸気圧が外圧と等しくなると，沸騰が始まる。

（4）水が消火剤としてよく利用されるのは，蒸発熱が小さくて冷却効果が高いのが主な理由である。

（5）物質の質量と，その物質と同じ体積の純粋な水の質量（1気圧18℃）とを比較した割合を，比重という。

解説 （2）固体が直接気体に変化したり，気体が直接固体に変化したりする昇華は物質の状態変化です。物理変化とは，物質の内容は変化せずに形状だけが変わるものですので，状態変化は物理変化に含まれます。

（4）蒸発熱は液体1gすべてが蒸発する際に必要な熱量で，水はこの蒸発熱が非常に大きく，蒸発時に多くの熱を奪うことから，消火剤としてよく利用されています。蒸発熱が小さいと，蒸発時に大量の熱を奪うことができません。

（5）比重に用いる基準となる純粋な水は，1気圧18℃ではなく，水の密度が最大となる「1気圧4℃」のものを使用します。

解答 （1）○ （2）× （3）○ （4）× （5）×

気体の性質

1 力と圧力

① 力とは

物体の運動状態を変更したり，形を変形したりすることを物理では**力**といい，力の大きさは**ニュートン（N）**で表現します。この力の大きさは重力の大きさをもとに決められており，例えば，**1kgの物体に働く重力は約9.8N**です。100gでは$9.8 \times 0.1 = 0.98N$，約1Nとなり，100gの物体を持った時にかかる力が1Nということになります。

■物体にかかる重力

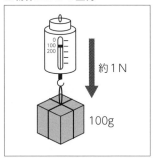

約1N

100g

② 圧力とは

圧力とは，**物体の単位面積に対して働く力**をいいます。力の大きさ（N）を，その力で押されている面積（m^2）で割ると，1m^2当たりに働く圧力が求められます。

$$\text{圧力}\ (N/m^2) = \frac{\text{力の大きさ (N)}}{\text{面の面積 (}m^2\text{)}}$$

圧力の単位はN/m^2（ニュートン毎平方メートル）となりますが，**Pa（パスカル）**という単位で表現することもあります。$1N/m^2 = 1Pa$ですので，計算して変換する必要はありません。

2 大気圧

大気圧（気圧）とは，文字通り大気による圧力のことで，具体的には大気の重さによる圧力を指します。空気には質量があり，地球の重力の影響を受けるからです。単位は**ヘクトパスカル（hPa）**を用い，1hPa＝100Paとなります。大気圧は，高い場所になるほど小さくなる傾向があります。山頂などの高所では，空気が薄い，つまり存在する空気の量が少ないため，大気の重さである圧力が少なくなるからです。

1気圧（atm）は，海面と同じ高さの場所で測定したもので，水銀柱760mmの高さに相当し，ヘクトパスカルでは約1,013hPaとなります。

■大気圧の大きさの違い

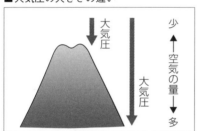

大気圧は，**パスカルの原理**によりあらゆる方向からかかっています。例えば，ドラム缶に少量の水を入れ，熱して缶内に水蒸気を充満させた後に火を止めて密閉，水をかけて冷やすとドラム缶がつぶれます。これは，缶内の水蒸気が冷やされて水に戻ることで圧力が下がったため，大気圧に押されてつぶれたのです。

■大気圧によりつぶれるドラム缶

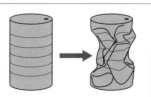

中に水を入れ、熱した後に密閉して冷やすと，つぶれる

補足

臨界温度と液化
臨界温度よりも高い温度の場合，いくら圧力をかけても液化することはありません。二酸化炭素の臨界温度は31.1℃ですが，これと同じか，低い温度であれば液化します。その際，臨界温度よりも低い温度であれば，臨界圧力よりも低い状態で液化できます。

3 臨界温度と臨界圧力

一般的に，気体はある一定の温度よりも低い状態で一定の圧力をかけると液化します。この温度を，臨界温度といいます。

例えば，二酸化炭素が液化するには31.1℃よりも低い温度で圧力をかけると液化します。このとき，液化させるのに必要な圧力のことを臨界圧力といいます。二酸化炭素の場合は，73atmとなります。

つまり，二酸化炭素は温度が31.1℃以下の時に73atmの圧力をかけると液化し，液化二酸化炭素（液化炭酸ガス）となるのです。

主な物質の臨界温度と臨界圧力は以下の通りで，空気やメタンはかなり冷やさないと液化しないことが分かります。

■主な物質の臨界温度と臨界圧力

物質名	臨界温度（℃）	臨界圧力（atm）
水	374.1	218.5
二酸化炭素	31.1	73.0
メタン	−82.5	45.8
空気	−140.7	37.2

4 ボイルの法則

温度が一定の場合，気体の体積は圧力に反比例します。これをボイルの法則といいます。圧力をP，体積をVとすると，以下の式が成り立ちます。

$PV = k$（kは一定）

ボイルの法則の一例を挙げてみましょう。空気を充満させ，密閉したドラム缶を深海に沈めた場合，ドラム缶は圧力によりへこみ，体積が小さくなります。これは，ドラム缶の中の空気の体積（V）が圧力（P）により小さくなったということです。

168

5 シャルルの法則

　ボイルの法則では温度を一定にしましたが，圧力を一定にした場合にはどのようになるでしょうか。それは，一定量の気体の体積Vは，温度が1℃増減するごとに，0℃時点での体積V_0の273分の1ずつ増減します。これをシャルルの法則といいます。

　摂氏−273℃を絶対温度Tとすると，圧力が一定である場合，気体の体積は絶対温度に比例するといえます。式に表すと，以下の通りとなります。

$$V=kT（kは一定）$$

　摂氏温度が1℃上昇すると，絶対温度Tも1℃ずつ増減することから，T＝273＋t（tは摂氏温度）となり，上記の式に当てはめると，以下のようになります。

$$V=k（273+t）$$

■シャルルの法則による体積の増減

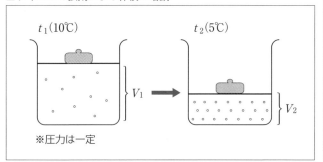

$t_1(10℃)$　　　　　$t_2(5℃)$

V_1　→　V_2

※圧力は一定

補足

絶対零度と絶対温度
シャルルの法則から導かれるのは，−273℃ではすべての気体の体積が0になることです。そのため，−273℃よりも低い温度は存在しないことになり，これを絶対零度（0K）といいます。この絶対零度をもとにした温度のことを絶対温度といいます。絶対温度の単位はK（ケルビン）です。

6 ボイル・シャルルの法則

「温度が一定の場合，気体の体積は圧力に反比例する」というボイルの法則と，「圧力が一定の場合，気体の体積は絶対温度に比例する」というシャルルの法則をまとめると，どのようになるでしょうか。

それは，「一定量の気体の体積Vは圧力Pに反比例し，絶対温度Tに比例する」となります。これをボイル・シャルルの法則といい，式に表すと，以下のようになります。

$$\frac{PV}{T} = k \quad (kは一定)$$

また，温度T_1，圧力P_1，体積V_1の気体を温度T_2，圧力P_2にして体積がV_2になったときには，

$$\frac{P_1 \times V_1}{T_1} = \frac{P_2 \times V_2}{T_2} \quad (=一定)$$

の関係となります。

それでは，例題を解いてみましょう。1気圧20℃の空気を圧縮し，60℃でもとの体積の半分にした場合，圧力はおよそどのくらいになるでしょうか。ボイル・シャルルの法則に対応する値と式は，以下のようになります。

求める圧力＝Px
変化前：P＝1，V，T＝273＋20
変化後：Px，体積は$\frac{1}{2}$V，T＝273＋60
式に当てはめると，

$$\frac{1（気圧）\times V（体積）}{273+20} = \frac{Px \times \frac{1}{2} V}{273+60} \quad , \quad \frac{1}{293} = \frac{Px \times \frac{1}{2} V}{333}$$

Px＝2.273…，約2.3気圧となります。

7 気体定数

ボイル・シャルルの法則では $\dfrac{PV}{T}$ =k（kは一定）となりましたが，ここでkはどのようなものを指すのかを求めてみましょう。

0℃，1気圧で1molの気体の体積は，種類にかかわらず22.4ℓとなります。これをボイル・シャルルの法則に当てはめてみましょう。P＝1，T＝273，V＝22.4ですので，次のようになります。

$$\frac{PV}{T}=\frac{1\times22.4}{273}=0.082\ [\ell\cdot\mathrm{atom}\diagup(\mathrm{K}\cdot\mathrm{mol})]$$

この値を，**気体定数**（R）といいます。

8 気体の状態方程式

気体定数（R）をボイル・シャルルの法則に当てはめると，PV＝RT（気体1mol）となります。

これは，気体定数（R）が1molの時の値です。この気体がn mol存在する時は，体積はV÷n＝$\dfrac{V}{n}$になります。

式はP×$\dfrac{V}{n}$＝RT，両辺をn倍するとPV＝nRT［気体n（mol）］となります。この式を，**気体の状態方程式**といいます。

このように，圧力（P），体積（V），物質量（n），温度（T）のうち，3つが分かると残りの1つの量を計算することができるのです。

また，モル質量がM（g/mol）の気体がw（g）存在する場合には，物質量はn＝$\dfrac{w}{M}$と表すことができます。この場合には，気体の状態方程式はPV＝$\dfrac{w}{M}$RTと

表すことができます。

それでは，例題として，4気圧，27℃のプロパンガス3molの体積を求めてみましょう。

$PV = nRT$の計算式に対応する値は，P = 4（気圧），n = 3（mol），R = 0.082，T = 273 + 27 = 300（K）です。

$PV = nRT$に当てはめると，4 × V = 3 × 0.082 × 300となり，まとめると4V = 73.8となります。求めるのは体積であるVですので，V = 73.8 ÷ 4 = 18.45ℓ です。

次に，例題として，ある気体4ℓの質量が20℃，4気圧で40gだったときの分子量を求めてみましょう。

求めるのは分子量ですので，気体の状態方程式$PV = \dfrac{w}{M} RT$を用います。この計算式に対応する値は，P = 4（気圧），V = 4（ℓ），w = 40（g），R = 0.082，T = 273 + 20 = 293（K）です。

$PV = \dfrac{w}{M} RT$に当てはめると，$4 \times 4 = \dfrac{40}{M} \times 0.082 \times 293$となり，まとめると$16 = \dfrac{961.04}{M}$ となります。

求めるのは分子量Mですので，両辺にMをかけると16M = 961.04となります。これより，

M = 60.065（g/mol）となります。

9 ドルトンの分圧の法則

お互いに反応をしない2種類以上の気体を1つの容器に入れたとき，それぞれの気体が持つ圧力（P_1，P_2……）を分圧といいます。

この混合気体全体の圧力（全圧）は，それぞれの気体が持つ圧力，すなわち分圧の和に等しくなります。これを，ドルトンの分圧の法則といいます。

例題として，P_1（0.15Mpa），P_2（0.02Mpa），P_3（0.27Mpa）の混合気体を1つの容器に入れた時の全圧を求めてみましょう。

全圧PはP_1，P_2，P_3の和となりますので，0.15 + 0.02 + 0.27 = 0.44Mpaとなります。

チャレンジ問題

問1 以下の説明について，正しいものには○，誤っているものには×をつけよ。

（1）質量1kgの物質が地球から受ける重力は，約8.9Nである。

（2）標準的な大気圧は，海面と同じ高さの場所で測定したもので，1気圧は約1,013hPaである。

（3）臨界温度よりも高い温度の気体は，大きな圧力をかけて圧縮しても液化することはない。

（4）温度が一定である条件下で気体の体積は圧力に反比例することをボイルの法則といい，圧力が一定である条件下で気体の体積は絶対温度に反比例することをシャルルの法則という。そして，両者を合わせたものを，ボイル・シャルルの法則という。

（5）30℃，4気圧の気体1molの体積は12.3ℓである。

解説 （1）力の大きさを表すには，ニュートン（N）という単位を用います。地球から物質が受ける重力は約8.9Nではなく，約9.8Nとなります。

（4）シャルルの法則では，圧力が一定である条件下では，気体の体積は絶対温度に比例します。

（5）気体の状態方程式PV=nRTを用いて計算します。式に当てはめるべき数値は，P＝4，n＝1，R＝0.082，T＝273＋30となります。従って，4V＝1×0.082×(273＋30)，4V＝0.082×303，4V＝24.846よりV＝6.2115≒6.2ℓ。

解答 （1）×（2）○（3）○（4）×（5）×

熱

1 熱量と比熱

① 熱量とは

　熱はエネルギーの一種で，物質を加熱すると物質の温度は上昇し，冷やすと温度は下降します。このエネルギーを熱量と呼び，単位はジュール（J）もしくはキロジュール（kJ）で表します。1,000J＝1kJです。

② 比熱とは

　1gの物質の温度を1℃（または1K）上昇させるのにかかる熱量を比熱といい，J／（g・℃）もしくはJ／（g・K）で表します。比熱は，以下の式で求めます。

$$比熱 = \frac{熱量（J）}{質量（g）×温度差（℃もしくはK）}$$

　水（15℃）の比熱は，4.19J／（g・℃）です。これは，水1gの温度を1℃上昇させるには4.19J／（g・℃）が必要だということです。

　鉄（0℃）は0.437，銅（20℃）は0.380と，水よりもはるかに小さな数値となっています。このように比熱が小さいということは，鉄や銅1gの温度を1度上昇させるのに，水よりも小さな比熱でできることを意味しています。

　つまり，比熱の小さい物質は「温めやすく冷めやすい」，比熱の大きな物質は「温めにくく冷めにくい」という特徴を持っているのです。熱湯を入れたポットが冷めにくいのは，水の比熱が大きいからです。

　それでは，熱量の問題を実際に解いてみましょう。1℃，300gの水を30℃まで高めるのに必要な熱量を求めます。水の比熱は4.19J／（g・℃）とします。

水１gの温度を１℃上昇させるには4.19J／（g・℃）が必要であるため，１℃から30℃まで上昇させるには30−1＝29倍の熱量が必要となります。そして，水は300gあるため，すべてをかけ算で計算すると熱量を求めることができます。

$300 \times 4.19 \times (30-1) = 300 \times 4.19 \times 29 = 36,453$J，すなわち$36.453$kJ≒$36.5$kJとなります。

2 熱容量

１gの物質の温度を１℃（または１K）上昇させるのにかかる熱量を比熱といいましたが，**ある物体全体の温度を１℃（または１K）上昇させるのにかかる熱量を熱容量**といいます。単位はJ／℃もしくはJ／Kを用います。

熱容量は，物体の質量に比熱を掛け合わせたものとなります。熱容量をC，比熱をc，物体の質量をmとすると，以下の式が成り立ちます。

$C = mc$（熱容量＝物体の質量×比熱）

熱容量と比熱は，ともに温まりやすさと冷めやすさの指標ですが，物体全体で表現したものが熱容量，物質１gで表現したものが比熱ということになります。

それでは，水500gの熱容量はいくらになるか考えてみましょう。水の比熱は4.19J／（g・℃）を用います。

熱容量の式に当てはめる値を見ていくと，m＝500，c＝4.19となりますので，熱容量（C）＝500×4.19＝2,095J／℃となります。

熱量を表す単位

熱量は，ジュール（キロジュール）の他に，カロリー（cal）という単位でも表します。１gの水を１℃上昇させるのには１calが必要で，１cal＝4.19Jとなります。

水の比熱

水は，液体の中でも大きな比熱を持っており，一部を除いて固体や気体の比熱も水より低いものがほとんどです。水の比熱は，参考書などによっては計算しやすいよう4.2と表示されています。

3 熱量の計算

　ある物質の質量がmgで，温度がΔt（℃）変化した場合，この物質に出入りする熱量をQ（J）とすると，熱容量や比熱の温度に関係なくほぼ一定と見なすことができる温度範囲において，以下の式が成り立ちます。Δはデルタと読み，温度差を表しています。

$Q = C \times \Delta t = c \times m \times \Delta t$
熱量＝熱容量×変化した温度＝比熱×質量×変化した温度

　ここで，例題を解いてみましょう。10℃のメタノール50gと，20℃の水30gを混合したときの，混合液の温度を求めます。

　なお，メタノールの比熱は2.54J／（g・℃），水の比熱は4.19J／（g・℃）とし，さらに熱の出入りと混合による熱の生成は一切考慮しないものとします。

　混合液の温度が分からないのでx℃とすると，上記の計算式より

$50 \times 2.54 \times (x - 10) = 30 \times 4.19 \times (20 - x)$

を導くことができます。

　　$127 \times (x - 10) = 125.7 \times (20 - x)$

　　$127x - 1270 = 2514 - 125.7x$

Xを左辺，数値を右辺にまとめ，

　　$127x + 125.7x = 2514 + 1270$

さらに数式をまとめると，

　　$252.7x = 3784$より，

$x = 14.974 \cdots \fallingdotseq 14.97$

　したがって，10℃のメタノール50gと20℃の水30gを混合したときの混合液の温度温度は，14.97℃となります。

4 熱の移動

熱の伝わり方には，主に**伝導**，**放射**（ふく射），**対流**の３種類があります。

① 伝導

熱が高温部分から低温部分へ伝わっていくことを，**伝導**（熱伝導）といいます。例えば，金属の棒の先端を熱してしばらくすると，反対側の先端も熱くなります。これは，熱が伝導されたからです。

物質には，銅や鉄のように熱が伝わりやすいものもあれば，水のように伝わりにくいものもあります。この熱の伝わりやすさを**熱伝導率**といい，数値が大きいほど熱が伝わりやすくなるという特徴があります。熱伝導率は，以下のような特徴を持っています。

- 熱伝導率は物質によって異なる
- 熱伝導率は温度の影響を受ける
- 熱伝導率の大きさは，固体＞液体＞気体
- 金属は一般的に熱伝導率が大きいので**熱の導体（良導体）**，液体や気体は熱伝導率が小さいので**熱の不導体（不良導体）**という

■熱伝導の例

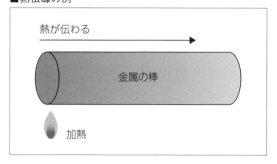

熱伝導率と燃焼
熱伝導率が高い物質は燃えやすい印象を持ちますが，可燃性の物質であっても実は燃えにくい特徴があります。熱が他に伝わりやすいので熱が蓄積しにくく，物質の温度が上がりにくいのがその理由です。

主な物質の伝導率は，以下の通りです。

■物質の熱伝導率

物質の種類	物質名	温度（℃）	熱伝導率 [W/（m・K）]
金属	銅	0	403
	アルミニウム	0	236
	鉄	0	83.5
固体	アスファルト	常温	1.1 〜 1.5
	乾燥木材	18 〜 25	0.14 〜 0.18
液体	水	0	0.561
	メタノール	60	0.186
気体	乾燥空気	0	0.0241
	二酸化炭素	0	0.0145

② 放射（ふく射）

　ストーブをつけると，ストーブの前にいる人が温かくなります。これは，ストーブの放射熱が直接人体に熱を与えているからです。この現象を放射（ふく射）といいます。

　放射は中間に介在する物質に関係なく熱が直接移動することから，真空状態でも発生します。たとえば宇宙空間や月面などでは放射熱のみが伝わるため，太陽光が当たる場所とそうでない場所は極端に異なります。

■放射の例

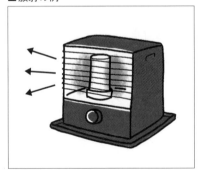

③ 対流

　液体や気体は，加熱されるとその箇所が膨張することで密度が小さく（比重が軽く）なり，上昇していきます。そこへ周囲にある比重が重い液体や気体が流入し，加熱されて上昇していくプロセスを繰り返します。液体や気体が移動することで熱が伝わっていく現象を対流といいます。

　例えば，ビーカーに水を入れ，ガスコンロで熱すると水の表面から熱くなっていきます。これは，熱せられて比重が軽くなった水が上昇したからです。

補足

熱膨張の例外
物質は，基本的に温度の上昇により体積が増加しますが，例外といえるのが水です。氷〜4℃までは温度が上昇すると体積が減少，4℃を超えると増加するのです。

■対流の例

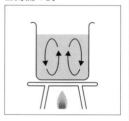

5 熱膨張

　物質は，一般的に温度が高くなると体積が増加します。この現象を熱膨張といいます。鉄道のレールの継ぎ目に隙間があるのは，夏になると暑さでレールが膨張するため，予め膨張分を計算して隙間が空けられているのです。

　この熱膨張によって体積が膨張する割合を体膨張率といい，体膨張率は気体が最も大きく，次いで液体，固体の順になります。

　熱膨張で増加する体積の量は，以下の式から導くことができます。

増加分の体積＝もとの体積×体膨張率×温度差

① 固体の熱膨張

線路のレールなどの棒状の固体の場合には，熱膨張により，２点間の距離が変化します。この現象を線膨張といいます。一般的に，線膨張率の約３倍が体膨張率となります。

② 液体の熱膨張

液体は，線膨張率は不要で，体膨張のみを考慮し，増加分の体積を求める公式に当てはめます。液体は，物質によって体膨張率が異なるので注意が必要です。

ここで，例題を解いてみましょう。ガソリン1,000ℓの液温が20℃から50℃まで上昇したとき，体積は何ℓになるでしょうか。

この問題では，増加分の体積を求めてから，増加する前の体積を足して合計の体積を求めます。増加分の体積は，もとの体積×体膨張率×温度差の式で求めることができます。この式に当てはめる値を考えると，次のようになります。

- ガソリンの体膨張率：$1.35 \times 10^{-3} \text{K}^{-1}$
- 温度差：$50 - 20 = 30$℃

K^{-1}のうち，Kは絶対温度であるケルビンを表し，K^{-1}（Kのマイナス１乗）は$\dfrac{1}{\text{K}}$，すなわち１℃当たりを意味します。10^{-3}（10のマイナス３乗）とは，$\dfrac{1}{10^3}$，つまり$\dfrac{1}{10 \times 10 \times 10} = \dfrac{1}{1,000}$のことです。

次に，この値を公式に当てはめると，以下のようになります。

増加分の体積 $= 1000 \times (1.35 \times 10^{-3}) \times 30 = 40.5$（ℓ）

ガソリンのもとの体積は1,000ℓですので，増加分の40.5ℓを足すと，

$1,000 + 40.5 = 1040.5$ ℓ

となります。

③ 気体の熱膨張

　気体は液体や固体よりも大きく膨張します。熱膨張については，液体と同様，線膨張率は考慮する必要はありません。気体はシャルルの法則が成り立つため，どの気体であっても約$\frac{1}{273}$，つまり$3.66 \times 10^{-3} \mathrm{K}^{-1}$となります。

　主な物質の体膨張率は，以下の通りです。

補足

物質の密度と膨張
物質は一般的に，質量は一定であるため，加熱によって体積が膨張するとその密度は小さくなります。

■主な物質の体膨張率

物質名	温度（℃）	体膨張率（K⁻¹）
銅	0～100	4.98×10^{-5}
水	20～40	3.02×10^{-4}
	60～80	5.87×10^{-4}
ガソリン	20	1.35×10^{-3}
空気	100	3.665×10^{-3}
水素	100	3.663×10^{-3}

6 断熱変化

　外部と内部で熱の出入りを遮断した状態での物質の変化を，断熱変化といいます。膨張する場合には断熱膨張，圧縮する場合には断熱圧縮といいます。断熱膨張，断熱圧縮と気体の温度の関係は，以下のようになります。

- 断熱膨張

　気体が膨張しつつ外部に対して仕事をする
　内部エネルギーが減少することで温度が下降する

- 断熱圧縮

　気体が外部から仕事をされる
　内部エネルギーが増加することで温度が上昇する

チャレンジ問題

問1　以下の説明について，正しいものには○，誤っているものには×をつけよ。

(1) 物質1gの温度を1℃（もしくは1K）上昇させるのに必要な熱量のことを，比熱という。

(2) ある物質100gの温度を20℃から30℃に上昇させるのに，350Jの熱量を必要とした。この場合の比熱は，0.25J／（g・℃）である。

(3) 物体全体の温度を1℃（もしくは1K）上昇させるのに必要な熱量のことを，熱容量という。

(4) 熱の移動の方法には，対流，放射（ふく射），伝線の3種類がある。

(5) ガソリンの体膨張率が$1.35 \times 10^{-3} K^{-1}$として，$100\ell$のガソリンが20℃から40℃に上昇した場合，体積は4.5ℓ増加する。

解説　(2) 比熱は，$\dfrac{熱量（J）}{質量（g）\times 温度差（℃もしくはK）}$で求めます。

熱量は350，質量は100，温度差は30－20＝10ですので，この時の比熱は$\dfrac{350}{100 \times 10}$＝350÷1000＝0.35J／（g・℃）となります。

(4) 熱の移動の方法は，液体や気体が移動することで熱が伝わる対流，放射熱が直接他の物質に移動する放射（ふく射），熱が高温部分から低温部分へ伝わる伝導の3種類です。

(5) 熱膨張で増加する体積の量は，もとの体積×体膨張率×温度差で求めることができます。温度差は20℃なので，増加する体積は$100 \times 1.35 \times 10^{-3} \times 20$＝$2.7\ell$となります。

解答　(1) ○　(2) ×　(3) ○　(4) ×　(5) ×

静電気

1 電流と電圧

　下図のように電球を電池の＋極と－極に接続すると，電池から電気が流れて点灯します。こうした**電気の流れ**を**電流**といいます（単位はアンペア＝A）。電流を電線に流すには，**電気的な高低が必要**で，この電位差を**電圧**といいます（単位はボルト＝V）。

■電気の流れ

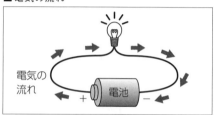

　また，**電気を通りにくくすることを抵抗**（もしくは電気抵抗，単位はオーム＝Ω）といいます。電流をI，電圧をV，抵抗をRとすると，3者の関係は次のようになります。

$$電流 I（A）= \frac{電圧V（V）}{抵抗R（Ω）}$$

　この式を変形すると，$V=IR$，$R=\dfrac{V}{I}$ となります。これを，**オームの法則**といいます。

　それでは，例題を解いてみましょう。20Ωの抵抗に2Vの電圧が加わっている時の電流を求めます。

　電圧2，抵抗20をオームの法則に当てはめると，電流 $I=\dfrac{2}{20}=0.1$（A）となります。

2 導体と不導体

鉄や銅などの金属は，電気を通しやすい性質を持っています。こうした物質を導体（良導体）といいます。これとは逆に，ゴムやガラス，純水，プラスチック，木，磁器などは電気を通さない性質を持っています。こうした物質を不導体（もしくは絶縁体，不良導体）といいます。水の場合は不導体ですが，物質が溶けている食塩水などは電気を通すので導体となります。

3 ジュール熱

電気抵抗を持つ導体に電流が流れた時，電流と電圧に比例した熱が発生します。この熱をジュール熱といいます。電気製品を長時間使用していると，本体が温かくなることがあります。これは，導体である電気製品にジュール熱が生じていることを意味しています。

ジュール熱が一定時間に発熱する量は，次の式から求めます。

発熱量（H）＝電圧（V）×電流（I）×時間（t）
つまり，H＝VItとなるのです。

この式をオームの法則に代入してみましょう。すると，

$$H = V \times \frac{V}{R} \times t = \frac{V^2}{R} \times t$$

となり，この式を変形すると H＝I^2Rt という式になります。

これは，電圧が変化しない場合の発熱量は，抵抗に比例し，電流の2乗に比例することを意味しています。

4 静電気の定義

　プラスチック製の下敷きを布や服などでこすると，下敷きと布がくっつきます。これは，摩擦によって一方の物体にプラス（正），そしてもう一方にはマイナス（負）の電気が発生して下敷きと布が電気を帯びたからです。**物質が電気を帯びることを帯電といい，物質に帯電した電気を，移動しない電気という意味で静電気といいます**（移動する電気は電流です）。

　一般的に，物質内にはプラスとマイナスの電気が等しく存在しているのですが，2つの物質が摩擦されることで一方にあるマイナスの電気がもう一方の物質へと移動してしまいます。従って，マイナスが減少した物質はプラスに，マイナスが増えた物質はマイナスに帯電します。**物質によって，プラス，マイナスのどちらに帯電しやすいかが分かれており，この性質を表したものを帯電列といいます**。

■帯電列

(−) に帯電		帯電しにくい				(+) に帯電	
塩化ビニル	ポリエチレン	金属	ゴム	紙	麻	木綿	シルク
	アクリル						レーヨン
	ポリエステル						ウール
							ナイロン
							ガラス

　静電気は，すべての物質に帯電する特徴があります。人体も例外ではなく，冬にドアノブに触れたとき，静電気で痛い思いをした経験は少なからずあると思います。これも静電気によって引き起こされたものです。

補足

静電気と湿度
湿度は空気中の水蒸気の量であり，夏場などで湿度が高いと静電気は水蒸気に移動するため帯電はしません。しかし，冬場などで空気が乾燥している場合には静電気は発生しやすくなります。

静電気の危険
静電気は発生と蓄積だけでは危険ではないものの，放電した場合にはその火花が原因となって引火したり，爆発したりして火災が発生する危険があります。

5 電気による放電

物質が帯電し，徐々に静電気が蓄積されてくると，ふとしたきっかけで放電を起こし，火花が発生することがあります。

空気が乾燥している冬に，金属製のドアノブに触れたとき，「パチッ」という音とともに手や指に痛みを感じることがあります。これは，プラスに帯電している人体が触れると，ドアノブのマイナス電子が一気に手に移動することで火花と傷みが発生するのです。

こうした放電火花は，粉じん，引火性蒸気などと接触すると，爆発や火災の原因となるので注意しなければなりません。ただし，放電火花による火災はすべて電気火災になるとは限らないため，消火には燃焼物の特性に適合した消火方法を用いる必要があります。

静電気の帯電量（Q）と帯電電圧（V），静電容量（C）の間には次のような関係が成り立ちます。

帯電量（Q）＝静電容量（C）×帯電電圧（V）

電荷を蓄えられる量を静電容量（単位はF＝ファラド）といい，帯電量Qが一定でも，帯電電圧Vが減少すれば静電容量Cは増加します。

静電気が放電する放電エネルギーの量を放電エネルギーといい，以下の式で表すことができます。

$$E = \frac{1}{2} \times Q \times V, \quad Q = CV より,$$

$$E = \frac{1}{2} \times C \times V^2$$

静電容量Cが一定の場合，放電エネルギー Eは，帯電電圧Vの2乗に比例します。

6 静電気が発生しやすい条件

セーターを脱いだ時，パチパチと静電気が発生することがありますが，これはセーターとシャツ，身体などとの摩擦が原因です。このように，静電気は私たちの身の回りでは物質の摩擦によって発生するものが知られていますが，他の帯電現象によっても静電気は発生します。主な帯電現象は，以下の通りです。

- 接触帯電

2つの物質を接触させた後，引き離したときに帯電する

- 誘導帯電

物体が，近くに設置された帯電物質の影響を受けて二次的に帯電する

- 破砕帯電

固体を破砕する際に帯電する

静電気は導電性が高く，マイナスの電荷が移動してもすぐに元に戻るような湿った物質や金属には発生せず，導電性の低い，つまり不導体のように絶縁性が高いものほど発生しやすくなります。

導電性が低い＝静電気が発生しやすい
導電性が高い＝静電気が発生しにくい

また，導電性が高くても，静電気の逃げ道をなくしてしまうと帯電します。こうした場合には，人間にも帯電します。

補足

その他の帯電現象の種類
・流動帯電：液体が容器の内部や管内を流動する際に帯電する
・噴出帯電：ノズルから高速で液を噴出する際に帯電する
・沈降帯電：液体や固体が流体中を沈降する際に帯電する

給油時の静電気発生
ガソリンや可燃性（引火性）の液体を給油する際，ホース内を流れるときにも静電気は発生しています。このとき，流速が大きいほど大きな静電気が発生します。これが何かのきっかけで空気中に放電されると，爆発や火災が発生する危険があります。

7 静電気災害の防止

静電気の災害を防止するには，静電気を発生させないようにする（または抑制する）ことと，静電気が発生した場合には蓄積させないようにすることが重要です。

① 静電気を発生させない（もしくは発生量を減らす）

- 摩擦を減らす

  物体の接触圧力と接触面積を減らすようにします
- 導電性の高い材料を用いる

  導電性材料を用いて，静電気を抑制します
- 流速と速度を制限する

  ホースの径や配管を大きくしたり，管の途中には停滞区間を設置したりして，流速を遅くします

② 静電気を蓄積しないようにする

- 接地する

  静電気が蓄積するものに接続して接地（アース）することで，静電気を地面に逃がします
- 湿度を上げる

  空気中に含まれる水分を増やすことで，静電気を水分に逃がして蓄積を防ぎます
- 室内空気をイオン化する

  放射線や高圧などで静電気を中和，除去します
- 帯電防止作用のある服や靴を着用する

  合成繊維は静電気が発生しやすいので，木綿などの綿製品を使用し，靴は静電気を地面に流してくれるものを選びます

チャレンジ問題

問1 以下の説明について，正しいものには○，誤っているものには×をつけよ。

(1) 物質が電気を帯びることを帯電といい，物質に帯電している電気を静電気という。

(2) ガラスやポリエステルはプラス（＋）に帯電しやすく，アクリルや塩化ビニルはマイナス（−）に帯電しやすい特徴を持っている。

(3) 帯電量Qが一定の場合には，帯電電圧Vが減少すると静電容量Cは増大する。

(4) 静電容量Cが一定の場合，放電エネルギー Eは，耐電電圧Vの２乗に反比例する。

(5) ガソリンを給油する際，静電気災害を防止するには，帯電防止服と帯電防止靴を着用し，給油ホースを使用して早い流速で給油を行う。

解説 (2) ポリエステルは，プラス（＋）ではなく，マイナス（−）に帯電しやすい特徴を持っています。

(3) 帯電量Qは，静電容量（C）×帯電電圧（V）に等しいため，帯電電圧Vが減少すると静電容量Cは増大します。

(4) 静電気が放電する放電エネルギーの量は$E = \frac{1}{2} \times C \times V^2$となるので，静電容量Cが一定の場合，放電エネルギー Eは，帯電電圧Vの２乗に比例します。

(5) 流速は速いほど静電気が発生しやすくなるため，なるべく流速を遅くして静電気の発生を抑制します。

解答 (1) ○ (2) × (3) ○ (4) × (5) ×

2 基礎化学

まとめ & 丸暗記　この節の学習内容とまとめ

■ **物理変化と化学変化**
物理変化：状態は変わるが，化学的な性質は不変
化学変化：物質そのものが変化（①化合②分解③複分解④置換⑤重合）

■ **原子と分子**
分子：物質の特性を持った最小の粒子
原子：分子を構成している粒子

■ **化学式と化学反応式**
化学式：元素記号で構造を表現したもの（①分子式②組成式③示性式④構造式）
化学反応式：化学式を用いて化学変化を表したもの

■ **溶質・溶媒・溶解度**
溶質：溶液中に溶けている物質
溶媒：溶質を溶かしている液体
溶解：液体中に他の物質が溶けて均一な状態になること

■ **酸化と還元**
酸化：ある物質と酸素とが化合すること
還元：ある物質が酸素を失うこと

■ **有機化合物とその分類方法**
有機化合物：炭素（C）を含む化合物
骨格分類：炭素の結合方法をもとにした分類方法
官能基の種類による分類：有機化合物それぞれの特性を示す原子団をもとにした分類方法

物質の基本構造

1 物理変化と化学変化

　水が固体（氷）や気体（水蒸気）に変化した場合，水による熱の放出や吸収によって状態が変化します。こうした**状態変化**では，**水そのものの化学的な性質は同じまま**，つまり水の状態は変わりますが，水そのものがまったく異なる物質に変化するわけではありません。こうした変化を**物理変化**といいます。

　物理変化には，状態変化をはじめとし，混合，溶解，潮解，風解，膨張，昇華，蒸発，沸騰などがあります。

　物理変化とは対照的に，**物質そのものが変化する**ことを**化学変化**といいます。例えば，水を電気分解にかけると，酸素と水素というまったく異なる物質となります。

　この他にも，長年屋外で放置された鉄が，さびて赤みを帯び，ボロボロになったのは化学変化の一例といえます。鉄が酸素と化合することで，さび，いわゆる酸化鉄に変化したのです。

■物理変化と化学変化の例

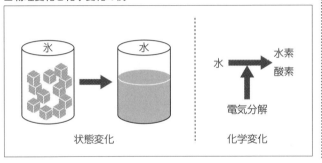

補足

混合の例
・エタノールに色素やメタノールを加えて変性アルコールをつくる

溶解の例
・水に食塩を溶かし，食塩水をつくる

化合と混合の違い
化合は2種類以上の物質が結合して別の新しい物質となる化学変化ですが，混合は2つ以上の物質が混じり合っているだけの状態で，物理変化です。

2 化学変化の種類

物質がまったく異なる別の物質に変化することを化学変化（化学反応）といい，この化学変化は以下のようなものがあります。

① 化合（A＋B→AB）

2種類以上の物質が結び付くことで，新しい物質に変化する（化合物になる）ことを化合といいます。先ほどの例として挙げた水は，電気分解すると水素と酸素になりますが，逆に水素と酸素が結合すると水になります。

② 分解（AB→A＋B）

化合物が2種類以上の物質に分かれることを分解といいます。水が電気分解されると水素と酸素に変化するのがその一例です。

③ 複分解（AB＋CD→AC＋BD）

2種類の化合物が，お互いの成分を交換することで別の2種類の化合物となることを複分解といいます。例えば，塩化ナトリウム水溶液に硝酸銀を加えると，硝酸ナトリウムと塩化銀が生じる反応が複分解です。

④ 置換（AB＋C→AC＋B）

化合物の中にある原子が他の原子と置き換わることで，別の化合物に変化することを置換といいます。置換反応ともいいます。

⑤ 重合

小さい分子量の化合物が繰り返し結合することで，分子量が大きい別の化合物になることを重合といいます。

この他，酸化や還元などの化学変化については後で詳しく解説します。

2
基礎化学

チャレンジ問題

問1 以下のうち，物理変化に該当するものはいくつあるか。

(A) 銅がさびて黒ずんだ。
(B) 水を加熱，沸騰させたら水蒸気になった。
(C) 灯油を給油ホースで勢いよく給油したら静電気が発生した。
(D) 酸素と水素を反応させたら水ができた。
(E) ドライアイスを放置したら二酸化炭素になった。

(1) なし (2) 1つ (3) 2つ (4) 3つ (5) すべて

解説 物理変化は (B)(C)(E) の３つ，化学変化は (A)(D) の２つとなります。

解答 (4)

問2 単体または化合物A，B，C，Dについて，複分解に該当する反応はどれか。

(1) AB→A＋B
(2) AB＋C→AC＋B
(3) A＋B→AB
(4) AB＋CD→AC＋BD
(5) A＋BC→AC＋B

解説 ２種類の化合物が，お互いの成分を交換することで別の２種類の化合物となることが複分解なので，正解は (4) のAB＋CD→AC＋BDとなります。ちなみに，(1) は分解，(2)(5) は置換，(3) は化合です。

解答 (4)

物質について

1 物質を構成するもの

① 原子と分子

　物質とは，一体何からできているのでしょうか。例えば，1ℓの水を500mℓ，100mℓ……と細かく分割していくと，**水の特性を持ったこれ以上は分割できない最小の粒子**にたどり着きます。これを**分子**といいます。地球上のほとんどの物質は，この分子からできています。

■分子とは

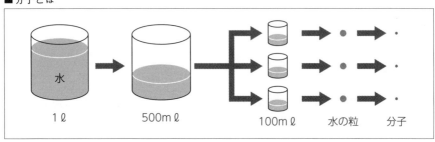

水　　1ℓ　　　　500mℓ　　　　100mℓ　　水の粒　　分子

　この分子を見ていくと，さらに細かく分けることができます。実は水の分子は，酸素粒子1つと水素粒子2つから構成されている複合粒子なのです。この**分子を構成している粒子**を，**原子**といいます。原子は物質を構成する最小の粒子といえますが，酸素粒子と水素粒子は単体で水の特性を持っているわけではないことに注意しましょう。

② 原子の構造

　それでは，原子とは一体どのような構造をしているのでしょうか。原子の中心にはプラスの電荷を帯びた**原子核**が存在し，その周囲をマイナスの電荷を帯びた**電子**が回っている形をしています。

　原子核はプラスの電荷を帯びた陽子と，電荷を持たない**中性子**で構成されており，この陽子と中性子を足したものがその原子の質量数となります。

■原子の構造

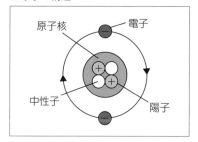

原子にはそれぞれ名前があり，この名前を元素といいます。原子番号1は水素で，元素記号はHです。

2
基礎化学

　原子と元素の違いは，このような例えを用いると分かりやすいでしょう。例えば，日本にはさまざまな都道府県が存在していますが，各都道府県を構成する基本的な成分は都道府県民です。これが原子に当たります。都道府県の違いにかかわらず，基本的な成分が都道府県民（原子）となるわけです。

　そして，都道府県の種類を含んで都道府県民を指す場合，つまり東京都であれば東京都民，沖縄県であれば沖縄県民が，元素に該当します。元素は原子の種類といわれるのは，こういうことなのです。

■原子と元素の違い

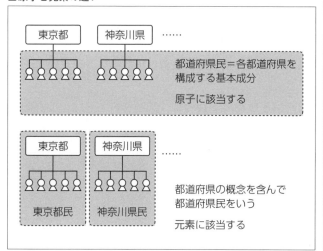

2 原子量と分子量

① 原子量

原子の質量を表現するには，g（グラム）ではなく原子量を用います。原子量とは，**炭素原子の質量を12と定めて，これをもとに各原子の質量が**どのくらいになるかを示した値です。単位はありません。

水素の原子量は1で，これは水素の原子量は炭素の12分の1であることを意味しています。主な原子の原子量は，以下の通りです。

■主な原子の原子量

元素記号	元素名	原子量
H	水素	1
C	炭素	12
O	酸素	16
Na	ナトリウム	23
S	硫黄	32
Cl	塩素	35.5

② 分子量

分子の質量を表す値のことを**分子量**といいます。これは，**分子に包含される元素の原子量の合計**となります。単位はありません。

例として，水（H_2O）の分子量を求めてみましょう。水素Hの原子量は1，酸素Oの原子量は16なので，

$(1 \times 2) + 16 = 2 + 16 = 18$ となります。

二酸化炭素（CO_2）の場合には，炭素Cの原子量は12，酸素Oの原子量は16ですので，

$12 + (16 \times 2) = 12 + 32 = 44$ となります。

③ 物質量（モル）

鉛筆や卵は，12個（本）をまとめて1ダースという単位を用いて表し，パソコンなどの容量は，1024KB（キロバイト）を1 MB，1024MB（メガバイト）を1 GB（ギガバイト）という単位で表します。

原子や分子の粒子の単位も同様に，6.02×10^{23}の粒子を1 mol（モル）と表現します。したがって，酸素分子が6.02×10^{23}個ある場合は1 mol，炭素原子が6.02×10^{23}個ある場合も1 molとなります。この**mol**を用いた**物質の量**を，**物質量**といいます。

それでは，1 molの質量はどのように表現すればよいでしょうか。それは，原子量や分子量にg（グラム）をつけるのです。

例えば，水（H_2O）の分子量は先ほど求めたように18となりました。そのため，水1 molは18gとなります。これは，18gの水の中に分子が6.02×10^{23}個含まれていることを意味しています。

また，0℃，1気圧の気体1 molの体積は，すべて22.4ℓとなります。

2

基礎化学

補足

モル質量
1 mol当たりの質量を，モル質量といいます。水のモル質量は18g/molと表記します。

■ひとまとまりの単位の例とmol

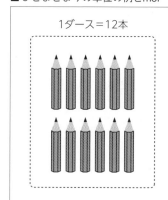

1ダース＝12本

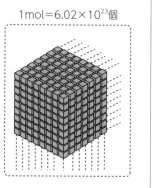

1mol＝6.02×10^{23}個

3 物質の種類

① 純物質と混合物

物質は，１種類のみで構成されているものを純物質，２種類以上の純物質が混合しているものを混合物といいます。純物質は固有の融点，沸点，密度を持っていますが，混合物は混合している物質の割合によってそれぞれ異なります。

純物質は，さらに**単体**と**化合物**に分けることができます。

■物質の種類

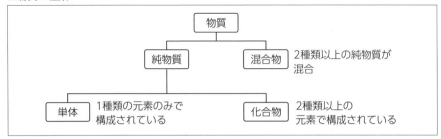

② 単体

純物質のうち，１種類の元素で構成されているものを**単体**といいます。単体の例としては，炭素（C），水素（H_2），ナトリウム（Na），アルミニウム（Al）などがあります。

例えば，炭素（C）のみで構成されている単体にはダイヤモンドや黒鉛がありますが，原子の結び付きの違いにより，硬さや色がまったく異なっています。このような単体を**同素体**といいます。また，水素や重水素など，**陽子と電子の数が同じで中性子の数が異なる原子を同位体**といいます。

■同素体の例

炭素（C）の同素体

同じ元素でできているが，原子の結合状態の違いにより異なる性質を持っている

黒鉛　ダイヤモンド

③ 化合物

　純物質のうち，２種類以上の元素が結合（化合）してできた物質を化合物といいます。水はH_2Oで表されますが，これは水素（H）と酸素（O）が化学的に結び付いてできた物質です。

　元素や分子式が同じであっても，分子の構造状態の違いにより性質が異なる場合があります。これを**異性体**といいます。異性体には，炭素原子の骨格や官能基が異なる**構造異性体**，分子の立体構造が異なる**立体異性体**があり，立体異性体には光学異性体と幾何異性体があります。

■構造異性体の例

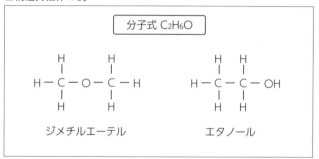

分子式 C_2H_6O

ジメチルエーテル　　　　エタノール

④ 混合物

　化合物とは異なり，単に２種類以上の物質が混合している**物質**です。空気や水溶液，ガソリン，灯油などが例として挙げられます。

補足

官能基
有機化合物は，その特徴によっていくつかの種類に分けることができます。同じ種類に属する化合物が持つ共通の結合様式や反応性の原因となる原子団を，官能基といいます。

2

基礎化学

チャレンジ問題

問1　以下の説明について，正しいものには○，誤っているものに は×をつけよ。

（1）食塩水は食塩と水の混合物で，水は酸素と水素の化合物 である。

（2）分子や原子は，同一の粒子 6.03×10^{23} 個を 1 mol として扱 う。

（3）水のモル質量は18g/molなので，水10molの質量は1.8g である。

（4）炭素の単体である黒鉛とダイヤモンドは同素体である。

（5）分子量は，分子に含まれる元素の原子量の合計を求めれ ばよい。

解説　（2） 6.03×10^{23} ではなく，6.02×10^{23} となります。

（3）水 1 mol 当たり18gなので，10molは10倍の180gとな ります。

解答　（1）○　（2）×　（3）×　（4）○　（5）○

問2　以下の説明について，誤っているものはどれか。

（1）水（H_2O），二酸化炭素（CO_2），食塩（NaCl）などは代 表的な化合物である。

（2）化合物は 2 種類以上の元素が結合したものである。

（3）化合物である水は簡単なろ過によって分解できる。

（4）純物質は，それぞれ決まった密度や沸点を持っている。

（5）単体と化合物は，ともに純物質である。

解説　（3）ろ過は，混合物を細かな穴が空いているろ材に通して固 体の粒子を液体や気体から分離する方法です。水を分解する には，ろ過ではなく電気分解が必要です。

解答　（3）

化学反応式

1 化学式

化学式は，二酸化炭素を「CO_2」というように，元素記号を組み合わせてその構造を表現したもので，以下の4種類に分類できます。

① 分子式

分子式は元素記号の右下に分子を構成する原子の数を表示した化学式のことで，1の場合は省略します。二酸化炭素の分子式はCO_2で，これは炭素（C）原子1個と酸素（O）原子2個が結合して二酸化炭素分子を構成していることを表しています。分子式では，1つの分子式に含まれる元素の数をすべて表示しているのが特徴です。

■二酸化炭素の分子式

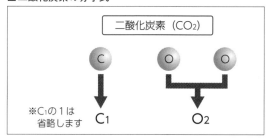

② 組成式（実験式）

組成式はイオンや原子など，物質を構成する要素の割合を，最も簡単な整数比で表示した化学式のことをいいます。エタンの分子式はC_2H_6ですが，組成式にするとCH_3となります。

水素や炭素の組成式
1種類の原子による多数配列で構成された水素や炭素などの物質については，数字をつけることなく，元素記号そのままの形で組成式に用います。水素ならばH，炭素ならばCとなります。

③ 示性式

　分子式の中に含まれている官能基を抜き出して，有機化合物の特性を表した化学式を示性式といいます。メタノールの分子式はCH_4Oですが，示性式で表すとCH_3OHとなります。これは，官能基のヒドロキシル基（-OH）を区別しています。このヒドロキシル基（-OH）がついた化合物は，アルコールの特性を示すことになります。

④ 構造式

　原子内における分子の結合を，価標で表した化学式を構造式といいます。価標とは，原子と原子との結合を表す線で，単結合の場合は1本線，二重結合の場合は2本線，三重結合の場合は3本線を用います。図に近いので原子同士のつながりが分かりやすい反面，複雑な立体構造のものは区別できない欠点もあります。

■水と二酸化炭素の構造式

	水	二酸化炭素
化学式	H_2O	CO_2
構造式	H-O-H	O=C=O

　例として，酢酸をそれぞれの式で表してみると，以下のようになります。

■酢酸の化学式

①分子式	②組成式
$C_2H_4O_2$	CH_2O

③示性式	④構造式
CH_3COOH	

2 化学反応式

化学変化を表すのに，化学式を用いた式を化学反応式といい，下記の手順で作成します。

① 式の左辺には反応する物質の化学式，式の右辺には生成する物質の化学式を記入し，左右の辺を矢印（→）で結びます。

② 原子の種類と数が両辺で合うように，化学式の前に係数を表示します。係数の定め方は，以下の通りとなります。

（ア）水素と酸素と反応させて水を発生させます。反応する物質は水素Hと酸素O，生成する物質は水H_2Oですので，$H_2 + O_2 → H_2O$

（イ）係数が分からないため，任意の文字（a，b，cなど）をつけて方程式を解きます。

$aH_2 + bO_2 → cH_2O$

原子の数は両辺で等しいため，$a = c$

Oの原子数は$b \times 2 = c$より，$b = \dfrac{c}{2}$

$a = 1$とすると，$c = 1$，$b = \dfrac{1}{2}$

$1 \times H_2 + \dfrac{1}{2} \times O_2 → H_2O$より，$H_2 + \dfrac{1}{2} O_2 → H_2O$

（ウ）最も簡単な整数比の式に変形します。両辺を2倍にすると，$2H_2 + O_2 → 2H_2O$となります。

このような形で係数を求める方法を，**未定係数法**といいます。

補足

水の化学反応式

水の化学反応式$2H_2 + O_2 → 2H_2O$は，以下の方法でも求めることができます。

①$H_2 + O_2 → H_2O$の式で，両辺が明らかに異なるOに注目し，Oの数を左辺に合わせると$H_2 + O_2 → 2H_2O$

②Hは左辺で2個，右辺で4個なので，右辺に合わせると$2H_2 + O_2 → 2H_2O$となります。

2
基礎化学

3 化学反応式が示す量的関係

　化学反応式は，化学反応の前後における物質の量的関係を表すことができます。水素と酸素から水を生成する場合，$H=1$ g，$O=16$ gが反応すると，

質量：$2 \times (1 \times 2)$ g $+ 16 \times 2$ g $\rightarrow 2 \times (1 \times 2 + 16)$ g

　4gの水素が32gの酸素と反応（燃焼）して36gの水（水蒸気）となる

体積：2×22.4 ℓ $+ 1 \times 22.4$ ℓ $\rightarrow 2 \times 44.8$ ℓ

　44.8 ℓの水素と22.4 ℓの酸素が反応して44.8 ℓの水（水蒸気）となる

物質量：2 mol $+ 1$ mol $\rightarrow 2$ mol

　2molの水素と1molの酸素が反応して2molの水（水蒸気）となる

となります。

　それでは，例題を解いてみましょう。炭素10gを燃焼させると，二酸化炭素は何gできるでしょうか。

　化学反応式は$C + O_2 \rightarrow CO_2$，12gの炭素と化合している酸素の質量は$16 \times 2 = 32$gですので，

12g $+ (16 \times 2$ g$) \rightarrow (12 + 16 \times 2)$ g

より，44gとなります。

これは12gの炭素と32gの酸素が反応したときの値です。

求めるのは炭素10gの場合ですので，

$12 : 44 = 10 : X$より$X = 36.666 \fallingdotseq 36.7$gとなります。

　次に，水素20 ℓを燃焼させるのに必要な酸素の量は何ℓになるか求めてみましょう。

化学反応式は$2H_2 + O_2 \rightarrow 2H_2O$ですので，

(2×22.4) ℓ $+ 22.4$ ℓ $\rightarrow (2 \times 22.4)$ ℓとなります。

これは，標準状態で44.8 ℓの水素が22.4 ℓの酸素と反応すると，44.8 ℓの水（水蒸気）を生成するという意味です。求めるのは20 ℓの場合ですので，

$2 \times 22.4 : 22.4 = 20 : X$

$X = 10$ ℓとなります。

4 化学の基本法則

① 質量保存の法則

　化学変化において，変化前の質量と変化後の質量が等しいことをいいます。化学変化は物質を構成する原子の組み合わせが変化することで別の物質に変わることを意味しますが，原子の数や種類は変わらないため質量に変化はありません。

② 定比例の法則

　化合物の成分元素の質量比は常に一定となっていることをいいます。例えば，水素と酸素の化合物である水の質量比は水素1に対して酸素が8，つまり水：酸素＝1：8となります。これは，水素と酸素を化合して水を生成した場合でも，過酸化水素（H_2O_2）からH_2Oになった水でも，質量比は常に1：8となります。

③ 倍数比例の法則

　同一の成分元素で構成されている化合物の間で成り立つ法則で，A，Bから成る化合物C，Dを考えたとき，Aを含む各C，Dに含まれる質量Bの質量は整数比となっていることをいいます。

　例えば，一酸化炭素（CO）と二酸化炭素（CO_2）を取り上げてみましょう。炭素（C）12gに対して化合している酸素の量は，一酸化炭素では16gであるのに対して，二酸化炭素では32gとなっています。これを比で表すと$\frac{16}{12}:\frac{32}{12}=16:32=1:2$の整数比となります。

補足

理論酸素量
完全に燃料を燃焼させるのに必要な酸素量のことで，4gの水素が32gの酸素と反応（燃焼）して36gの水（水蒸気）となった場合，酸素32gが水素にとっての理論酸素量となります。

チャレンジ問題

問1　以下の説明について，正しいものには○，誤っているものには×をつけよ。

（1）酢酸の分子式は$C_2H_4O_2$，組成式はCH_2Oとなり，同じではない。なぜなら，分子式は分子を構成する原子の数を表したもので，組成式は物質を構成するイオンや原子を最も簡単な整数比で表現したものだからである。

（2）メタノールを分子式で表すとCH_4O，示性式で表すとCH_3OHとなる。

（3）炭素60gを完全燃焼させると，二酸化炭素120gが生成される。

（4）標準状態（0℃，1気圧）でメタノール（CH_4O）64gを完全燃焼させるには，20ℓの酸素が必要である。

（5）水素3gと酸素24gを化合してできた水の質量は72gである。

解説　（3）$C+O_2 \rightarrow CO_2$で，C=12g，O_2＝（16×2）gとなり，炭素（C）12gを完全燃焼させると二酸化炭素（CO_2）は12＋32＝44g生成されます。12：44＝60：xより，x＝220gとなります。

（4）未定係数法で化学反応式を立てると，$aCH_4O+bO_2 \rightarrow cCO_2+dH_2O$，a×1＝c×1よりa＝c，a×4＝d×2よりa＝$\frac{1}{2}$d，a×1＋b×2＝c×2＋d×1，a＋2b＝2c＋d a＝1とすると，c＝1，d＝2となり，b＝$\frac{3}{2}$より$2CH_4O+3O_2 \rightarrow 2CO_2+4H_2O$

メタノール2molを燃焼させるには酸素3molが必要で，メタノール2molは2×（12＋1×4＋16）＝64g，3molの酸素は22.4×3＝67.2ℓとなります。

（5）質量保存の法則により，水素3g＋酸素24g＝27g。

解答　（1）○　（2）○　（3）×　（4）×　（5）×

熱化学反応と反応速度

1 反応熱

化学反応が起こる際，熱が発生したり，熱を吸収したりします。このとき，熱が発生する化学変化を発熱反応，熱を吸収する化学変化を吸熱反応といいます。このとき出入りする熱量を反応熱といい，物質1 molが反応するときに発生する熱量で表示します（単位はkJ/mol）。

反応熱には，以下のような種類があります。

■反応熱の種類

名称	内容
溶解熱	物質1 molが溶媒に溶けたときに発生（吸収）する熱量
中和熱	酸と塩基による中和反応で，水1 molを生成する際に発生する熱量
分解熱	1 molの化合物が成分元素に分解する際に発生（吸収）する熱量
燃焼熱	物質1 molが燃焼により酸素と結合して酸化物になるときの熱量
生成熱	1 molの化合物が成分元素単体から直接発生（吸収）するときの熱量

発熱反応が発生した物質は，熱を放出するため，エネルギーの小さな物質へと変化します。これとは逆に吸熱反応が発生した物質は，エネルギーを吸収するため，エネルギーの大きな物質へと変化します。

■発熱反応と吸熱反応

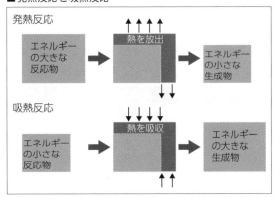

溶媒
過酸化水素水を例に取ると，溶ける過酸化水素（物質）のことを溶質，物質を溶かす水（液体）のことを溶媒といいます。

2 基礎化学

207

2 熱化学方程式

熱化学方程式とは，化学反応式に反応熱を加えて，両辺を矢印ではなく等号（＝）で結んだ式をいいます。等号（＝）で両辺を結ぶということは，左辺と右辺のエネルギーが等しいことを意味しています。

それでは，水酸化ナトリウムが水に溶けるときの溶解熱を式に表してみましょう。水酸化ナトリウムはNaOH，溶媒としての水をaqとすると，以下のようになります。

NaOH（固体）＋aq＝NaOH（aq）＋44.5kJ（発熱）

これは，固体の水酸化ナトリウム（NaOH）を水（aq）に溶かすと，水酸化ナトリウムの水溶液となり，その際，1mol当たり44.5kJの熱が発生することを意味しています。

上述の熱化学方程式は発熱反応でしたが，吸熱反応の式はどのようになるでしょうか。硝酸ナトリウム（$NaNO_3$）を水に溶かしたときの反応は，以下のようになります。

$NaNO_3$＋aq＝$NaNO_3$（aq）－20.5kJ

これは，硝酸ナトリウム（$NaNO_3$）を水に溶かすと，硝酸ナトリウム水溶液となり，その際，1mol当たり20.5kJの吸熱が発生することを意味しています。

物質のエネルギーと発熱，吸熱反応の関係は以下の通りです。

■物質のエネルギーと発熱，吸熱反応の関係

エネルギー	物質のエネルギー	反応熱の正負	周囲の温度
放出	反応物＞生成物	発熱反応（＋）	上昇
吸収	反応物＜生成物	吸熱反応（－）	下降

3 ヘスの法則

　ヘスの法則（総熱量不変の法則）とは，反応物質と生成物質が同じである場合，反応の途中の経路にかかわらず反応熱は一定となることです。ここでは炭素Cが燃焼して二酸化炭素（CO_2）を生成する例を考えてみましょう。

　炭素の燃焼熱は394kJ，一酸化炭素の燃焼熱は283kJ，一酸化炭素の生成熱は111kJで，二酸化炭素を生成する2通りの経路を考えてみます。まず1つめは，炭素から直接二酸化炭素を生成する場合（$C \rightarrow CO_2$）です。これは，$C + O_2 = CO_2 + 394kJ$となります。

　次に2つめとして，炭素が不完全燃焼して一酸化炭素を生成した後，この一酸化炭素が完全燃焼して二酸化炭素を生成する場合（$C \rightarrow CO \rightarrow CO_2$）です。これは，$C + \frac{1}{2} O_2 = CO + 111kJ$，$CO + \frac{1}{2} O_2 = CO_2 + 283kJ$となります。反応熱の合計は$111 + 283 = 394kJ$で，両者は等しくなります。

■ 炭素の燃焼

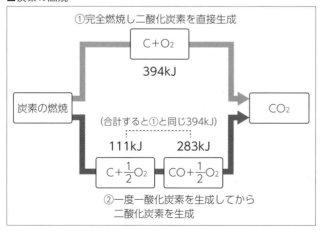

aq
aqは水を意味する「aqua」を省略したもので，溶媒としての水，または反応物や生成物が水溶液であることを意味しています。

2
基礎化学

4 反応の速さ

　化学反応には，ガス爆発のように瞬間的なものもあれば，金属がさびるように時間がかかるものもあります。化学反応は反応する粒子同士の衝突によって引き起こされるもので，こうした**化学反応の速さを反応速度**といいます。反応速度は反応の種類によって違いますが，同じ反応であっても物質の状態，濃度，温度，圧力等さまざまな要因によって異なるため注意が必要です。

　温度や濃度は，高くなるほど粒子の衝突回数が増加するため，反応速度も速くなります。

5 活性化エネルギー

　ガソリンを燃焼させるには，最初に点火を行う必要があります。このように，化学変化には一定以上の高いエネルギー状態（**活性化状態**）を超えることが必要不可欠で，**活性化状態になるために必要な最低限のエネルギーを活性化エネルギー**といいます。

　活性化エネルギー以上のエネルギーを反応物が受け取ると，活性化状態となり生成物に変化します。

■活性化エネルギー

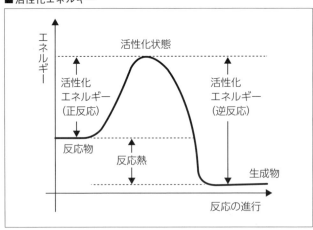

6 化学平衡

① 可逆反応と不可逆反応

化学反応式の左辺から右辺へ進行するものを正反応、逆に右辺から左辺へ進行するものを逆反応といいます。例えば、水素とヨウ素を化学反応させると$H_2 + I_2 \rightarrow 2HI$となりますが、逆の反応$2HI \rightarrow H_2 + I_2$もあります。このように、右辺から左辺に進む反応を可逆反応といい、「$\rightleftarrows$」を用いて表します。そのため、$H_2 + I_2 \rightleftarrows 2HI$と表現します。

また、一方向にしか進まない化学反応を不可逆反応といいます。

② 化学平衡

水素とヨウ素を化学反応させると、$H_2 + I_2 \rightarrow 2HI$の形で正反応が進みますが、このとき生成された$2HI$から$H_2$と$I_2$に戻る逆反応も同時に進みます。その後、正反応と逆反応の速度が等しくなると、核物質の濃度は変化せず、見かけ上はどちらの方向にも進行していないように見えるようになります。このような状態を化学平衡といいます。

可逆反応が平衡状態にある場合、濃度や圧力、温度を変更すると、変化を打ち消す方向に平衡が移動します。これをル・シャトリエの原理といいます。主な平衡移動は以下の通りです。

- 加熱（冷却）→吸熱（発熱）反応の方向へ移動する
- 体積の増加（減少）→圧力（分子数）が増加（減少）する方向へ移動する

触媒の追加と化学平衡
触媒は化学反応の反応速度を変化させることはできますが、平衡状態には影響を与えません。例えば触媒を加えた場合、平衡になる時間は短縮されますが、平衡が移動することはありません。

圧力増加・成分追加（除去）の場合の平衡移動
・圧力の増加（減少）→圧力（分子数）が減少（増加）する方向へ移動する（気体のみ）
・ある成分の追加（除去）→その成分を減少（増加）させる方向へ移動する

2
基礎化学

問1 以下の説明について，正しいものには○，誤っているものには×をつけよ。

（1）吸熱反応に対しては，反応熱にマイナスの符号をつける。

（2）炭素（C）が完全燃焼して二酸化炭素（CO_2）になったときの熱量と，炭素（C）が不完全燃焼により一酸化炭素（CO）となり，この一酸化炭素（CO）が完全燃焼して二酸化炭素（CO_2）になったときの熱量は異なる。

（3）$C+O_2=CO_2+394$ kJより，炭素48gが完全燃焼すると燃焼熱は788kJとなる。

（4）粒子の衝突頻度が高くなると，反応速度は速くなる。

（5）可逆反応が平衡状態のとき，ある成分の温度を上げると，発熱反応の方向へ平衡が移動する。

解説 （2）ヘスの法則により，両者の熱量は同じとなります。

（3）炭素1mol＝12gより炭素48g（4mol）が完全燃焼すると燃焼熱は4倍の1576kJとなります。

（5）発熱反応ではなく，吸熱反応に平衡が移動します。

解答 （1）○ （2）× （3）× （4）○ （5）×

問2 反応熱の説明について，誤っているものはどれか。

（1）燃焼熱は，1molの物質が完全燃焼した際に発生する熱量である。

（2）中和熱は，酸と塩基の中和反応で1molの水を生成する際に発生する熱量である。

（3）溶解熱とは，溶媒に1gの物質を溶かしたときに発生する熱量である。

解説 （3）正しくは1gではなく1molです。

解答 （3）

溶液

1 溶液と溶解度

① 溶液と溶解度

水に食塩を溶かして食塩水をつくったとき，食塩を溶かしている水を**溶媒**，水に溶けている食塩を**溶質**といいます。このように，**液体中に他の物質が溶けて均一な状態になることを溶解といい，溶解の状態にある液体を溶液（溶媒が水の場合は水溶液）といいます。**

例えば，ビーカーの中にある水に食塩を入れてかき回していくと，一定量以上を投入した場合には水に溶けなくなります。これは，溶ける量には限界があるからで，溶解の限度を表したものを**溶解度**といいます。

② 固体の溶解度

固体の溶解度は，溶媒100gに対して溶解する溶質の最大量を示したものとなります。

■溶解度

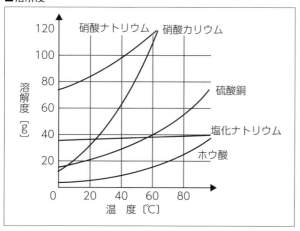

補足

飽和水溶液
溶質をある温度で溶かした際，それ以上溶けなくなった状態をいいます。例えば，100g，20℃の水に対する食塩の溶解度は約35.9gであるため，このときの飽和水溶液の重さは100g＋35.9g＝135.9gとなります。

溶解度は温度によって変化し，一般的に高温になるほど溶解度は大きく，低温になるほど小さくなる特徴を持っています。

　この性質を利用して，高温時に飽和水溶液をつくり，それを冷やすと，溶けきれなくなった溶質は結晶の形で再び現れます（析出）。このようにして物質を生成する方法を，再結晶といいます。

　それでは，例題を解いてみましょう。水に対する塩化ナトリウムの溶解度は，20℃で約35.9g，80℃で約37.9gとなります。80℃の塩化ナトリウムの飽和水溶液400gを20℃まで冷却した際に析出する塩化ナトリウムの量を求めてみましょう。

　まずは，80℃と20℃における飽和水溶液をまとめてみましょう。

80℃：水（100g）＋塩化ナトリウム（37.9g）＝137.9g
20℃：水（100g）＋塩化ナトリウム（35.9g）＝135.9g
析出量：2.0g

　次に，析出量を求めます。37.9－35.9＝2.0gです。137.9gで2.0gの塩化ナトリウムが析出するので，

400gの飽和水溶液だと $\frac{2.0 \times 400}{137.9} = 5.80130\cdots ≒ 5.8g$ です。

式で表すと，$\frac{137.9g での析出量}{137.9g の飽和水溶液} = \frac{400g での析出量}{400g の飽和水溶液}$

$\frac{2.0}{137.9} = \frac{x}{400}$ より，

$x = 5.80130\cdots ≒ 5.8g$ となります。

②　気体の溶解度

　気体の溶解度は，1mℓの溶媒に溶ける気体の体積（mℓ）を0℃，1気圧として計算した数値で示します。固体の溶解度とは正反対に，溶解度は高温になるほど小さくなります。

2 溶液の濃度

① 質量パーセント濃度（単位：％もしくはwt%）

　質量パーセント濃度は，溶液全体に占める溶質の質量をパーセントで表したものです。溶液の質量＝溶媒の質量＋溶質の質量になることに注意すると，質量パーセント濃度は以下のように求めることができます。

$$質量パーセント濃度 = \frac{溶質の質量（g）}{水溶液の質量（g）} \times 100（\%）$$

② モル濃度（単位：mol/ℓ）

　モル濃度は，溶液1ℓに溶質がどれだけ溶けているかを，物質量（mol）で表したものです。

$$モル濃度 = \frac{溶質の物質量（mol）}{溶液の体積（ℓ）}$$

　例えば，0.4molの硫酸が溶けている硫酸水溶液250mℓ（＝0.25ℓ）のモル濃度は，0.4÷0.25＝1.6 mol/ℓ となります。

③ 質量モル濃度（単位：mol/kg）

　質量モル濃度は，溶媒1kgに溶質がどれだけ溶けているかを，質量（mol）で表したものです。

$$質量モル濃度 = \frac{溶質の物質量（mol）}{溶媒の質量（kg）}$$

2 基礎化学

補足

学習のポイント
甲種試験では溶液の濃度や溶解度について出題されることがあります。中でも計算問題はやっかいですので，出題されても慌てないよう，基礎をしっかりと固めておきましょう。

3 溶液の性質

① 蒸気圧降下

　水と食塩水をそれぞれシャーレに入れて同一環境で放置した場合，先に乾燥するのはどちらでしょうか。正解は水です。食塩水の乾燥が水よりも遅い理由は，食塩の粒子が水分子の蒸発を妨げているからです。

　このように，**不揮発性物質を液体に溶かしたとき，蒸気圧が下がる減少**を蒸気圧降下といいます。

■蒸発の違い

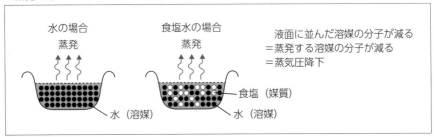

② 沸点上昇

　常圧下における水の沸点は100℃ですが，食塩水や砂糖水など不揮発性物質を溶かした水溶液ではどうなるでしょうか。

　沸点は大気圧（１気圧）と蒸気圧が等しい状態のことですが，こうした水溶液では蒸気圧降下が発生し，水と比べて蒸発しにくくなっており，水溶液の蒸気圧は大気圧と同じになるまで水よりも多くのエネルギーを必要とします。つまり，沸点が高くなるのです。この現象を，沸点上昇といいます。

③ 凝固点降下

　凝固点とは，液体が凝固を始める温度のことをいいます。水の凝固点は０℃ですが，塩分を含んでいる海水は−1.9℃で，水よりも低くなります。このように，不揮発性物質を溶かした水溶液の凝固点が純溶媒の凝固点よりも低くなる現象を，凝固点降下といいます。

4 酸と塩基

① イオン

　原子はプラス（＋）の電気を持つ原子核と，その周囲を回るマイナス（－）の電気を持つ電子によって構成されています。原子は種類によって電子を受け取りやすいものと失いやすいものの2種類に分かれており，受け取りやすいものは電子を受け取ることでマイナス，失いやすいものは電子を失うことでプラスの電気を帯びた原子となります。

　このようなやりとりで電気を帯びた原子などをイオンといい，プラスの電気を帯びているものを陽イオン，マイナスの電気を帯びているものを陰イオンといいます。

　例えば，ナトリウムの原子（Na）は，電子を1つ失って陽イオンに，塩素原子（Cl）は電子を1つ受け取って陰イオンとなり，両者が電気的に引き合うことで塩化ナトリウム（NaCl＝塩）となります。

■イオンの形成

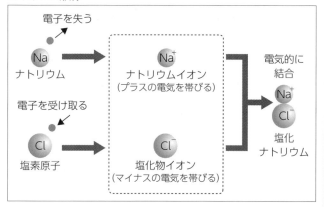

補足

ヘンリーの法則
二酸化炭素が溶けている炭酸飲料の栓を抜くと，気泡が勢いよく発生することがあります。これは，高圧で密封されていた二酸化炭素の圧力が下がったため，溶けきれなくなって気体となったものです。一定の温度下では，溶解度の小さな気体が一定量の溶媒に溶ける際，気体の溶解度（質量）はその圧力に比例します。これをヘンリーの法則といいます。

② 酸

塩酸（塩化水素）などの物質は，水溶液中でプラスとマイナスのイオンに分かれます。この現象を電離といい，電離によって水素イオン（H^+）を生じたり，相手に水素イオン（H^+）を与えたりする物質を酸といいます。そのため，塩酸は酸の一種となります。

それでは，塩酸の電離を考えてみましょう。式は，

$$HCl \rightarrow H^+ + Cl^-$$

となり，水に溶けると電離してH^+を生じていることが分かります。

酸を含む水溶液は，青色のリトマス試験紙を赤く変え，金属を溶かし，水素を発生させる性質を持っています。また，酸味があり，塩基と反応することで塩基の性質を弱める働きも持っています。

③ 塩基

アンモニアや水酸化ナトリウムなどは，電離によって水酸化物イオン（OH^-）を生じたり，相手から水素イオン（H^+）を受け取ったりします。この物質を塩基といいます。そのため，アンモニアや水酸化ナトリウムは塩基の一種となります。例として，アンモニアの電離を考えてみましょう。式は，

$$NH_3 + H_2O \rightarrow NH_4^+ + OH^-$$

となり，OH^-を生じています。また，H_2OからHを受け取り，NH_4^+となっている点を見ても，塩基といえます。

塩基を含む水溶液は，赤色のリトマス試験紙を青く変え，フェノールフタレイン液を無色から赤に変える性質を持っています。また，ぬめりがあり，酸と反応して酸の性質を弱める働きも持っています。

④ 酸と塩基の強度

酸と塩基の強度は，水に溶けている溶質の電離する割合，つまり電離度に大きく左右されます。電離度の大きなものは強酸，強塩基といい，小さなものは弱酸，弱塩基といいます。

5 酸と塩基の分類

① 強弱による分類

　酸と塩基の強度によって分類する方法です。塩化水素は水溶液中でH^+とCl^-に電離する割合はほぼ100％ですので強酸となりますが、アンモニア（NH_3）は10％程度しか電離しないため、弱塩基となります。酸と塩基を強弱によって分類すると、以下のような形になります。

■強度による分類

強酸	塩酸 [HCl] ヨウ化水素酸 [HI] 硫酸 [H₂SO₄] 硝酸 [HNO₃]	弱酸	炭酸 [H₂CO₃] 酢酸 [CH₃COOH] 硫化水素水 [H₂S]
強塩基	水酸化ナトリウム [NaOH] 水酸化カリウム [KOH]	弱塩基	アンモニア水 [NH₃]

② 価数による分類

　電離したときに生じた酸の価数（H^+の数）と塩基の価数（OH^-の数）によって分類する方法です。1価の酸は、1 mol当たり1個の酸、3価の塩基は、1 mol当たり3個の塩基を生じることを意味します。価数によって分類すると、以下のようになります。

■価数による分類

	1価	2価	3価
酸	塩酸 [HCl] 酢酸 [CH₃COOH] 硝酸 [HNO₃]	硫酸 [H₂SO₄]	ホウ酸 [H₃BO₃]
塩基	水酸化ナトリウム [NaOH] アンモニア水 [NH₃] 水酸化カリウム [KOH]	水酸化カルシウム [Ca(OH)₂]	水酸化アルミニウム [Al(OH)₃]

補足

電解質と非電解質
水に溶けると電離する物質を電解質、電離しない物質を非電解質といいます。電解質には塩化ナトリウム、非電解質にはブドウ糖などがあります。

6 水素イオン指数（pH）

水溶液中の酸や塩基性の度合いを表す方法として，pH（水素イオン指数）があります。水溶液中には必ずH^+とOH^-が両方存在していますが，H^+が多いときには強酸性，少ないときには弱酸性，OH^-が多いときには強塩基性，少ないときには弱塩基性となります。

なお，両者の数が等しいときには中性となり，pH＝7として表されます。

■水素イオン指数

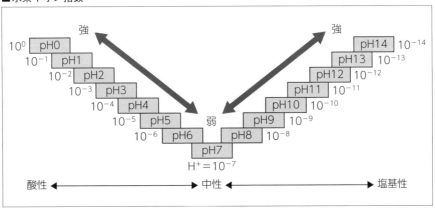

酸性の場合は，pH値が小さいほど強酸性で，大きいほど弱酸性となります。塩基の場合はpH値が小さいほど弱塩基性，大きいほど強塩基性となります。

水素イオン指数の濃度を表すのは，H^+です。例えば，H^+が0.0001mol/ℓ（10^{-4}mol/ℓ）のときは，上図を見るとpHは4を示しています。つまり，10の指数の符号を反対にしたものが，pH値となっているのです。

7 中和反応と中和滴定

中和とは，酸の性質であるH⁺と塩基の性質OH⁻から塩と水ができる反応であり，酸と塩基の作用でお互いが持つ性質を打ち消してしまうことといえます。

塩は酸の陰イオンと塩基の陽イオンで構成される物質の総称であり，中和反応によって常に塩化ナトリウム（NaCl）が発生する意味ではない，という点に注意する必要があります。

例えば，塩酸に水酸化ナトリウム水溶液を加えると，食塩水ができます。これを式に表すと，

$HCl + NaOH \rightarrow NaCl + H_2O$

となり，酸の水素イオンと塩基の水酸化物イオンが結びついて水が発生している（$H^+ + OH^- \rightarrow H_2O$）ことが分かります。

■塩酸と水酸化ナトリウム水溶液の中和反応

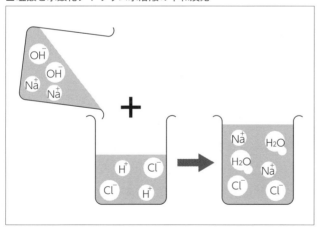

中和の状態にあるとき，H⁺とOH⁻の物質量は等しいので，酸の物質量×酸の価数＝塩基の物質量×塩基の価数となります。濃度がc（mol/ℓ），酸がV（mℓ）と

補足

pHの読み方
pHのpは「べき乗」（power），Hは「水素イオン濃度」（H⁺）を意味しており，読み方は「ピーエイチ」または「ペーハー」です。以前はドイツ語のペーハーが一般的でしたが，現在では英語のピーエイチが主流となっています。

2 基礎化学

すると，酸の物質量（mol）はc（mol/ℓ）× $\frac{V}{1000}$（ℓ）= $\frac{cV}{1000}$

（mol），H^+のmol数は酸の物質量×酸の価数（n）で，$\frac{ncV}{1000}$（mol）となります。

　塩基も同様に求めてみましょう。濃度がc'（mol），酸がV'（mℓ）とする

と，塩基の物質量（mol）は，c'（mol/ℓ）× $\frac{V'}{1000}$（ℓ）= $\frac{c'V'}{1000}$（mol）OH^-

のmol数は酸の物質量×酸の価数（n'）であるため，$\frac{n'c'V'}{1000}$（mol）となりま

す。酸と塩基の物質量は等しいので，$\frac{ncV}{1000}$ = $\frac{n'c'V'}{1000}$（mol）より，両辺に

1000をかけるとncV = n'c'V'となります。

　この式を利用すると，濃度が不明である酸や塩基の水溶液の濃度を，濃
度が分かっている酸や塩基で中和して求めることが可能となります。これ
を中和滴定といいます。

　それでは，例題を解いてみましょう。0.30mol/ℓの塩酸60mℓと中和する，
0.60mol/ℓの水酸化ナトリウムの水溶液はどのくらい必要でしょうか。

　n = 1，c = 0.30，V = 60，n' = 1，c' = 0.60よりncV = 0.30× 1 ×60 = 18
n'c'V' = 0.60× 1 ×V' = 0.6V'両者は等しいので，0.30× 1 ×60 = 0.60× 1 ×V'，
18 = 0.6V'，V' = 30mℓ

　つまり，濃度0.30mol/ℓの塩酸60mℓと中和するのに必要な水酸化ナトリ
ウムの水溶液は30mℓとなります。

8 pH指示薬

　pHの変化によって色が変わる試薬を，指示薬といいます。主なものには
メチルオレンジとフェノールフタレインなどがあり，こうした指示薬を用
いると酸と塩基の中和点がわかります。色が変わるpHの範囲は，メチルオ
レンジがpH3 〜 4.5，フェノールフタレインがpH8.3 〜 10です。

強酸＋強塩基：メチルオレンジ，フェノールフタレイン
弱酸＋強塩基：フェノールフタレイン
強酸＋弱塩基：メチルオレンジ

チャレンジ問題

問1 以下の説明について，正しいものには○，誤っているものには×をつけよ。

（1）固体の溶解度は，一般的に高温になるほど高くなる。

（2）質量モル濃度とは，溶液1kg中にどれくらいの溶質が溶けているかを物質量molで表した濃度である。

（3）不揮発性の物質が溶けている容器の沸点は，純溶媒に比べて高くなる。

（4）水に溶けると電離し，OH⁻を生じる物質を酸という。

（5）pH値が2の物質は，強塩基性である。

解説 （2）溶液ではなく，正しくは溶媒です。

（4）酸ではなく，正しくは塩基です。

（5）強塩基性ではなく，強酸性です。

解答 （1）○ （2）× （3）○ （4）× （5）×

問2 濃度が分からない硫酸40mℓを中和するのに，0.8mol/ℓの水酸化カリウム120mℓ必要だった。このときの硫酸の濃度はいくらか。

（1）0.5mol/ℓ （2）0.8mol/ℓ （3）1.0mol/ℓ
（4）1.2mol/ℓ （5）2.0mol/ℓ

解説 $ncV=n'c'V'$に，数値を当てはめて求めましょう。

$n=2$，$V=40$，$n'=1$，$c'=0.8$，$V'=120$より

$ncV=c\times2\times40=80c$

$n'c'V'=0.8\times1\times120=96$

両者は等しいので，$80c=96$より$c=1.2$mol/ℓとなります。

解答 （4）

酸化と還元

1 酸化と還元

酸化とは，ある物質と酸素とが化合することをいい，これとは逆に酸素を失うことを還元といいます。例として，銅の酸化と還元を見てみましょう。

銅は加熱すると酸化されて，酸化銅（CuO）となります。この酸化銅は加熱しつつ水素（H_2）と反応させることで，銅に戻ることができます。

酸化：銅＋酸素→酸化銅
$$2\,Cu + O_2 \rightarrow 2\,CuO$$
還元：酸化銅＋水素→銅＋水
$$CuO + H_2 \rightarrow Cu + H_2O$$

還元のときには，酸化銅が還元されていますが，同時に水素と酸素と化合して酸化しています。このように，一般的には酸化と還元は同時に発生するため，このような反応を酸化還元反応といいます。

■酸化還元反応

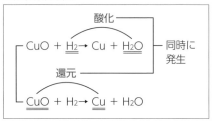

上記の酸化と還元は酸素のやりとりによるものでしたが，これを水素のやりとりを基準に考えることもできます。すると，酸素のときとは逆に，物質が水素を失う反応が酸化，そして水素と化合する反応が還元となります。

■水素のやりとりを基準とした酸化還元反応

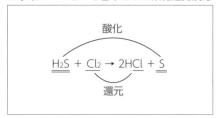

酸化還元反応は酸素や水素のやりとりを例にして解説できますが，より広い意味合いでは「電子のやりとり」をもとにした反応と考えた方が一般的といえます。

電子のやりとりを考える場合には，電子をe^-としてイオン反応式で表します。そして，**原子（原子団）が電子を失うと「酸化」，電子を得ると「還元」**と表現します。

補足

2
基礎化学

酸化と還元の違い
・酸化
酸素と化合，電子を失う，水素を失う
・還元
酸素を失う，電子を受ける，水素と化合

■電子のやりとりと酸化・還元

先ほどの酸化銅の例を見てみると，以下のようになります。

■電子の移動と酸化還元反応

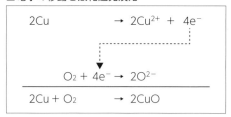

$2\,Cu \rightarrow 2\,Cu^{2+} + 4\,e^-$では，2 molの銅が4 molの電子を失うことで，2 molの銅イオンとなりました。そして，$O_2 + 4\,e^- \rightarrow 2\,O^{2-}$では，1 molの酸素が4 molの電子を得ることで，2 molの酸化物イオンとなりました。

このように考えると，上記の式で銅は酸化され，酸素は還元されたといえるのです。

2 | 酸化数

　酸化や還元を考える際，その物質が既に酸化（もしくは還元）されているのか否かが問題となってきます。このような状態を表すには，酸化数という概念を用いると分かりやすくなります。

　酸化数とは，下記の規則に従って，**各物質の構成原子に割り当て，その原子が持っている電荷を表すことでその物質が酸化されたのか，それとも還元されたのかが分かる数**です。酸化数が増加していれば酸化，減少していれば還元を意味します。

　このように，酸化数を用いれば，簡単に電子の移動を知ることができるようになるのです。

酸化数の規則

① 単体中の原子の酸化数は0とする

　銅（Cu），水素（H），窒素分子（N₂）のNなどは，すべて0として扱います。

■酸化数が0の単体

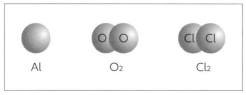

② 単原子イオンや，イオン結合している物質の酸化数はその物質のイオンの価数とする

　例えば，銀（Ag^+）は＋1，鉄（Fe^{2+}）は＋2，塩素（Cl^-）は－1，硫化物イオン（S^{2-}）は－2となります。

③　多原子イオンの場合には，各原子の酸化数を合計した値がそのイオンの価数となるように酸化数を決める

硫酸イオン（SO_4^{2-}）の場合は，$S+（-2）×4 = -2$より，$S-8 = -2$，$S = 8-2 = 6$となり，硫黄（S）の酸化数は$+6$となります。

補足

共有結合
H_2のように，2つの原子が1つ以上の原子を共有している結合状態を共有結合といいます。

④　化合物中の水素原子の酸化数は$+1$，酸素原子の酸化数は-2とし，化合物中の酸化物の合計数は0とする

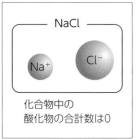

■化合物の酸化数

NaCl

Na^+　Cl^-

化合物中の
酸化物の合計数は0

水素原子（H）は酸化数$+1$，酸素原子（O）は酸化数-2として扱うことで，酸化数を求めることができます。

例えば，アンモニア（NH_3）の窒素（N）の酸化数は，Hの酸化数は$+1$なので，$N+（+1×3）= 0$より$N+3 = 0$，$N = -3$，窒素（N）の酸化数は-3となります。

二酸化窒素（NO_2）の窒素（N）の酸化数を求めると，酸素原子（O）の酸化数は-2なので$N+（-2×2）= 0$より，$N-4 = 0$，$N = 4$，窒素（N）の酸化数は$+4$となります。

⑤　化合物中のアルカリ金属は$+1$，アルカリ土類金属は$+2$とする

アルカリ金属はナトリウム（Na），リチウム（Li），カリウム（K），アルカリ土類金属はカルシウム（Ca），マグネシウム（Mg）などがあります。

3 酸化剤と還元剤

　日常生活でカビ取り剤を使用してカビを除去したり，ヨウ素が入ったうがい薬を使ったりすることがありますが，これはカビや細菌を酸化によって退治しているのです。

　このように，**相手を酸化する物質を酸化剤**といいます。これとは逆に**相手を還元する物質は，還元剤**といいます。それでは，銅（Cu）が酸素（O₂）と結びついて酸化銅（CuO）になる反応式を例として，酸化剤と還元剤を考えてみましょう。

$$2\,Cu + O_2 \rightarrow 2\,CuO$$

　CuOはCu^{2+}とO^{2-}によって構成されています。反応式を見るとCuの酸化数は0から+2に，O₂の酸素原子の酸化数は0から-2となっているため，Cuは酸化，O₂は還元されています。

　このことから，O₂はCuを酸化したため酸化剤，CuはO₂を還元しているため，還元剤となっています。

　酸化剤と還元剤の役割は，以下の通りです。

■酸化剤と還元剤の役割

	役割	方法
酸化剤	相手を酸化する	酸素を与える／電子を奪う／水素を奪う
	自分は還元される	酸素を失う／電子を受け取る／水素を受け取る
還元剤	相手を還元する	酸素を奪う／電子を与える／水素を与える
	自分は酸化される	酸素を受け取る／電子を失う／水素を失う

チャレンジ問題

問1 酸化と還元の説明について，誤っているものはどれか。

(1) 物質と酸素の化合反応を酸化，物質が酸素を失う反応を還元という。

(2) 物質が電子を受け取ると酸化，物質が電子を失うと還元となる。

(3) 酸化は，他の物質に酸素を与える性質を持っている。

(4) $2Cu + O_2 \rightarrow 2CuO$ の反応では，O_2 は酸化剤，Cu は還元剤である。

(5) 酸化と還元は，一般的に同時に進行する。

解説 (2) 正しくは物質が電子を失うと酸化，物質が電子を受け取ると還元となります。

解答 (2)

問2 次の反応のうち，下線の物質が還元されているものを示せ。

(1) 鉄が燃焼して酸化鉄となった。

(2) 水素が加熱した酸化銅に触れて水となった。

(3) 天然ガス（メタン）が燃えて二酸化炭素と水になった。

(4) 石炭が燃焼して二酸化炭素となった。

(5) 燃焼したマグネシウムに触れた二酸化炭素が炭素になった。

解説 (5) この反応を式にすると，$2Mg + CO_2 \rightarrow 2MgO + C$ となります。マグネシウムは，酸化されて酸化マグネシウムになる際，二酸化炭素の酸素原子を奪いました。これにより，二酸化炭素は酸素原子を失って還元され，炭素になったのです。

解答 (5)

金属

1 金属の特性

　元素の周期表を見ると，元素は**金属元素**と**非金属元素**の２種類に大別されていますが，中にはアルミニウム（Al），スズ（Sn）など両方の性質を持った元素もあり，それらを**両性元素**といいます。

　全18族に分類されている元素のうち，１，２，12 〜 18族を**典型元素**，３〜 11族までの元素を**遷移元素**といいます。

　金属元素は熱伝導が高い，光沢があるといった特徴があり，こうした特徴を持たず，金属としての性質を示さないものは非金属となります。両者の性質の違いは，以下の通りです。

金属の性質

一般的に固体で融点が高い
水に溶けた場合，塩基性を示す塩基性酸化物をつくる
硫酸，硝酸，塩酸などの無機酸に溶ける
金属の光沢がある
比重が大きい
熱や電気を通しやすい
延性（引っぱると延びる）と展性（叩くと柔軟に広がる）がある

非金属の性質

常温で気体，液体，固体である
酸性酸化物をつくる
無機酸には溶けない
光沢はない
比重が小さく，低温で気体である場合が多い
固体の場合は壊れやすい（脆い）
熱や電気を通しにくい

2 金属のイオン化傾向

補足

金属元素
金属元素は，水素を除く周期表左にある80種類ほどの元素をいいます。これらの金属元素以外は，すべて非金属元素です。

2
基礎化学

　金属は，水溶液中で陽イオンになろうとする性質を持っています。これを**イオン化傾向**といいます。カルシウムやナトリウムなどの陽イオンになりやすい性質を持っているものはイオン化傾向が「大きい」，金や銀のようになりにくいものはイオン化傾向が「小さい」と表現します。

　このイオン化傾向を大きいものを左から並べたものを，**イオン化列**といいます。

■イオン化列

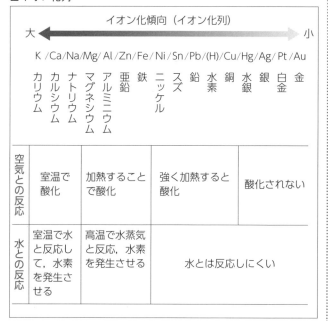

　このように，イオン化傾向を知ることで，水溶液中で金属が陽イオンになる（＝溶ける），空気に触れて陽イオンになる（＝さびる）起こりやすさを把握することができます。

3 電池

　亜鉛板（Zn）と銅板（Cu）を希硫酸に漬けて，導線で結ぶとボルタ電池ができます。亜鉛と銅を比較すると，亜鉛のほうがイオン化傾向が大きいため，溶けて陽イオンとなり，電子を放出します。

$Zn \rightarrow Zn^{2+} + 2e^-$

　この $2e^-$ が導線を経由して銅板に移ることで，希硫酸から電離したH^+と結合し，水素H_2が発生します。

$2H^+ + 2e^- \rightarrow H_2 \uparrow$

　こうして電子が移動することで，電池から起電力が発生します。

■ボルタ電池の構造

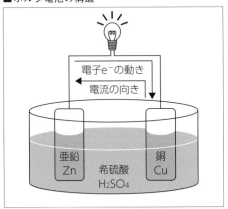

　この流れを簡単にまとめると，

Znが溶ける

→$2e^-$が放出されることで銅板ではH^+イオンと結び付き，水素が発生する

→銅板から亜鉛板に電流が流れる

→起電力が発生する

となります。

　また，この反応を酸化還元反応で見ると，Znが電子を放出することで亜鉛板に酸化反応が発生，Cuは電子を受け取ることで銅板に還元反応が発生した，と考えることができます。

4 金属の腐食

金属でいう**腐食**とは，酸素と結合してさびることを意味します。腐食は，金属の表面で行われた電子のやりとり（酸化還元反応）により，局部電池が形成されて発生します。

例えば鉄は，酸化鉄の状態である鉄鉱石を精製してつくられますが，酸化鉄になるということは元来あった，エネルギー的に安定した状態に戻ろうとすることなのです。腐食が進みやすい環境とその防止策は，以下の通りです。

腐食が進みやすい環境

- 酸性の土中（酸による腐食）
- 酸素が含まれた水中（水による腐食）
- 土質が異なる場所（乾燥した土と湿った土など）
- 異種金属が接触している場所
- 塩分が存在する場所
- 迷走電流が流れている場所
- 中性化が進んだコンクリート内

腐食の防止策

- 防食剤（腐食防止剤）の活用
- 施工時，塗覆装に傷をつけない
- 地下水と接触しない
- 金属を合成樹脂で被覆
- プラスチック配管で施工
- イオン化傾向の大きな異種金属と接続して腐食を遅らせる

補足

迷走電流
電気鉄道や電気設備から地面に漏れた電流のことです。埋設配管などに流入するため，腐食が進みます。

コンクリート
中性化が進んだコンクリートは金属の腐食が進みますが，一般的には強アルカリ性が保たれているため，腐食は進みません。

5 その他の金属

① アルカリ金属とアルカリ土類金属

　金属元素のうち，水素を除く1族6つの元素をアルカリ金属といいます。そして，ベリリウムとマグネシウムを除く2族4つの元素をアルカリ土類金属といいます。

　アルカリ金属とアルカリ土類金属の特徴は，以下の通りです。

（ア）アルカリ金属

- リチウム（Li），ナトリウム（Na），カリウム（K），ルビジウム（Rb），セシウム（Cs），フランシウム（Fr）の6種類
- 融点が低く，柔らかい
- 1価の陽イオンになりやすい（原子番号が大きいほど強い）
- 単体だと空気中の酸素と化合するため石油の中に保存する
- 特有の炎色反応を示す（単体，化合物）
- イオン化傾向が大きい
- 常温で水と反応して水素を生じる

（イ）アルカリ土類金属

- カルシウム（Ca），ストロンチウム（Sr），バリウム（Ba），ラジウム（Ra）の4種類
- 融点が高く，密度がやや大きい
- 2価の陽イオンになりやすい
- 常温で水と反応して水酸化物を生じる
- 空気中の酸素と化合する
- 軽金属で，銀白色
- アルカリ金属に次いで反応性が大きい

②　その他

（ア）金属の比重

　金属の比重が4よりも大きいと重金属，4以下だと軽金属になります。ナトリウム，カリウム，リチウムなどは比重が1以下であるため，水に浮くことができます。

■主な金属の比重

白金	金	銅	鉄	亜鉛	ナトリウム	カリウム	リチウム
Pt	Au	Cu	Fe	Zn	Na	K	Li
21.4	19.3	8.96	7.87	7.13	0.97	0.86	0.53

（イ）炎色反応

　アルカリ金属とアルカリ土類金属含む固体や水溶液をバーナーなどで強熱した際に現れる元素特有の色のことを炎色反応といいます。

　主な炎色反応は，以下のようになります。

■主な炎色反応

名称	リチウム	ナトリウム	カリウム	ルビジウム	セシウム	カルシウム	ストロンチウム	バリウム
	Li	Na	K	Rb	Cs	Ca	Sr	Ba
炎色反応	赤色	黄色	赤紫色	赤色	青紫色	橙赤色	紅色	黄緑色

補足

銅の炎色反応
銅はアルカリ金属でもアルカリ土類金属でもありませんが，青緑色の炎色反応を示します。

チャレンジ問題

問1 希硫酸の中に銅板と亜鉛板を入れ，導線で接続したボルタ電池の現象で正しいものを選べ（イオン化傾向はCu＜(H)＜Zn）。

（1）亜鉛板から水素が発生する。
（2）銅板から$2e^-$が放出される。
（3）銅板が溶ける。
（4）亜鉛板が溶ける。
（5）銅板と亜鉛板が一緒に溶ける。

解説 亜鉛のほうが銅よりもイオン化傾向が大きいので，溶け出して$2e^-$を放出します。

解答 （4）

問2 金属のイオン化傾向について，正しい組み合わせを選べ。

（A）銅と鉄を比較した場合，鉄のほうがイオン化傾向が小さい。
（B）カリウムやナトリウムはイオン化傾向が大きい。
（C）一般的に，電解溶液にイオン化傾向が異なる金属を入れて，導線で接続すると電池になる。
（D）イオン化傾向が小さい金属は酸化されやすい。
（E）水溶液中で，金属の原子が電子を受け取って陰イオンになる性質をイオン化傾向という。

（1）AとB　（2）CとD　（3）DとE　（4）BとC

解説 （A）銅のほうがイオン化傾向は小さいです。（D）酸化されやすいのは，イオン化傾向が大きな金属です。（E）イオン化傾向は，水溶液中で，金属の原子が電子を放出して陽イオンになる性質をいいます。

解答 （4）

有機化合物

1 炭素骨格による分類

　有機化合物とは，一酸化炭素や二酸化炭素などの一部を除き，炭素（C）を含む化合物のことをいい，炭素を含まないものは無機化合物といいます。

　有機化合物の分類方法には，骨格分類と，官能基の種類による分類の2種類があります。

　骨格分類とは炭素の結合方法をもとにした分類方法で，鎖状に分子が結合しているものを鎖式化合物，環状に分子が結合しているものを環式化合物といいます。環式化合物の場合には，脂環式化合物と，ベンゼン環を含む芳香族化合物の2種類に分かれます。

■骨格分類による有機化合物の分類

```
                  有機化合物
          ┌───────┴───────┐
      鎖式化合物            環式化合物
     ┌───┴───┐          ┌───┴───┐
  飽和化合物 不飽和化合物  芳香族化合物 脂環式化合物
```

■鎖式化合物と環式化合物の例

この他に，こうした結合がすべて単結合のものを飽和化合物，二重結合や三重結合を含むものを不飽和化合物といいます。

補足

学習のポイント
甲種試験では，有機化合物の特性，分類，官能基についてよく出題されます。しっかりと把握して間違えないようにしましょう。

有機化合物の燃焼
有機化合物は可燃性物質が多いため，燃焼すると一般に水と二酸化炭素を生成します。

2 官能基による分類

　有機化合物の構成要素として重要となるのが炭素と水素による**炭化水素**で，ここから**水素原子の一部がなくなった原子団を炭化水素基**といいます。有機化合物は，この炭化水素と，官能基と炭化水素が結合した化合物の2種類に分類することができます。**官能基は有機化合物それぞれの特性を示す原子団**のことです。分子中にどのような官能基が存在しているかが分かれば，その有機化合物が持つ性質を判断することができます。

　炭化水素を分類すると，以下のようになります。

■炭化水素の分類

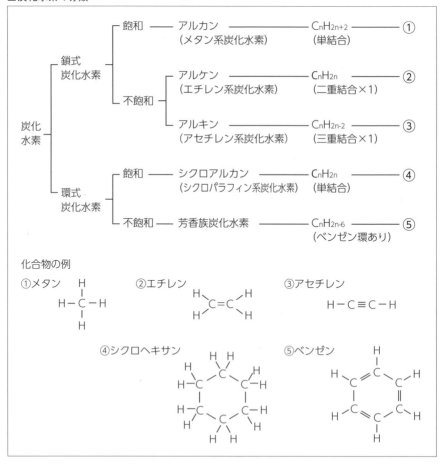

化合物の例

①メタン　②エチレン　③アセチレン

④シクロヘキサン　⑤ベンゼン

有機化合物に含まれている原子や原子団のうち，酢酸（CH₃COOH）にはカルボキシ基（カルボキシル基）（−COOH）が含まれているため，水に溶けると酸性となります。

また，アルコールに関しては，第1級アルコールであるブタノールなどが酸化するとアルデヒドに，このアルデヒドが酸化するとカルボン酸となります。なお，第2級アルコールであるプロパノールなどが酸化すると，ケトンになります。

官能基による分類は，以下の通りです。

■官能基による分類

官能基の名称	性質	官能基の式	有機化合物の例
メチル基	疎水性	$-CH_3$	ジメチルエーテル
エチル基	疎水性	$-C_2H_5$	エタノール
ヒドロキシ基（ヒドロキシル基）[アルコール]	親水性中性	$-OH$	エタノール グリセリン
アルデヒド基[アルデヒド]	親水性還元性	$-CHO$	ホルムアルデヒド アセトアルデヒド
カルボニル基（ケトン基）[ケトン]	親水性	$>CO$	アセトン
カルボキシ基（カルボキシル基）[カルボン酸]	親水性酸性	$-COOH$	酢酸 リノール酸
ニトロ基[ニトロ化合物]	疎水性中性	$-NO_2$	ニトロベンゼン
アミノ基[アミン]	親水性塩基性	$-NH_2$	グリシン
スルホ基[スルホン酸]	親水性酸性	$-SO_3H$	ベンゼンスルホン酸
フェニル基	疎水性	$-C_6H_5$	フェノール

親水……水に溶けやすい
疎水……水に溶けにくい

補足

アルカン
メタン，エタン，プロパンなど，単結合のみで構成されている炭化水素のこと。

アルケン
エチレンなど，二重結合を1つ含む炭化水素のこと。

アルキン
アセチレンなど，三重結合を1つ含む炭化水素のこと。

ケトン
アセトンなど，2つの炭水素基とカルボニル基とが結合したもの。

カルボニル化合物
ケトンやアルデヒド基など，カルボニル基を含む化合物をいう。

3 有機化合物の特徴

　有機化合物の特性や分類，官能基に関しては，試験によく出題されますので覚えておく必要があります。

　有機化合物の特徴は，以下の通りです。

① 　一般的に燃えやすい性質を持っています。

② 　一般的に燃焼すると二酸化炭素と水になります。

③ 　主に炭素，水素，酸素，窒素によって構成されています。

④ 　組成が同じであった場合でも，炭素の結合方法により，さまざまな異性体が存在します。異性体とは，原子の数や種類は同じですが，構造が違う物質のことです。

⑤ 　一般的に水に溶けにくい性質を持っています（疎水性）。

⑥ 　有機溶媒（アセトン，アルコール，ジエチルエーテルなど）によく溶けます。

⑦ 　一般的に融点は低いものが多いです。

⑧ 　一般的に沸点は低いものが多いです。

⑨ 　一般的に分子量が増えると沸点が高くなります。

⑩ 　一般的に非電解質です。換言すると，水に溶けた場合でも陽イオンや陰イオンに電離しない特性を持っているということです。

⑪ 　反応は遅く，その機構は複雑なものが多いです（ただし，酸化反応である燃焼を除く）。

⑫ 　アルコールに関しては，アルキル基の炭素数が減少すると水への溶解度は大きくなります。

⑬ 　芳香族炭化水素に関しては，一般的に無色の液体もしくは結晶です。

⑭ 　芳香族炭化水素に関しては，一般的に独特の臭いを持っています。

⑮ 　芳香族炭化水素に関しては，一般的に空気中で燃焼すると多量のすすが発生します。

チャレンジ問題

問1 以下の官能基とその化学式の組み合わせで，誤っているものはどれか。

（1）	メチル基	$-CH_3$
（2）	スルホ基	$-SO_3H$
（3）	カルボキシル基	$-COOH$
（4）	ニトロ基	$-NH_2$
（5）	アルデヒド基	$-CHO$

解説 （4）$-NH_2$はアミノ基の式であり，ニトロ基は$-NO_2$となります。

解答 （4）

問2 有機化合物の一般的性状について，誤った記述はどれか。

（1）一般的に非電解質である。
（2）鎖式化合物と環式化合物に大別される。
（3）有機溶剤に溶けにくいものが多い。
（4）水に溶けにくいものが多い。
（5）沸点や融点が無機化合物よりも低い。

解説 （3）有機化合物は有機溶剤にはよく溶けますので，誤りとなります。

解答 （3）

3 燃焼に関する知識

■ 燃焼と燃焼の三要素

燃焼：酸化の際に光と熱が発生するもの

燃焼の３要素：可燃物（可燃性物質），点火源，酸素供給体

■ 可燃物，点火源，酸素供給体

可燃物：燃える物質そのもの

点火源：燃焼が始まるために必要な熱源

酸素供給体：酸素，酸化剤など

■ 燃焼の種類

固体：蒸発燃焼／表面燃焼／分解燃焼

液体：蒸発燃焼

気体：予混合燃焼／拡散燃焼

■ 燃焼範囲，引火点，発火点

燃焼範囲：燃焼が可能となる可燃性蒸気と空気との混合割合の範囲

引火点：液面上に燃焼を行うのに必要十分な濃度の可燃性蒸気が発生しているときの最低の液温

発火点：物質自体が発火して燃焼を開始する最低の温度

■ 自然発火

物質が空気中で発熱し，その熱が蓄積されることで発火点に達し，燃焼すること

■ 混合危険

２種類またはそれ以上の物質が接触（混合）した場合に発火や爆発のおそれが発生すること

燃焼と燃焼の三要素

補足

限界酸素濃度
燃焼を行う際に必要最
低限の酸素濃度のこと
をいい，その数値は物
質の種類によって異な
っています。

1 燃焼と燃焼の三要素

① 燃焼の定義

物質と酸素が化合することは酸化といいますが，このとき光と熱が発生するものを燃焼といいます。そのため，鉄パイプがさびる場合には光を伴わないため燃焼にはなりません。

■燃焼と酸化

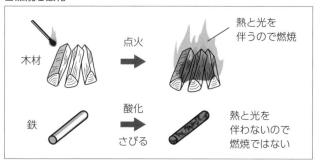

木材　点火　熱と光を伴うので燃焼

鉄　酸化 さびる　熱と光を伴わないので燃焼ではない

② 燃焼の３要素

ここで，燃焼が発生するには何が必要になるかを考えてみましょう。例えば薪を燃やす場合には，薪，火をつけるマッチやライター，酸化反応が生じるための空気が必要となることが分かります。

この薪（可燃物），マッチやライター（点火源），空気（酸素供給体）を燃焼の３要素といい，この３つが同時に存在して初めて燃焼が発生するのです。逆にいうと，これらの１つが欠けても燃焼は発生しないので，消火を行うにはこのうちのどれか１つを除去すればよいことになります。

可燃物，点火源，酸素供給体の特徴は以下の通りです。

（ア）可燃物（可燃性物質）

可燃物（可燃性物質）は木材のような固体をはじめとし，液体では石油，ガソリン，気体では水素などで，**燃える物質**そのものを指します。

■可燃物の種類

（イ）点火源（熱源）

点火源（熱源）は**燃焼**が始まるために**必要な熱源**で，主に炎や熱などがありますが，マッチやライターによる火気，摩擦熱や衝撃熱，静電気による火花なども熱源となります。ただし，潜熱（蒸発熱や溶解熱）は熱源にならないので注意が必要です。

■主な点火源

（ウ）酸素供給体

酸素供給体には，まず**空気**があります。空気は主に窒素78％，酸素21％で構成されている混合気体で，酸素濃度が高くなるほど燃焼が激しくなる特徴を持っています。

次に，**可燃物内部に含まれている酸素**があります。可燃物自体が酸素を含んでいるという意味です。そして，**酸化剤**などに含まれている酸素があります。これは，酸化剤などが加熱されることで分解され，酸素になると燃焼が続いたり，激しくなったりする一因となります。

244

2　燃焼の種類

　燃焼は，固体，液体，気体によって以下のように異なります。

①　固体の燃焼

（ア）蒸発燃焼

　加熱後，熱分解を経ずに直接蒸発してその上記が燃焼するもので，ナフタリンや硫黄などがよく知られています。

（イ）表面燃焼

　表面のみが燃焼するもので，炎は出ず，蒸発，分解もしません。木炭やコークスなどが有名です。

（ウ）分解燃焼

　加熱後に分解し，これに追って発生した可燃性蒸気が燃焼するもので，炎が出る特徴があります。木材，紙，プラスチックなどが有名です。

■固体の燃焼

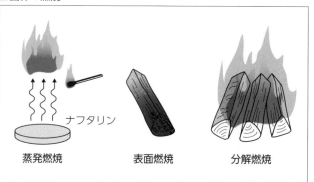

蒸発燃焼　　　　　表面燃焼　　　　　分解燃焼

補足

内部燃焼
分解燃焼の中で，セルロイドのように可燃物自体に含有されている酸素によって燃焼することをいいます。

3
燃焼に関する知識

② 液体の燃焼

（ア）蒸発燃焼

　蒸発燃焼は、液体が燃焼する場合、液体そのものが燃えるわけではなく、液体より蒸発した可燃性蒸気（可燃性ガス）が空気と混合することで燃焼することを指します。したがって、炎と液面にはわずかな隙間が生まれています。

■液体の燃焼

蒸発燃焼

③ 気体の燃焼

（ア）予混合燃焼

　気体が燃焼する際、気体可燃物の可燃性ガスと空気とがある濃度の範囲内、つまり燃焼範囲内で混合していなければなりません。そして混合ガスの形成に際して、すでに混合されている状態で燃焼する場合を予混合燃焼といいます。このとき、炎は速やかに伝播していきます。

（イ）拡散燃焼

　混合ガスの形成に際して、可燃性ガスが供給され続けることで、混合ガスを形成しながら燃焼する場合を拡散燃焼といいます。

　また、都市ガスやプロパンガスなど、管理された燃焼である定常燃焼と、その反対の非定常燃焼に分類することもできます。非定常燃焼は、エンジンのピストン内という密閉空間の中でガソリンと空気が混合され、圧力を温度が増加した上で火花点火が行われることで発生する爆発的な燃焼のことをいいます。

3 完全燃焼と不完全燃焼

　燃焼の種類は，固体，液体，気体による区分だけでなく，酸素の供給状態における区分も可能です。具体的には，酸素の供給が十分な状態での燃焼を**完全燃焼**，不十分な状態での燃焼を**不完全燃焼**といいます。

　酸素の供給状態が異なると，以下のように燃焼によって生じる物質も異なります。

完全燃焼の場合：
炭素（C）＋酸素（O_2）→二酸化炭素（CO_2）

不完全燃焼の場合：
炭素（C）＋酸素（$\frac{1}{2}O_2$）→一酸化炭素（CO）

　両者の違いは以下の通りです。

■二酸化炭素と一酸化炭素の違い

	可燃性	毒性	液化性	水溶性
二酸化炭素	燃えない	なし	液化しやすい	あり
一酸化炭素	燃える	あり	液化は困難	なし

　火事で人が死亡するケースでは，原因は火傷よりも一酸化炭素の吸引が多く見られます。その理由は，建築物内の建材などが不完全燃焼により一酸化炭素を生じることで，逃げ遅れた人が有毒な一酸化炭素を含む煙などを吸引して倒れ，死に至るからです。

補足

一酸化炭素の毒性
一酸化炭素は毒性が強く，微量の濃度でけいれんや頭痛を引き起こし，短時間で死に至るケースが見られます。空気中に占める濃度（％）とその症状は，以下の通りです。
0.02％：2〜3時間で軽い頭痛
0.04％：1〜2時間で頭痛，吐き気
0.08％：45分でめまい，けいれん
0.16％：20分で頭痛，めまい，2時間で致死
0.32％：5〜10分で頭痛，30分で致死
0.64％：5〜15分で致死
1.28％：1〜3分で致死

チャレンジ問題

問1 物質の燃焼の説明について，正しいものを選べ。

(1) 煙と熱を伴う分解反応
(2) 煙と音を伴う酸化反応
(3) 光と熱を伴う酸化反応
(4) 音と熱を伴う分解反応
(5) 光と匂いを伴う化学反応

解説 燃焼は，酸化の中でも光と熱が発生するものを指します。

解答 (3)

問2 以下の説明について，誤っている数はいくつか。

A 固体の燃焼には，化合燃焼，表面燃焼，蒸発燃焼の3種類がある。
B 燃焼には，可燃物，酸素供給体，熱源が必要である。
C ナフタリンは，熱分解をせずに蒸発して，その蒸気が燃焼する。
D 酸素供給体は，空気中の酸素と酸化剤などに含まれる酸素のみである。
E 液体の燃焼は，液体そのものが燃焼している。

(1) 1つ (2) 2つ (3) 3つ (4) 4つ (5) 5つ

解説 (A) は化合燃焼ではなく，分解燃焼です。(D) 可燃物内部に含まれている酸素もあります。(E) 燃焼しているのは液体そのものではなく，液面より蒸発した可燃性蒸気です。

解答 (3)

燃焼範囲, 引火点, 発火点

1 燃焼範囲 (爆発範囲)

　液体は，可燃性蒸気と空気との混合割合（空気中に占める可燃性蒸気の割合）が一定の範囲内にないと燃焼しません。この濃度範囲を**燃焼範囲（爆発範囲）**といい，その範囲は可燃性蒸気の種類によって異なります。つまり，**可燃性蒸気の濃度は燃焼範囲よりも高すぎても低すぎても燃焼はしない**，ということです。

　燃焼範囲のうち，濃度が高い側の限界点を上限値（上限界），低い側の限界点を下限値（下限界）といいます。

■水素の燃焼範囲（空気中に占める水素の濃度）

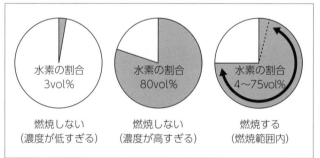

水素の割合 3vol%	水素の割合 80vol%	水素の割合 4～75vol%
燃焼しない（濃度が低すぎる）	燃焼しない（濃度が高すぎる）	燃焼する（燃焼範囲内）

　可燃性蒸気の濃度は，以下のように求めます。

$$可燃性蒸気の濃度（vol\%）= \frac{蒸気の体積（\ell）}{蒸気の体積（\ell）+空気の体積（\ell）} \times 100$$

主要な可燃性蒸気の燃焼範囲は，以下の通りです。

■可燃性蒸気の燃焼範囲

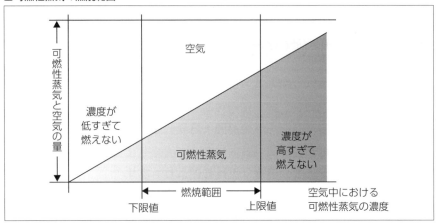

下限値は低いほど危険性が大きくなります。空気に占める可燃性蒸気の割合が低い状態，つまり少ない量でも燃焼が可能ということです。また，燃焼範囲が広いほど危険性は大きくなります。これは，混合ガスの濃度が低い状態であっても高い状態であっても燃焼が可能となっているからです。

それでは，例題を解いてみましょう。水素50ℓを空気200ℓと混合した場合の濃度は，燃焼範囲内にあるでしょうか。

可燃性蒸気の濃度を求める式に，数値を当てはめます。

$$\frac{\text{蒸気の体積（ℓ）}}{\text{蒸気の体積（ℓ）+空気の体積（ℓ）}} \times 100, \quad \frac{50（ℓ）}{50（ℓ）+200（ℓ）} \times 100 = \frac{50}{250} \times 100 =$$

$$\frac{1}{5} \times 100 = 20$$

よって濃度は20vol％となり，燃焼範囲内にあることがわかります。

次に，空気200ℓに水素を混合させて，燃焼範囲外の濃度の可燃性蒸気をつくるには，どのくらい水素を混合させればよいでしょうか。

水素の下限値は4vol％，上限値は75vol％ですので，混合させる水素の量をxℓとすると，x＜4，x＞75のときに燃焼範囲外となります。

したがって，$\frac{\text{蒸気の体積（ℓ）}}{\text{蒸気の体積（ℓ）+空気の体積（ℓ）}} \times 100 < 4$ より，$\frac{x}{x+200} \times 100 <$ 4，96x＜800，

$x < 8.333……$ より，$x < 8.3$

そして，$\dfrac{x}{x+200} \times 100 > 75$ より，$25x > 15000$

$x > 600$

よって，水素は$8.3\,\ell$ 未満もしくは$600\,\ell$ を超える量を混合すると，その可燃性蒸気の濃度は燃焼範囲外となります。

2 引火点・発火点

① 引火点

可燃性液体では，液体より発生した可燃性蒸気と空気との混合気体が燃焼します。**液面上に燃焼を行うのに必要十分な濃度の可燃性蒸気が発生しているときの最低の液温を，引火点といいます。**引火点よりも可燃性液体の液温が低い場合には，燃焼を行うのに十分な蒸気が発生していないため，引火はしません。

■引火点と下限値

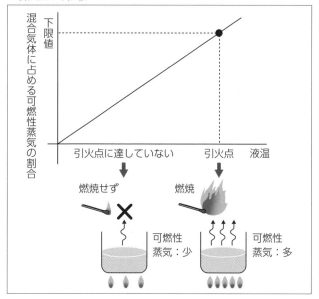

補足

引火点・発火点・燃焼点

引火点：点火源があると燃焼する最低の温度。

発火点：点火源がなくても燃焼する最低の温度。

燃焼点：引火点より数℃高く，引火後に燃焼が5秒以上継続するときの最低の温度。

燃焼範囲から見ていくと，可燃性液体を加熱し，燃焼範囲の下限値に液面付近の蒸気濃度が到達したときの液温が引火点といえます。

引火点は低いものほど危険性が高く，例えばガソリンの引火点は−40℃なので，寒冷地で火をつけた場合でも，すぐに燃焼します。

② 発火点

可燃物を空気中で加熱したとき，マッチやライターの火といった点火源がなくても物質自体が発火して燃焼を開始する最低の温度を発火点といいます。

■主要物質の引火点と発火点

物質名	引火点	発火点
ジエチルエーテル	−45℃	160℃（180℃）
二硫化炭素	−30℃以下	90℃
アセトアルデヒド	−39℃	175℃
ガソリン	−40℃以下	約300℃
メタノール	11℃	464℃
灯油	40℃以上	220℃
セルロイド	―	180℃
木材	―	400〜470℃

引火点と同様に，発火点も物質ごとに異なっていますが，発火点が低い物質ほど危険といえます。引火点と発火点の違いは，以下の通りです。

■引火点と発火点の違い

	概要	点火源	物質
引火点	可燃性蒸気の濃度が燃焼範囲の下限値となるときの液温	必要	可燃性液体（固体もあり）
発火点	物質が空気中で加熱された後自ら発火するときの最低温度	不要	可燃性固体，液体，気体

3 自然発火

ゴミや廃タイヤなどが山積している場所では，ゴミが空気中で発熱し，その熱が蓄積されることで発火点に達すると，燃焼して火事などが発生することがあります。こうした現象を**自然発火**といいます。**物質そのものが発熱するため**，加熱などの一般的な発火とは異なっているのが特徴です。

自然発火の原因となる熱は，以下の5種類に分類することができます。

■自然発火の原因となる熱

熱の種類	解説
酸化熱	物質が酸化する際に生じる熱
分解熱	物質が分解する際に生じる熱
重合熱	物質が重合（分子量の小さな物質が繰り返し結合することで大きな分子量の物質を形成する反応）する際に生じる熱
吸着熱	吸着剤に気体が吸着される際に発生する熱
微生物による熱	微生物がゴミなどの有機物を分解する際に生じる熱

自然発火は，以下のような条件下で発生します。

（ア）多量の可燃性物質が保管されているとき

（イ）可燃性物質が，空気との接触面積の大きい粉末状であるとき

（ウ）可燃性物質の保管場所が，通風状態が悪い場所であるとき

（エ）酸化や分解を起こしやすい可燃性物質を保管しているとき

（オ）可燃性物質の温度もしくは気温が高いとき

補足

動植物油類の自然発火
第4類危険物である動植物油類の自然発火の主な原因は，酸化熱です。特に絵の具やペンキなどに用いられるアマニ油は空中で固化しやすい上に，染み込んだ布などが通風状態の悪い場所で積み重なることで，酸化熱が蓄積して自然発火が発生するおそれがあります。

3 燃焼に関する知識

4 混合危険

　2種類またはそれ以上の物質が接触，もしくは混合した場合には発火や爆発のおそれがあります。これを混合危険といい，以下の3種類に大別されます。

① 酸化性物質と還元性物質との混合

　第1類や第6類の危険物である酸化性物質と，第2類または第4類の還元性物質が混合すると，発火や爆発の危険があります。例えば，三酸化クロムにアルコールが混合すると，強い引火性を持つアセトンなどの水溶性危険物となります。

② 酸化性塩類と強酸との混合

　第1類の塩素酸塩類や過マンガン酸塩類などの酸化性塩類は，硫酸などと混合すると爆発を起こすので注意が必要です。例としては，塩素酸カリウム+硫酸，過マンガン酸カリウム+硫酸，重クロム酸カリウム+硫酸などがあります。

③ 敏感な爆発性物質をつくる場合

　アンモニアと塩素を混合すると，爆発しやすい物質が生じます。例えば，アンモニアと塩素からは，衝撃を与えると爆発する塩化窒素が，アンモニアとヨードチンキからはわずかな衝撃で爆発するヨウ化窒素が生じます。

④ 水分との接触

　水分と接触したり，空気中に含まれる水分（湿気）を吸収したりすることで発火する物質があります。例えば，ナトリウム，マグネシウム粉，アルミニウム粉などは水と反応することで水素が発生します。さらに，反応熱によって発火する恐れもあります。

5 爆発

エネルギーの急激な解放によって生じる，圧力上昇と爆発音を伴う現象を爆発といいます。

① 粉じん爆発

粉じん爆発とは，空気中に浮遊している石炭の微粒子やプラスチック粉などが火花などによって火がつき，爆発する現象をいいます。通常の状態では燃焼しない小麦粉なども，密閉空間中に飛散させて着火すると爆発します。ただし，可燃性蒸気の燃焼と同様に，燃焼範囲内の条件を満たしている場合に限ります。

粉じん爆発を起こす物質は多岐にわたり，石炭，砂糖，鉄，アルミニウム，ケイ素，小麦，大豆，硫黄，石けん，コーンスターチなどがあります。

② 可燃性蒸気の爆発

可燃性液体の蒸気が燃焼範囲内にあるとき，密閉空間で点火源に触れると通常よりもはるかに速く燃焼，爆発を引き起こします。

③ 気体の爆発

水素やアセチレンガスに見られるように，可燃性気体は燃焼速度が速く，爆発に至るまでの時間も短い特徴があります。

④ 火薬の爆発

危険物の第1類と第5類の中には，爆発の危険性が大きく，火薬の原材料となる物質があります。

補足

粉じん爆発を起こしやすい粒子の特徴
粉じん爆発が発生するか否かとその規模は，酸素濃度，温度，湿度，粉じんの密度などによって異なりますが，一般的に粒子が小さいほど爆発を起こしやすい特徴を持っています。粒子が小さいほど，着火に要するエネルギーが少なくて済むからです。

3

燃焼に関する知識

6 燃焼の難易と物質の危険性

物質の燃えやすさと危険性は，物質が持つ特性とその物質が置かれた環境条件などによって変化しますが，一般的には次のような特徴を持っています。

① 燃焼のしやすさ

（ア）乾燥している

（イ）周囲の温度が高い

（ウ）熱伝導率が小さい（熱が伝わりにくく，逃げにくい）

（エ）物質が酸化されやすい

（オ）空気との接触面積が広い

（カ）可燃性蒸気が生じやすい

（キ）発熱量が大きい

② 物質が持つ危険性

（ア）大きいほど危険性が高い

• 燃焼熱

• 燃焼範囲

• 蒸気圧

• 炎の伝わる速度

• 燃焼速度

（イ）小さいほど危険性が高い

• 引火点，発火点

• 燃焼範囲の下限値

• 熱伝導率

• 最小着火エネルギー

• 沸点（低い温度で可燃性蒸気が発生する）

• 比熱（少ない熱で温度が上昇する）

チャレンジ問題

問1 燃焼の説明として，正しいものを選べ。

(1) 液体の燃焼には，表面燃焼と蒸発燃焼の２種類がある。
(2) 燃焼の３要素は熱源，可燃性物質，二酸化炭素である。
(3) 固体の燃焼は分解燃焼，蒸発燃焼，予混合燃焼である。
(4) 分解燃焼のうち，物質中の一酸化炭素が燃焼するものを自己燃焼という。
(5) 固体が加熱されて昇華することを蒸発燃焼という。

解説 (1) 液体の燃焼は，蒸発燃焼です。(2) 二酸化炭素ではなく，酸素供給体です。(3) 予混合燃焼は気体の燃焼で，正しくは表面燃焼です。(4) 自己燃焼は，物質内部の酸素によって燃焼します。

解答 (5)

問2 以下の文章の（　）内に当てはまる語句の組み合わせで，正しいものを選べ。

自然発火とは，（ア）のない状態で空気中にある物質が自然に（イ）し，その熱が長時間蓄積されることで（ウ）に達し，燃焼する現象である。

(1)（ア）二酸化炭素　（イ）発熱　（ウ）発火点
(2)（ア）点火源　　　（イ）発熱　（ウ）引火点
(3)（ア）窒素　　　　（イ）放出　（ウ）発火点
(4)（ア）点火源　　　（イ）発熱　（ウ）発火点
(5)（ア）点火源　　　（イ）放出　（ウ）引火点

解説 引火点は，液面上に燃焼を行うのに必要十分な濃度の可燃性蒸気が発生しているときの最低の液温のことです。

解答 (4)

4 消火に関する知識

まとめ & 丸暗記　　この節の学習内容とまとめ

■ 消火と消火の3要素（消火の4要素）

消火：可燃物，酸素供給体，熱源のいずれかを除去すること

消火の3要素：除去，窒息，冷却

消火の4要素：除去，窒息，冷却，抑制（負触媒反応による消火）

■ 除去消火・窒息消火・冷却消火・抑制（負触媒）消火

除去消火：燃焼に必要な可燃性物質を除去する方法

窒息消火：酸素の供給を遮断して消火する方法

冷却消火：燃焼物を冷却して熱源を奪い，消火する方法

抑制（負触媒）消火：酸化の連鎖反応を抑えて消火する方法

■ 火災の区別

普通火災（A火災）：一般的な可燃物による火災

油火災（B火災）：可燃性液体や油脂類などの火災

電気火災（C火災）：電気設備の火災

■ 消火剤の種類

水：蒸発熱と比熱が大きく，冷却効果が高い

強化液：冷却効果と抑制効果がある

泡：窒息効果がある

ハロゲン化物消火剤：負触媒効果と窒息効果がある

二酸化炭素消火剤：窒息効果がある

粉末消火剤：抑制効果と窒息効果がある。りん酸塩類を使用するものは普通火災，油火災，電気火災いずれも対応可能だが，炭酸水素塩類を使用するものは普通火災には不向き

消火の基礎

1 消火の定義

消火とは、物質の燃焼を止めることです（燃焼の中止）。燃焼には可燃物、酸素供給体、熱源が必要ですが、いずれか1つを除去することができれば燃焼を止めることができます。

この燃焼の3要素それぞれに対して、消火は除去、窒息、冷却という形で対応しています。これを消火の3要素といいます。

■消火の3要素

燃焼の3要素		除去方法		消火の3要素
可燃性物質	→	取り除く	→	除去消火
酸素供給体	→	遮断	→	窒息消火
熱源	→	熱を奪う	→	冷却消火

この他に、物質の酸化反応を抑えることができる、負触媒反応による消火方法もあります。これを抑制といいます。燃焼には酸化反応の連鎖、つまり連鎖反応が必要で、この連鎖反応に対応した消火方法が抑制といえます。

こうした除去、窒息、冷却、抑制の4つを消火の4要素ということがあります。

消火と燃焼は表裏一体ですので、別々に覚えるよりも、各燃焼方法に対応する形で消火方法を把握していった方が効率がよいでしょう。

補足

学習のポイント
消火と燃焼は表裏一体で、燃焼に必要な条件を除去することで達成されます。試験では、消火方法がどの種類に当たるのか、そして消火剤とその効果はどのようなものであるかを問う問題が出題されています。消火の方法と消火剤の種類の違いをきちんと把握しておきましょう。

2 除去消火

　除去消火とは，**燃焼に必要な可燃性物質を除去する**方法です。具体的に
は，ガスコンロが燃焼している場合，ガスの元栓を閉めると，可燃性物質
であるガスが供給されなくなるため，燃焼は止まります。

■コンロの除去消火

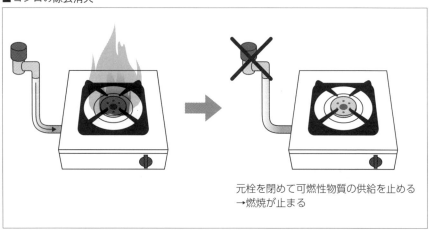

元栓を閉めて可燃性物質の供給を止める
→燃焼が止まる

　この他にも，燃焼しているロウソクに息を吹きかけることでロウの蒸気
を取り除くことや，森林火災の延焼を抑えるために周辺の樹木を切り倒す
ことも除去消火に当たります。

　江戸時代の日本では，火災が発生した際に除去消火（破壊消火）を行っ
ていました。当時は消火栓がなく，消防ポンプに該当する消防設備（龍吐
水）はあっても活用できる場所が限られていたため，火消したちは火災現場
の周囲の建物などを破壊することで延焼を防いでいたのです。

　また，可燃性液体の燃焼に関しては，**燃焼している可燃性液体に不燃性
の液体を加えていき，液面上に発生する可燃性蒸気の量を減らし，最終的
に燃焼範囲の下限値を下回る濃度にすることで燃焼を止める**ことができま
す。液体で薄める（希釈する）という意味で，**希釈消火法**といいます。ア
ルコールやアセトンが燃焼している場合には，水を加えると火は消えます。

3 窒息消火

窒息消火とは，酸素の供給を遮断して消火することです。燃焼物に不燃性の布をかぶせたり，燃えている鍋にふたをしたりすることがその例です。

■窒息消火の例

窒息消火には，以下のような方法があります。

① 二酸化炭素の放出による消火法

不燃物である二酸化炭素を圧入した消火器などを用いて消火を行います。ガス系の薬剤であり，周囲に粉末や液体が飛散することがないので後処理が楽な反面，ガスを多量に吸い込むと窒息するため注意が必要です。

② 泡消火剤による消火法

空気や二酸化炭素の泡で燃焼物を覆って消火します。消火を行う際に化学薬品を2種類以上反応させて，その泡を放射する化学泡と，消火器のノズルに空気を吸い込むことで泡を作り，放射する空気泡の2種類があります。

③ 固体で覆う消火法

不燃性の布や土，砂などで燃焼物を覆います。

④ ハロゲン化物による消火法

ハロゲン化物を燃焼物に放射します。

補足

二酸化炭素消火器
消火剤に液化二酸化炭素を使用したもので，燃焼物を覆って空気を遮断,消火します。電気絶縁性に優れていることとなどから,油火災や電気火災などに用いられています。

ハロゲン化物による消火
不燃物であるハロゲン化物は，窒息効果と抑制効果の2種類を併せ持っています。そのため，燃焼の種類に応じて使い分けることができます。

4
消火に関する知識

4 冷却消火

　冷却消火とは，燃焼物を冷却して熱源を奪い，消火を行うことです。冷却消火には，水が最もよく利用されます。冷却効果が高い上に，噴霧などにして燃焼物にかけると，効率よく消火することができます。

　消火剤としての水の長所は蒸発熱と比熱が大きく冷却効果が高いこと，大規模火災にも使用可能であること，安価で入手可能であることで，短所は周囲が水浸しになるので後処理が困難となること，油火災には逆効果であること，電気火災では感電のおそれがあることです。

■冷却消火の例

5 抑制（負触媒）消火

　燃焼とは分子が続々と活性化していく酸化の連鎖反応が継続している状態といえますが，この反応を抑えて消火する方法を負触媒（抑制）消火といいます。

　ハロゲン化物を利用した場合，炭化水素などの燃料から発生した水素と熱分解によって生成したハロゲン原子が反応してハロゲン酸となり，さらに水酸基と反応してその活性を奪うという形で燃焼の連鎖反応を止めることができます。

チャレンジ問題

問1 消火剤や消火効果の説明で，不適切なものはどれか。

(1) 乾燥砂は，酸素の供給を遮断する窒息効果を持つ。
(2) 水は，油火災から電気火災まで幅広い火災に使用できる。
(3) 泡消火剤は，泡により燃焼物と空気との接触を断つ効果がある。
(4) 二酸化炭素は不燃性で空気よりも重いので，窒息効果を持つ。
(5) 水には，燃焼物の熱を奪う冷却作用を持つ。

解説 (2) 水は冷却効果が高く，消火剤として幅広く使用されていますが，油火災や電気火災の消火には向いていません。

解答 (2)

問2 消火剤としての二酸化炭素の説明について，誤っているものはどれか。

(1) 空気に含まれる酸素の濃度を低下させる。
(2) 消火器の容器内では液体の状態である。
(3) 電気を通さない。
(4) 酸化反応の連鎖を抑制する作用がある。
(5) ガソリンとは反応しない。

解説 (4) 酸化反応の連鎖を抑制する作用を持っているのは，二酸化炭素ではなくハロゲン化物です。

解答 (4)

消火剤の種類

1 火災の区別

　火災は主に**普通火災**（一般火災），**油火災**，**電気火災**の3種類に分類されており，普通火災は**A火災**，油火災は**B火災**，電気火災は**C火災**といいます。火災の種類を区別することで，火災に適した消火剤を選択することができます。

① **普通火災（A火災）**

繊維，木材など一般的な可燃物による火災です。

② **油火災（B火災）**

可燃性液体や油脂類などの火災です。

③ **電気火災（C火災）**

モーター，電線，変圧器などの電気設備の火災です。

2 水

　消火剤は主に**水・泡**（水，強化液，泡），**ガス**（ハロゲン化物，二酸化炭素），**粉末**の3種類に分類されます。

　水は**蒸発熱**と**比熱**が大きく，冷却効果も高い特徴を持っています。さらに，安価で入手しやすいため普通火災で最もよく使用される消火剤です。噴霧状にして表面積を大きくすることで，燃焼物を効果的に冷却することもできます。

　ただし，油火災では水の上に油が浮いて炎が拡大したり，電気火災では感電したりする危険性があるので不向きです。また，すぐに流れてしまうため燃焼物に長時間付着することができない点も短所といえます。

3 強化液

　強化液は濃厚な炭酸カリウムの水溶液のことで，冷却効果はもちろんのこと，化学的に抑制効果があるので再燃防止にも威力を発揮します。

　強化液を棒状に放射する**棒状放射**では普通火災のみですが，霧の状態にして放射する**霧状放射**にすると油火災，電気火災にも適用できます。

4 泡

　消火剤の泡は，二酸化炭素の泡を利用した化学泡，空気泡を利用した機械泡の2種類があります。ともに泡を放射して窒息効果で消火することができるので，普通火災と油火災には効果的です。

　しかし，泡は電気を通す特性があるため，電気火災には不向きです。また，アルコールなどの水溶性液体が燃焼している場合には**耐アルコール泡（水溶性液体用泡）**を用いて消火します。消火剤としての泡には，以下の性質が要求されます。

① 粘着性がある
② 流動性がある
③ 軽量である
④ 加水分解しない
⑤ 安定性，凝集性がある
⑥ 燃焼物より比重が小さい

補足

泡消火剤の凝集性
泡消火剤では，風などにより泡が壊れてしまうと消火できなくなります。そのため，起泡性（泡立ち）に優れていることと持続した安定性の他に，泡の壊れにくさ，すなわち「凝集性」が必要となるのです。

4

消火に関する知識

5 ハロゲン化物消火剤

　ハロゲン化物消火剤とは，ハロゲン化物の消火薬剤をガス状に放射し，負触媒効果と窒息効果で消火するものです。ハロゲン元素には，塩素，フッ素，臭素，ヨウ素の４種類がありますが，一般的に一臭化三フッ化メタン（ブロモトリフルオロメタン，ハロン1301），二臭化四フッ化エタン（ジブロモテトラフルオロエタン，ハロン2402）などが使用されています。

　いずれも，油火災や電気火災にも適用できます。

6 二酸化炭素消火剤

　二酸化炭素は化学的に安定している不燃性物質で，空気よりも重いため放出すると燃焼物の周囲にたまり，酸素濃度が低下するので，**二酸化炭素消火剤は燃焼を止める窒息効果が期待できます。電気の絶縁性も高いため，油火災，電気火災ともに適用できます。**

■二酸化炭素消火器

緑色

　液体や粉末の消火剤などとは異なり，電気設備などを痛めたり電気設備に感電したりするおそれがないことや，放射後は気化するため消火後の後処理が非常に楽に行えるのも特徴で，長期貯蔵も可能となっています。

　ただし，二酸化炭素は気体であるため流動性が高く，風の強い屋外などでは流されてしまいます。また，密閉空間では使用者が酸欠になる危険性があるため，注意が必要です。

266

7 粉末消火剤

粉末消火剤とは，りん酸塩類（りん酸アンモニウム）や炭酸水素塩類を使用して抑制効果と窒息効果により消火を行うものです。

① りん酸塩類を使用する粉末消火剤

主成分はりん酸アンモニウムで，防湿処理が施されています。抑制効果と窒息効果があり，電気の不良導体であるため普通火災，油火災，電気火災のいずれにも対応可能です。

② 炭酸水素塩類を使用する粉末消火剤

主成分は炭酸水素カリウムや炭酸水素ナトリウムなどで，防湿処理が施されています。りん酸塩類の粉末消火剤と同様，抑制効果と窒息効果があり，電気の不良導体であるため油火災，電気火災にも適用できますが，普通火災には不向きです。

■消火剤と適用火災

		水		強化液		泡	ハロゲン化物	二酸化炭素	粉末	
消火剤		棒状	霧状	棒状	霧状				りん酸塩類	炭酸水素塩類
消火効果	冷却効果	○	○	○	○	○	―	○	―	―
	抑制効果	―	―	―	○	―	○	―	○	○
	窒息効果	―	―	―	―	○	○	○	○	○
適用火災	普通火災	○	○	○	○	○	×	×	○	×
	油火災	×	×	×	○	○	○	○	○	○
	電気火災	×	○	×	○	×	○	○	○	○

補足

ABC消火器
りん酸塩類を主体とした粉末消火剤の消火器を指します。普通火災（A火災），油火災（B火災），電気火災（C火災）のいずれにも適用できることから,この名前がつけられています。一般的によく見る消火器はこのタイプです。

炭酸水素ナトリウムの性質
・水溶液は弱塩基性の特徴を持っています
・加熱すると二酸化炭素と水を生じます
・常温では白色粉末です

チャレンジ問題

問1 消火剤としての泡に必要な性状のうち，誤っているものはどれか。

（1）流動性がある
（2）加水分解しない
（3）熱に対して不安定である
（4）付着性がある
（5）燃焼物より比重が小さい

解説 （3）消火に際しては，熱に対して安定している性状が求められます。

解答 （3）

問2 二酸化炭素消火剤の特徴で，誤っているものはどれか。

（1）流動性が高い
（2）常温（20℃）で，液体の状態で容器に保存されている。
（3）物体の汚損が少ない
（4）長期貯蔵ができる
（5）人が多量に吸い込んでも害はない

解説 （5）二酸化炭素消火剤は酸素濃度を低下させるため，多量に吸い込むと窒息するおそれがあります。

解答 （5）

第3章

危険物の性質・
火災予防・消火の方法

第1類の危険物

■ 第1類危険物に共通する性状

①不燃性物質である。②比重は1より大きい。③白色粉末もしくは無色の結晶であることが多い。④物質内部に酸素を有し，強酸化剤としての役割を持つ。⑤水に溶けやすいものが多い。⑥酸化されやすい物質と混合すると，衝撃，摩擦，加熱等で爆発するおそれがある。⑦強酸と反応し，酸素を生じる。⑧潮解性があるものは紙や木材に染み込んで乾燥すると爆発するおそれがある。⑨アルカリ金属の過酸化物またはこれらを含有するものは，水と反応して熱と酸素を生じる。

■ 消火の方法

大量の水による冷却消火が効果的

■ 各危険物の代表例

・塩素酸塩類：塩素酸カリウム，塩素酸ナトリウム，塩素酸アンモニウム，塩素酸バリウム

・過塩素酸塩類：過塩素酸カリウム，過塩素酸ナトリウム，過塩素酸アンモニウム

・無機過酸化物：過酸化カリウム，過酸化ナトリウム，過酸化カルシウム，過酸化マグネシウム，過酸化バリウム

・亜塩素酸塩類：亜塩素酸ナトリウム

・臭素酸塩類：臭素酸カリウム

・硝酸塩類：硝酸カリウム，硝酸ナトリウム，硝酸アンモニウム

・ヨウ素酸塩：ヨウ素酸ナトリウム，ヨウ素酸カリウム

・過マンガン酸塩類：過マンガン酸カリウム，過マンガン酸ナトリウム

・重クロム酸塩類：重クロム酸カリウム，重クロム酸アンモニウム

・その他政令で定められた危険物：過ヨウ素酸塩類等

第1類危険物に共通する特性

1 共通する性状

　甲種危険物取扱者の試験に合格するには，第1～第6類危険物の性状等をきちんと把握しておく必要があります。まずは類ごとに共通した性状を理解した上で，違いを覚えていきましょう。

　第1類は，消防法で規定されている物品の中で，他の物質を酸化させる，いわゆる**酸化性固体**の性状を持つものです。

[第1類の共通性状]

① 　自身は燃焼しない，不燃性物質である

② 　比重は1より大きい

③ 　白色粉末もしくは無色の結晶であることが多い

④ 　物質内部に酸素を有しており，摩擦，加熱，衝撃等により酸素を放出することで他の可燃物の燃焼を促進する，いわゆる**強酸化剤**としての役割を持っている

⑤ 　水に溶けやすいものが多い

⑥ 　酸化されやすい物質（可燃物や有機物）と混合すると，衝撃，摩擦，加熱等で爆発するおそれがある

⑦ 　強酸と反応して分解すると，酸素を生じる

⑧ 　**潮解性**があるものは紙や木材に染み込んで乾燥すると爆発するおそれがある

⑨ 　アルカリ金属の過酸化物（過酸化ナトリウムや過酸化カリウム）またはこれらを含有するものは，水と反応して熱と酸素を生じる

補足

潮解性
空気中の水分を固体が吸収して，溶解すること。

酸化剤
他の物質を酸化させる特徴を持っているもので，燃焼を強く促す酸化剤は特に強酸化剤といいます。

■第1類危険物の品名と物品名

品名	特徴	物品名
塩素酸塩類	酸化されやすい物質と混合すると危険。強酸の添加，衝撃，加熱により単独で爆発するものもある。	塩素酸カリウム，塩素酸ナトリウム，塩素酸アンモニウム，塩素酸バリウム
過塩素酸塩類	りんや硫黄等と混合していると燃焼，爆発のおそれがある。	過塩素酸カリウム，過塩素酸ナトリウム，過塩素酸アンモニウム
無機過酸化物	加熱により分解，酸素を生じる。また，水と激しく反応して分解することで多量の酸素を生じる。	過酸化カリウム，過酸化ナトリウム，過酸化カルシウム，過酸化マグネシウム，過酸化バリウム
亜塩素酸塩類	強酸と混合すると二酸化塩素ガスが発生する。	亜塩素酸ナトリウム
臭素酸塩類	水に溶け，衝撃によって爆発することがある。	臭素酸カリウム
硝酸塩類	吸湿性を持ち，加熱分解すると酸素を生じる。	硝酸カリウム，硝酸ナトリウム，硝酸アンモニウム
ヨウ素酸塩類	水に溶け，可燃物と混合，加熱すると爆発するおそれがある。	ヨウ素酸ナトリウム，ヨウ素酸カリウム
過マンガン酸塩類	有機物や可燃物と混合すると，摩擦，衝撃，加熱等により爆発するおそれがある。	過マンガン酸カリウム，過マンガン酸ナトリウム
重クロム酸塩類	強力な酸化剤で，水に溶けやすい。	重クロム酸アンモニウム，重クロム酸カリウム
その他	危険物の規制に関する政令で規定されている物質。	過ヨウ素酸塩類，過ヨウ素酸，クロム，鉛またはヨウ素の酸化物，亜硝酸塩類，次亜塩素酸塩類，塩素化イソシアヌル酸，ペルオキソ二硫酸塩類，ペルオキソホウ酸塩類，炭酸ナトリウム過酸化水素付加物

2 貯蔵・取扱い上の注意・火災予防の方法

　第1類危険物における貯蔵，取扱い，火災予防の方法は，以下の通りです。いずれも，第1類危険物が持つ性状をもとに，安全な状態を保てるように考慮されています。共通性状に対応する形として，一緒に覚えてしまいましょう。

① **火気，加熱を避ける**
　火気や加熱により，爆発の危険性が発生するため。

② **摩擦，衝撃を避ける**
　摩擦と衝撃により爆発の危険性が発生するため。

③ **密封し，換気のよい冷暗所に貯蔵する**
　直射日光や熱により，爆発の危険性が発生するため。

④ **潮解性のあるものは，溶解しないよう防湿する**
　潮解性があると紙等に染み込み，乾燥後に爆発する危険性が発生するため。

⑤ **酸化されやすい物質（有機物，可燃物）との接触を避ける**
　有機物，可燃物等の還元性物質と混合すると①②により爆発の危険性が発生するため。

⑥ **強酸との接触を避ける**
　強酸と反応することで分解，酸素を生じるものがあるため。

⑦ **アルカリ金属の過酸化物やこれらを含有する物質は水との接触を避ける**
　水と反応することで，熱と酸素を生じるため。

補足

注水不可の金属
アルカリ金属の過酸化物は注水禁止です。また，過酸化マグネシウム等アルカリ土類金属の過酸化物も注水は不可となっています。

1 第1類の危険物

3 消火の方法

　第1類危険物が爆発燃焼した際の消火方法は，その性状に対応したものとなります。第1類危険物の性状とは，**燃焼に際して危険物が分解して酸素を放出，可燃物の燃焼が激しくなり，その熱で危険物の分解が促進される**ということです。危険物自体が可燃物に酸素を供給することができるので，**窒息消火は効果がありません**。

　そのため，危険物の分解を抑制する，つまり**分解温度以下に温度を下げる**必要があります。消火方法のうち，温度を下げる効果が高いのは，大量の水による**冷却消火**です。燃焼物に大量の水をかけることで冷却し，危険物の分解抑制と可燃物の燃焼抑制を図ることができます。

■第1類危険物の消火方法

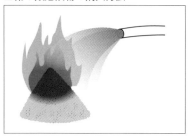

　ただし，**アルカリ金属の過酸化物は水と反応すると酸素を放出するため，逆効果**です。初期段階で乾燥砂や炭酸水素塩類が主成分の**粉末消火剤**で対応し，中期以降は危険物ではなく可燃物に水をかけて燃焼を抑制します。

■アルカリ金属の過酸化物の消火方法

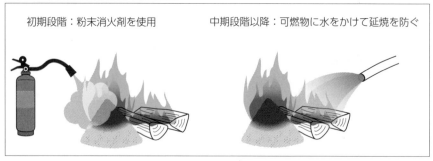

初期段階：粉末消火剤を使用　　　　中期段階以降：可燃物に水をかけて延焼を防ぐ

チャレンジ問題

問1 第1類危険物の共通性状のうち，誤っているものはどれか。

(1) 一般的に不燃性である。
(2) 水との反応により発熱するものがある。
(3) 酸化されやすい物質と混合すると危険である。
(4) 加熱，摩擦，衝撃等で分解し，酸素を吸収する。
(5) 酸化性固体である。

解説 (4) 加熱，摩擦，衝撃等で分解し，酸素を生じるのが正解です。

解答 (4)

問2 第1類危険物の貯蔵・取扱い・火災予防の方法と注意点について，誤っているものはどれか。

(1) 容器を密封し，冷暗所で貯蔵する。
(2) 酸化されやすい物質との接触を避ける。
(3) 水で湿らせて分解を防ぐ。
(4) 加熱や衝撃等を避ける。
(5) 強酸との接触を避ける。

解説 (3) 第1類危険物の中には，潮解性のある物質があり，紙などに染み込んで乾燥すると爆発の危険性があります。

解答 (3)

第1類に属する各危険物の特性

1 第1類に属する各危険物の分類

第1類危険物は，消防法により分類されています。品名と主な物質名，形状は以下の通りです。

① **塩素酸塩類**
塩素酸カリウム：無色，光沢の結晶
塩素酸ナトリウム：無色，結晶
塩素酸アンモニウム：無色，結晶
塩素酸バリウム：無色，粉末

② **過塩素酸塩類**
過塩素酸カリウム：無色，結晶
過塩素酸ナトリウム：無色，結晶
過塩素酸アンモニウム：無色，結晶

③ **無機過酸化物**
過酸化カリウム：オレンジ色，粉末
過酸化ナトリウム：黄白色（白色），粉末
過酸化カルシウム：無色，粉末
過酸化マグネシウム：無色，粉末
過酸化バリウム：灰白色，粉末

④ **亜塩素酸塩類**
亜塩素酸ナトリウム：無色，結晶性粉末

⑤ **臭素酸塩類**
臭素酸カリウム：無色，結晶性粉末

⑥　硝酸塩類

硝酸カリウム：無色，結晶

硝酸ナトリウム：無色，結晶

硝酸アンモニウム：無色，結晶（または結晶性粉末）

⑦　ヨウ素酸塩類

ヨウ素酸ナトリウム：無色，結晶

ヨウ素酸カリウム：無色，結晶

⑧　過マンガン酸塩類

過マンガン酸カリウム：赤紫色，金属光沢，結晶

過マンガン酸ナトリウム：赤紫色，粉末

⑨　重クロム酸塩類

重クロム酸アンモニウム：橙黄色，結晶

重クロム酸カリウム：橙赤色，結晶

⑩　その他政令で定めるもの

過ヨウ素酸塩類

　過ヨウ素酸ナトリウム：白色，結晶または粉末

過ヨウ素酸

　メタ過ヨウ素酸：白色，結晶または結晶性粉末

クロム，鉛，ヨウ素酸化物

　三酸化クロム：暗赤色，針状結晶

　二酸化鉛：黒褐色，粉末

亜硝酸塩類

　亜硝酸ナトリウム：白色，淡黄色，固体

次亜塩素酸塩類

　次亜塩素酸カルシウム：白色，粉末，等

補足

危険物の色
危険物にはさまざまな色がありますが，中には無色のものもあります。ただし，無色の中には結晶や粉末の状態で白色に見えるものも含まれています。

1

第1類の危険物

2 塩素酸塩類

　塩素酸塩類とは，金属または他の陽イオンと塩素酸（$HClO_3$）の水素原子（H）が置き換わった化合物の総称です。

■塩素酸塩

$\boxed{H}ClO_3$	塩素酸
↓	
$\boxed{Na}ClO_3$	塩素酸ナトリウム

　代表的な物質は以下の４種類です。中でも，**塩素酸カリウムの特徴や火災予防方法等を確実に理解をしておくこと**が，全体の理解を深める早道となります。

- 塩素酸カリウム：$KClO_3$
- 塩素酸ナトリウム：$NaClO_3$
- 塩素酸アンモニウム：NH_4ClO_3
- 塩素酸バリウム：$Ba(ClO_3)_2$

　塩素酸塩類は，加熱，摩擦，衝撃，可燃物との混合，強酸との接触等によって爆発する非常に不安定な性質を持った物質です。わずかな刺激であっても，有機物，硫黄，木炭，マグネシウム粉，赤りんなどの酸化されやすい物質があると，爆発を引き起こす危険性を持っています。

　他にも，**塩素酸ナトリウム等は潮解性がある**ため，湿気を帯びないように注意する必要があります。空気中の水分や湿気を吸い込むと溶解し紙や木に染み込むことがあり，乾燥すると爆発することがあるからです。

　この塩素酸塩類は，後述の過塩素酸塩類よりも不安定ですが，貯蔵，取扱い，火災予防の方法，消火方法等は大体同じですので，間違えないように違いを理解しておきましょう。

■塩素酸カリウム：KClO₃

形状	・無色，光沢の結晶
特徴	・比重：2.3 ・水に溶けにくい ・熱水に溶ける ・強力な酸化剤である ・加熱後400℃で塩化カリウムと過塩素酸カリウムに分解，さらに加熱すると過塩素酸カリウムが分解し，酸素を放出する ・融点：356℃
危険性	・赤りんや硫黄と混合すると，少しの刺激で爆発する危険がある ・わずかな強酸との接触により爆発する危険がある ・塩化アンモニウム等と反応すると塩素酸塩を生じ，自然爆発する危険がある ・酸化鉛，炭素等と混合すると加熱や衝撃により爆発する
火災予防方法	・熱源から隔離して冷暗所に貯蔵する ・異物の混入を防止する ・摩擦，加熱，衝撃を避ける ・分解を促す薬品類との接触を避ける
消火方法	・注水で分解温度以下に冷却する

■塩素酸ナトリウム：NaClO₃

形状	・無色，結晶
特徴	・比重：2.5 ・水，アルコールに溶ける ・加熱後約300℃で分解，酸素を生じる ・潮解性がある ・融点：248～261℃
危険性	・塩素酸カリウムに準じる ・木や紙に潮解したものが染み込み，これが乾燥すると爆発する危険がある
火災予防方法	・塩素酸カリウムに準じる ・潮解性があるので，密封や密栓に関しては特に注意が必要
消火方法	・塩素酸カリウムに準じる

補足

塩素酸カリウムの分解

塩素酸カリウムは，約400℃で塩化カリウムと過塩素酸カリウムに分解します。$4KClO_3$
$\rightarrow KCl + 3KClO_4$
さらに加熱すると，過塩素酸カリウムが分解されます。$KClO_4 \rightarrow$
$KCl + 2O_2$

■塩素酸アンモニウム：NH₄ClO₃

形状	・無色，結晶
特徴	・水に溶ける ・アルコールには溶けにくい ・100℃以上に加熱すると分解，爆発する危険がある ・潮解性がある
危険性	・常温（20℃）で爆発することがあり，非常に不安定 ・塩素酸カリウムに準じる
火災予防方法	・塩素酸カリウムに準じる ・爆発性を有するため，長期保存しない
消火方法	・塩素酸カリウムに準じる

■塩素酸バリウム：Ba(ClO₃)₂

形状	・無色，粉末
特徴	・比重：3.2 ・水に溶ける ・アセトン，塩酸，エタノール等には溶けにくい ・250℃辺りから分解し，酸素を生じる ・可燃物と混合，燃焼すると緑色の炎を生じる ・融点：414℃
危険性	・急な加熱や衝撃により爆発する危険がある
火災予防方法	・塩素酸カリウムに準じる
消火方法	・塩素酸カリウムに準じる

3 過塩素酸塩類

過塩素酸塩類とは，金属または他の陽イオンと過塩素酸（$HClO_4$）の水素原子（H）が置き換わった化合物の総称です。

■過塩素酸塩

$\boxed{H}ClO_4$	過塩素酸
↓	
$\boxed{K}ClO_4$	過塩素酸カリウム

代表的な物質は，以下の3種類です。

- 過塩素酸カリウム：$KClO_4$
- 過塩素酸ナトリウム：$NaClO_4$
- 過塩素酸アンモニウム：NH_4ClO_4

過塩素酸塩類は強酸化剤に当たりますが，塩素酸塩類と比較するとやや弱く，安定しているといえます。

過塩素酸塩類　＜　塩素酸塩類

ただし，衝撃や加熱により分解して硫黄，木炭粉末，りん等の可燃物と混合していると，急激な燃焼を起こし，爆発することがあります。

また，過塩素酸塩類は第1類として分類されていますが，過塩素酸自体は第6類に分類されています。紛らわしいので注意しましょう。

補足

塩素酸カリウムの重要性
塩素酸塩類，過塩素酸塩類の特徴は「塩素酸カリウム」を基準にして覚えるとわかりやすくなります。その上で，潮解性があるもの，ないものといった細部を補足，整理していくとよいでしょう。

■過塩素酸カリウム：KClO₄

形状	・無色，結晶
特徴	・比重：2.52 ・水に溶けにくい ・加熱すると約400℃で酸素を生じる
危険性	・強酸，酸化されやすいものや可燃物等との混合による爆発の危険性は塩素酸カリウムほどではない
火災予防方法	・塩素酸カリウムに準じる
消火方法	・塩素酸カリウムに準じる

■過塩素酸ナトリウム：NaClO₄

形状	・無色，結晶
特徴	・比重：2.03 ・水，エタノール，アセトンによく溶ける ・潮解性がある ・200℃以上に加熱すると酸素を生じる ・融点：482℃
危険性	・塩素酸カリウムに準じる
火災予防方法	・塩素酸カリウムに準じる
消火方法	・塩素酸カリウムに準じる

■過塩素酸アンモニウム：NH₄ClO₄

形状	・無色，結晶
特徴	・比重：2.0 ・水，エタノール，アセトンに溶ける ・エーテルには溶けない ・約400℃になると急激に分解，発火することがある ・加熱すると約150℃で酸素を生じる
危険性	・燃焼で多量のガスを生じるため，塩素酸カリウムよりもやや危険
火災予防方法	・塩素酸カリウムに準じる
消火方法	・塩素酸カリウムに準じる

4 無機過酸化物

　無機化合物とは，炭素が含まれている有機化合物以外の化合物のことで，その中で分子内にO_2^{2-}を持つものを過酸化物といいます。

　例えば，過酸化水素はH_2O_2ですが，このH_2がなくなり，カリウム，ナトリウム等の金属原子が結合すると，**無機過酸化物**となります。

■無機過酸化物

　第1類で指定されている代表的な無機過酸化物は，以下の5種類です。

- 過酸化カリウム：K_2O_2
- 過酸化ナトリウム：Na_2O_2
- 過酸化カルシウム：CaO_2
- 過酸化マグネシウム：MgO_2
- 過酸化バリウム：BaO_2

　なお，過酸化水素（H_2O_2）は**第6類**に指定されているので，間違えないように注意しましょう。

　第1類の無機過酸化物は，カリウム，ナトリウムなどのアルカリ金属の過酸化物と，アルカリ金属以外の金属の過酸化物の2種類に分類することができます。

補足

無機過酸化物の特徴
第1類危険物の無機過酸化物にはアルカリ金属の過酸化物とそれ以外の金属の過酸化物に大きく分かれますが，いずれも「注水消火を用いない」という点で共通しています。

① アルカリ金属の過酸化物

　水素（H）を除外した，ナトリウム（Na）やカリウム（K）等の周期表 1 族の元素をアルカリ金属といいます。アルカリ金属は，水と反応すると水素を生成します。

　このアルカリ金属の過酸化物は，水と反応すると熱と酸素を生じる特徴を持っています。ということは，消火に際して注水を行うと，この水と反応して熱と酸素を生じることになりますので，消火はおろか，燃焼を促進させてしまうため，逆効果となってしまいます。

　そのため，アルカリ金属の無機過酸化物に対する注水は厳禁です。火災における初期段階では乾燥砂または粉末消火剤を用い，中期以降は危険物ではなく可燃物に注水することで延焼を食い止めることが必要です。

■過酸化カリウム：K_2O_2

形状	・オレンジ色，粉末
特徴	・比重：2.0 ・潮解性がある ・吸湿性が強い ・加熱後，490℃以上で分解，酸素を生じる ・水と反応して熱と酸素を発生，水酸化カリウムを生じる ・融点：490℃
危険性	・大量の水と反応した場合，爆発の危険がある ・皮膚を腐食する ・可燃物，有機物，酸化されやすいものと混合されることで加熱，衝撃が加わると発火，爆発の危険がある
火災予防方法	・容器を密栓し，水分の浸入を防ぐ ・加熱，衝撃等を避ける ・可燃物，有機物を避ける
消火方法	・注水は厳禁のため，乾燥砂等をかけて消火する

■過酸化ナトリウム：Na_2O_2

形状	・黄白色（純粋なものは白色），粉末
特徴	・比重：2.9 ・加熱後，約660℃で分解，酸素を生じる ・吸湿性が強い ・水と反応すると熱と酸素，水酸化ナトリウムを生じる ・融点：460℃
危険性	・過酸化カリウムに準じる
火災予防方法	・過酸化カリウムに準じる
消火方法	・過酸化カリウムに準じる

② アルカリ土類金属等の過酸化物

　第1類危険物には，周期表第2族の元素のうち，バリウム（Ba），カルシウム（Ca）等の**アルカリ土類金属**と，マグネシウムの過酸化物等が指定されています。こうした**アルカリ土類金属等の過酸化物**は，**加熱**により分解し，**酸素**を生じます。また，**水と反応します**が，その危険性はアルカリ金属よりも低いのが特徴です。

■過酸化カルシウム：CaO_2

形状	・無色，粉末
特徴	・水に溶けにくい ・酸に溶ける ・加熱後，275℃以上になると分解し酸素を生じる ・ジエチルエーテルとアルコールに溶けない
危険性	・275℃以上に加熱すると，爆発的に分解をする ・希酸に溶けると過酸化水素を生成する
火災予防方法	・希酸類との接触を避ける ・容器を密栓する ・加熱を避ける
消火方法	・注水を避け，乾燥砂をかける

補足

周期表第1族の元素
元素周期表の左端，縦列にある元素のことです。リチウム，ナトリウム，カリウム，ルビジウム，セシウム，フランシウムの6種類を指します。

周期表第2族の元素
元素周期表の左から2番目，縦列にある元素のことで，①ベリリウム，②マグネシウム，③カルシウム，④ストロンチウム，⑤バリウム，⑥ラジウムの6つを指します。このうち，アルカリ土類金属は③〜⑥，第1類危険物には②〜⑤が指定されています。

1
第1類の危険物

■過酸化マグネシウム：MgO_2

形状	・無色，粉末
特徴	・加熱により酸素を生じ，酸化マグネシウムとなる ・水や湿気があると酸素を生じる
危険性	・水と反応すると酸素を生じる ・酸に溶けると過酸化水素を生じる ・有機物との混合で摩擦，加熱を加えると爆発の危険がある
火災予防方法	・容器を密栓する ・加熱，摩擦等を避ける ・酸類との接触を避ける
消火方法	・注水を避け，乾燥砂をかける

■過酸化バリウム：BaO_2

形状	・灰白色，粉末
特徴	・比重：4.96 ・水に溶けにくい ・加熱すると，840℃で酸化バリウムに分解，酸素を生じる ・漂白作用がある ・アルカリ土類金属の過酸化物の中では最も安定している ・融点：450℃
危険性	・有毒である ・湿った紙や酸化されやすい物質と混合すると爆発する危険がある ・酸と反応し，過酸化水素を生じる ・熱湯と反応すると酸素を生じる
火災予防方法	・過酸化マグネシウムと同じ
消火方法	・過酸化マグネシウムと同じ

　アルカリ土類金属の過酸化物等は，酸を添加することで過酸化水素が生じる点が特徴で，消火に当たっては注水を避け，乾燥砂等をかけて対応します。

5 亜塩素酸塩類

　金属または他の陽イオンと亜塩素酸（$HClO_2$）の水素原子（H）が置き換わった化合物を**亜塩素酸塩**といい，こうした塩の総称を**亜塩素酸塩類**といいます。

■ 亜塩素酸塩

H ClO_2	亜塩素酸
↓	
Na ClO_2	亜塩素酸ナトリウム

　第1類危険物では，**亜塩素酸ナトリウム**，亜塩素酸鉛，亜塩素酸カリウム等が指定されています。

■ 亜塩素酸ナトリウム：$NaClO_2$

形状	・無色，結晶性粉末
特徴	・水に溶ける ・吸湿性がある ・刺激臭がある ・無機酸，有機酸に反応する ・加熱により分解，塩化ナトリウムと塩素酸ナトリウムに変化し，酸素を放出する ・融点：180 〜 200℃
危険性	・直射日光，紫外線で分解する ・強酸と混合すると二酸化塩素ガスを生じ，高濃度になると爆発する危険がある ・鉄，銅，銅合金等を腐食する ・りん等の還元性物質，衣類等の有機物等と混合すると，わずかな刺激で発火，爆発する危険がある
火災予防方法	・直射日光を避ける ・加熱，火気，衝撃，摩擦を避ける ・換気に注意する ・有機物，酸，還元性物質との接触を避ける
消火方法	・多量の水で消火する

補足

塩素酸・過塩素酸・亜塩素酸
塩素酸を基準に考えると，塩素酸（$HClO_3$）よりも酸が1つ多いものが過塩素酸（$HClO_4$），1つ少ないのが亜塩素酸（$HClO_2$）となります。

6 臭素酸塩類

　金属または他の陽イオンと臭素酸（HBrO₃）の水素原子（H）が置き換わった化合物を**臭素酸塩**といい，こうした塩の総称を**臭素酸塩類**といいます。

■臭素酸塩

$\boxed{\text{H}}$BrO₃　　　臭素酸

↓

$\boxed{\text{K}}$BrO₃　　　臭素酸カリウム

　第1類危険物では，**臭素酸カリウム**のほかに臭素酸ナトリウム，臭素酸バリウム，臭素酸マグネシウム等が指定されています。

■臭素酸カリウム：KBrO₃

形状	・無色無臭，結晶性粉末
特徴	・比重：3.3 ・水に溶ける ・アルコールに溶けにくい ・アセトンには溶けない ・酸類の接触によって分解する ・370℃で分解，酸素と臭化カリウムを生じる ・融点：350℃
危険性	・衝撃によって爆発する危険がある ・有機物との混合は危険で，加熱や摩擦により爆発することがある
火災予防方法	・有機物，酸類，硫黄との接触を避ける ・加熱，衝撃，摩擦を避ける
消火方法	・注水により消火する

　臭素酸塩類の多くは，無色または白色の結晶で，水に溶けやすい性質を持っています。

7 硝酸塩類

金属または他の陽イオンと硝酸（HNO₃）の水素原子（H）が置き換わった化合物を**硝酸塩**といい，こうした塩の総称を**硝酸塩類**といいます。

■硝酸塩

代表的な物質は，以下の3種類です。

- 硝酸カリウム：KNO_3
- 硝酸ナトリウム：$NaNO_3$
- 硝酸アンモニウム：NH_4NO_3

■硝酸カリウム：KNO_3

形状	・無色，結晶
特徴	・比重：2.1 ・水に溶けやすい ・加熱すると400℃で分解，酸素を生じる ・吸湿性はない ・黒色火薬の原料で，可燃物の燃焼用酸素を供給する ・融点：339℃
危険性	・加熱により単独でも酸素を生じる ・有機物，可燃物と混合すると摩擦，衝撃，加熱により爆発する危険がある
火災予防方法	・摩擦，衝撃，加熱を避ける ・異物の混入を防ぐ ・容器は密栓する
消火方法	・注水により消火する

補足

硝酸アンモニウムの貯蔵方法
硝酸アンモニウムは，吸湿性があるので，湿ってきたからといって急激に加熱すると爆発する危険があります。そのため，防水性のある多層紙袋等に貯蔵します。

黒色火薬
火薬の中で最も古くからつくられてきたもので，硝酸カリウム，硫黄，木炭の混合でつくります。衝撃や摩擦によって発火する危険があります。

■硝酸ナトリウム：$NaNO_3$

形状	・無色，結晶
特徴	・比重：2.25 ・潮解性がある ・水によく溶ける ・加熱すると380℃で分解，酸素を生じる ・硝酸カリウムよりも反応性は弱い ・融点：306.8℃
危険性	・硝酸カリウムよりもやや弱い
火災予防方法	・硝酸カリウムに準じる
消火方法	・硝酸カリウムに準じる

■硝酸アンモニウム：NH_4NO_3

形状	・無色，結晶または結晶性粉末
特徴	・比重：1.8 ・水によく溶ける ・吸湿性がある ・エタノール，メタノールに溶ける ・水に溶けるときは吸熱反応を示す（＝冷える） ・加熱により約210℃で分解，水と亜酸化窒素(一酸化二窒素) を生じ，さらに熱すると爆発的に分解する ・アルカリ性物質と反応し，アンモニアを放出する ・火薬や肥料の原料となる ・融点169.6℃
危険性	・急激な衝撃，加熱で単独でも分解爆発する ・有機物，金属粉，可燃物と混合すると爆発の危険がある
火災予防方法	・硝酸カリウムに準じる
消火方法	・硝酸カリウムに準じる

8 ヨウ素酸塩類

金属または他の陽イオンとヨウ素酸（HIO_3）の水素原子（H）が置き換わった化合物を**ヨウ素酸塩**といい，こうした塩の総称を**ヨウ素酸塩類**といいます。

■ヨウ素酸塩

$\boxed{H}IO_3$　　ヨウ素酸

↓

$\boxed{K}IO_3$　　ヨウ素酸カリウム

代表的な物質は，以下の2種類です。

- **ヨウ素酸ナトリウム：$NaIO_3$**
- **ヨウ素酸カリウム：KIO_3**

■ヨウ素酸ナトリウム：$NaIO_3$

形状	・無色，結晶
特徴	・比重：4.3 ・エタノールに溶けない ・水によく溶ける ・加熱により分解，酸素を生じる
危険性	・可燃物と混合，加熱すると爆発する危険がある
火災予防方法	・容器は密栓する ・可燃物の混入を避ける ・加熱を避ける
消火方法	・注水により消火する

補足

ヨウ素酸塩類の火災予防方法

ヨウ素酸塩類は，可燃物との混合と加熱により爆発の危険があります。そのため，こうした可燃物が混入しないよう，容器は密栓しておく必要があります。

1
第1類の危険物

■ヨウ素酸カリウム：KIO₃

形状	・無色，結晶
特徴	・比重：3.9 ・エタノールには溶けない ・水には溶ける ・加熱により分解，酸素を生じる ・融点：560℃
危険性	・ヨウ素酸ナトリウムに準じる
火災予防方法	・ヨウ素酸ナトリウムに準じる
消火方法	・ヨウ素酸ナトリウムに準じる

　ヨウ素酸塩類の形状は結晶で，水溶性のものが多いのが特徴です。化学的には塩素酸塩類や臭素酸塩類よりも安定しているといえますが，可燃物と混合して加熱すると爆発する危険があります。

　ヨウ素酸ナトリウムとヨウ素酸カリウムが持っている共通の性状は，以下の通りです。

・可燃物と混合して加熱　→　爆発の危険あり
・加熱により分解　→　酸素を生じる

　ヨウ素酸塩類は，分解すると酸素を発生しますが，問題で「ヨウ素酸塩類は分解するとヨウ素を発生する」という選択肢があった場合には誤りですので，注意しましょう。

9 過マンガン酸塩類

金属または他の陽イオンと過マンガン酸（HMnO₄）の水素原子（H）が置き換わった化合物を過マンガン酸塩類といいます。

■過マンガン酸塩

$\boxed{H}MnO_4$　過マンガン酸
↓
$\boxed{K}MnO_4$　過マンガン酸カリウム

代表的な物質は，以下の2種類です。

- 過マンガン酸カリウム：$KMnO_4$
- 過マンガン酸ナトリウム：$NaMnO_4 \cdot 3H_2O$

■過マンガン酸カリウム：$KMnO_4$

形状	・赤紫色，金属光沢の結晶
特徴	・比重：2.7 ・水によく溶け，濃紫色となる ・消臭剤，染料，殺菌剤に利用される ・約200℃で分解，酸素を生じる ・融点：240℃
危険性	・有機物や可燃物と混合すると，摩擦，加熱等により爆発する危険がある ・硫酸を加えると爆発する危険がある
火災予防方法	・可燃物，酸，有機物との接触を避ける ・衝撃，摩擦，加熱を避ける ・容器は密栓する
消火方法	・注水により消火する

■過マンガン酸ナトリウム：$NaMnO_4 \cdot 3H_2O$

形状	・赤紫色，粉末
特徴	・比重：2.5 ・強い潮解性を持つ ・水に溶けやすい ・加熱により約170℃で分解，酸素を発する
危険性	・過マンガン酸カリウムに準じる
火災予防方法	・過マンガン酸カリウムに準じる
消火方法	・過マンガン酸カリウムに準じる

10 重クロム酸塩類

　金属または他の陽イオンと重クロム酸（$H_2Cr_2O_7$）の水素原子（H）が置き換わった化合物を**重クロム酸塩**といい，こうした塩の総称を**重クロム酸塩類**といいます。

■重クロム酸塩

　代表的な物質は，以下の2種類です。

- **重クロム酸カリウム：$K_2Cr_2O_7$**
- **重クロム酸アンモニウム：$(NH_4)_2Cr_2O_7$**

■重クロム酸カリウム：$K_2Cr_2O_7$

形状	・橙赤色，結晶
特徴	・比重：2.69 ・エタノールには溶けない ・水に溶ける ・加熱後約500℃で分解，酸素を生じる ・融点：398℃
危険性	・強力な酸化剤である ・有機物等との接触や還元剤と激しく反応し，発火すると爆発する危険がある
火災予防方法	・容器を密栓する ・衝撃，加熱，摩擦を避ける ・有機物との接触を避ける
消火方法	・注水により消火する

■重クロム酸アンモニウム：(NH₄)₂Cr₂O₇

形状	・橙黄色，結晶
特徴	・比重：2.2 ・水に溶ける ・エタノールによく溶ける ・加熱すると窒素を生じる ・約185℃で分解する ・融点：185℃
危険性	・可燃物と混合すると衝撃，加熱等により爆発や発火の危険がある
火災予防方法	・重クロム酸カリウムに準じる
消火方法	・重クロム酸カリウムに準じる

11 その他政令で定められた危険物

　危険物の規制に関する政令では，これまで見てきたものの他に，以下の物質を第1類危険物として指定しています。

・危険物の規制に関する政令で指定された第1類危険物と主な物品名

① 過ヨウ素酸塩類

　過ヨウ素酸ナトリウム

② 過ヨウ素酸

　メタ過ヨウ素酸

③ クロム，鉛またはヨウ素の酸化物

　三酸化クロム，二酸化鉛

④ 亜硝酸塩類

　亜硝酸ナトリウム

⑤ 次亜塩素酸塩類

　次亜塩素酸カルシウム

⑥ 塩素化イソシアヌル酸

　三塩素化イソシアヌル酸

補足

政令で定める第1類危険物の試験対策
政令では第1類危険物として9種類が指定されていますが，重要なのは③クロム，鉛またはヨウ素の酸化物の三酸化クロム，二酸化鉛と⑤次亜塩素酸塩類の次亜塩素酸カルシウムです。試験対策としては，これらを重点的に学習しておけばよいでしょう。

1
第1類の危険物

⑦　ペルオキソ二硫酸塩類

　ペルオキソ二硫酸カリウム

⑧　ペルオキソホウ酸塩類

　ペルオキソホウ酸アンモニウム

⑨　炭酸ナトリウム過酸化水素付加物

　炭酸ナトリウム過酸化水素付加物

ここでは，試験対策として重要な物質のみを解説します。

①　クロム，鉛またはヨウ素の酸化物

　酸素とクロム，鉛，ヨウ素がそれぞれ結合した化合物のことで，代表的な物質は以下の通りです。

- **三酸化クロム**：CrO_3
- **二酸化鉛**：PbO_2

■三酸化クロム：CrO_3

形状	・暗赤色，針状結晶
特徴	・比重：2.7 ・水，希エタノール等に溶ける ・潮解性が強い ・加熱後約250℃で分解，酸素を生じる ・強い酸化剤である ・融点：196℃
危険性	・熱分解によって生じた酸素は可燃物の燃焼を促進する ・ジエチルエーテル，アルコール，アセトン等と接触すると爆発的に発火する危険がある ・水を加えると腐食性の強い酸となる ・有毒である ・皮膚を腐食する
火災予防方法	・アルコール，可燃物との接触を避ける ・加熱を避ける ・鉛等の内張りをした金属容器に貯蔵する
消火方法	・注水によって消火する

■ 二酸化鉛：PbO_2

形状	・黒褐色，粉末
特徴	・比重：9.4 ・強い毒性がある ・水とアルコールには溶けない ・酸やアルカリに溶ける ・電気の良導体である（伝導率は金属並み） ・融点：290℃
危険性	・加熱や光分解で酸素を生じる ・毒性が強い ・塩酸と熱すると塩素を生じる
火災予防方法	・直射日光と加熱を避ける
消火方法	・三酸化クロムに準じる

補足

容器に内張りが必要な二酸化鉛
バッテリーの電極等に用いられる二酸化鉛は極めて腐食性が強く，金属製の容器を破損するため，容器に鉛で内張りをする必要があります。

② 次亜塩素酸塩類

　金属または他の陽イオンと**次亜塩素酸**（HClO）の水素原子（H）が置き換わった化合物を**次亜塩素酸塩**といい，総称して**次亜塩素酸塩類**といいます。

■ 次亜塩素酸カルシウム：$Ca(ClO)_2 \cdot 3H_2O$

形状	・白色，粉末
特徴	・比重：2.4 ・吸湿性がある ・酸によって分解する ・空気中の水分と二酸化炭素により次亜塩素酸が遊離し，強烈な塩素臭を発する ・加熱後150℃で分解，酸素を生じる ・水と反応し塩化水素ガスを生じる ・融点：100℃
危険性	・水溶液は分解して酸素を生じる ・光や熱で分解が急速に進む ・還元剤，可燃物，アンモニアとその塩類と混合すると爆発する危険がある
火災予防方法	・異物の混入を防ぐ ・加熱，摩擦，衝撃を避ける ・容器を密栓する
消火方法	・注水により消火する

　次亜塩素酸カルシウムを有効成分とする白色粉末は漂白粉，カルキ，さらし粉とも呼ばれ，水道水の殺菌やプールの消毒に用いられています。

チャレンジ問題

問1　塩素酸カリウムの性状について，誤っているものはいくつあるか。

(A) 灰白色の粉末である。
(B) 熱水に溶ける。
(C) 比重は2.3である。
(D) 加熱後，300℃で分解する。
(E) 分解後，さらに加熱すると酸素を生じる。

(1) 1つ　(2) 2つ　(3) 3つ　(4) 4つ　(5) 5つ

解説　(A) 灰白色の粉末ではなく，無色の結晶です。(D) 分解するのは約400℃です。

解答　(2)

問2　過酸化カリウムの性状と危険性について，誤っているものはどれか。

(1) 皮膚を腐食する。
(2) 大量の水と反応すると爆発する。
(3) 潮解性はない。
(4) 有機物と混合すると衝撃や加熱で発火，爆発する。
(5) 吸湿性が強い。

解説　(3) 過酸化カリウムは潮解性を持っています。

解答　(3)

問3 硝酸アンモニウムの貯蔵と取扱いについて，正しいものはどれか。

(1) アルミニウムの容器に入れて貯蔵した。

(2) 灯油の中に貯蔵し水分との接触を断った。

(3) 吸湿してきたので，急激に加熱した。

(4) 防水性がある多層紙袋に貯蔵した。

(5) 湿気を防ぐため，容器にアルカリ性の乾燥剤を入れた。

解説 硝酸アンモニウムは吸湿性があるので，防水性がある多層紙袋に貯蔵します。

解答 (4)

問4 三酸化クロムの性状について，誤っているものはどれか。

(1) 水に溶ける。

(2) 暗赤色の針状結晶である。

(3) 希エタノールには溶けない。

(4) 約250℃で分解する。

(5) 強い毒性により，皮膚を腐食する。

解説 (3) 三酸化クロムは，希エタノールに溶けます。

解答 (3)

2 第2類の危険物

まとめ & 丸暗記　　この節の学習内容とまとめ

■ 第2類危険物の共通性状

①それぞれが可燃性固体である。②酸化されやすい物質である。③比較的低い温度で引火または発火する。④一般に，比重は１よりも大きい。⑤物質そのものが人体に有毒であったり，燃焼する際に有毒ガスを出したりする。⑥一般に，水には溶けない。⑦燃焼しやすいため，燃焼速度は速い。⑧微粉状物質は，空気中で粉じん爆発を起こしやすい。⑨一般に酸化物との接触や，混合で爆発する危険がある。

■ 消火の方法

① 硫化りん，金属粉，鉄粉，マグネシウム等
　　乾燥砂をかける窒息消火

② 引火性固体
　　二酸化炭素，泡，粉末消火器，ハロゲン化物による窒息消火

③ 赤りん，硫黄（①，②以外）
　　強化液，水，泡による冷却消火，もしくは乾燥砂等による窒息消火

■ 各危険物の代表例

（1）硫化りん：三硫化りん，五硫化りん，七硫化りん

（2）赤りん（品名と同じ）

（3）硫黄（品名と同じ）

（4）鉄粉（品名と同じ）

（5）金属粉：アルミニウム粉，亜鉛粉

（6）マグネシウム（品名と同じ）

（7）その他のもので政令で定めるもの

（8）前各号に掲げるもののいずれかを含有するもの

（9）引火性固体：固形アルコール，ゴムのり，ラッカーパテ

第2類危険物に共通する特性

1 共通する性状

第2類危険物は，可燃性固体の性状を持つ，消防法の別表第1，第2類で規定されているものをいいます。

可燃性固体とは，引火点測定試験において引火性を示す，または小ガス炎着火試験において一定の性状を示す固体のことです。

[第2類の共通性状]
① それぞれが可燃性固体である。
② 酸化されやすい物質である。
③ 比較的低い温度で引火または発火する。
④ 一般に，比重は1よりも大きい。
⑤ 物質そのものが人体に有毒であったり，燃焼する際に有毒ガスを出したりする。
⑥ 一般に，水には溶けない。
⑦ 燃焼しやすいため，燃焼速度は速い。

2 貯蔵・取り扱い上の注意・火災予防の方法

第2類危険物に共通の貯蔵・取り扱い上の注意・火災予防の方法は，以下の通りです。

① 酸化剤との接触，混合を避ける。
② 一般に，防湿に気をつける。
③ 冷暗所に貯蔵する。

補足

還元剤である第2類危険物
第1類危険物は，他の物質を酸化させる酸化剤だったのに対して，第2類は物質自身が酸化されやすい，還元剤としての役割を果たします。

不燃性ガス
不燃性ガスは不活性ガスともいい，窒素やヘリウム等，化学反応を起こしにくい特徴を持っています。

第2類危険物の爆発
第2類危険物の微粉状物質は，空中で粉じん爆発を起こしやすい性質があります。また，一般に第2類危険物は酸化物と接触，混合すると爆発する危険があります。

④　加熱や高温体，炎，火花との接触を避ける。

⑤　金属粉，鉄粉，マグネシウムまたはこれらのいずれかを含有するものは，酸または水との接触を避ける（金属粉やマグネシウムは，水分と接触すると自然発火することがあるため）。

⑥　引火性固体に関しては，みだりに蒸気を発生させない。

⑦　一般に，容器は密封する。

また，赤りん，硫黄，金属粉，鉄粉，マグネシウムのように粉じん爆発の危険がある物質には以下の対策を講じなければなりません。

①　火気を使用しない。

②　接地等を行い，静電気が蓄積しないようにする。

③　十分な換気で，燃焼範囲の下限値に満たないようにする。

④　電気設備は防爆構造とする。

⑤　粉じんを扱う装置類に関しては，**不燃性ガス**を封入する。

⑥　不要な粉じんが堆積しないようにする。

3　消火の方法

第2類危険物に共通した消火方法は，以下の通りです。

①　**水と接触すると発火や可燃性ガスを生じるもの**

硫化りん，金属粉，鉄粉，マグネシウム等は乾燥砂をかける窒息消火が有効です。

②　**引火性固体**

二酸化炭素，泡，粉末消火剤，ハロゲン化物による窒息消火が有効です。

③　**赤りん，硫黄（①，②以外）**

強化液，水，泡による冷却消火，もしくは乾燥砂等による窒息消火が有効です。

チャレンジ問題

問1 第2類危険物の共通性状について，正しいものはどれか。

- （1）引火性があるのは，固形アルコールのみである。
- （2）酸化剤との混合や接触により，発火しやすくなる。
- （3）燃焼時に有毒なガスは発生しない。
- （4）粉じん爆発は生じない。
- （5）水溶性のものは，水に溶けるとすべて水素を生じて，爆発する。

解説 （2）第2類危険物は還元剤としての役割を果たすので，酸化剤があると発火しやすくなります。

解答 （2）

問2 第2類危険物の共通性状として誤っているものはどれか。

- （1）一般に，水には溶けない。
- （2）燃焼速度が速いものがある。
- （3）いずれも可燃性の固体である。
- （4）一般に，比重は1よりも大きい。
- （5）高い温度でないと着火（発火）しない。

解説 （5）第2類危険物は，比較的低い温度でも着火（引火）しやすい特徴を持っています。

解答 （5）

問3 第2類危険物に共通する火災予防の方法として，誤っているものはどれか。

(1) 一般に，防湿に注意する。
(2) 爆発の危険性があるため換気を避け，濃度は燃焼範囲の下限値以上にする。
(3) 火気を避ける。
(4) 容器は密封する。
(5) 静電気が蓄積しないようにする。

解説 (2) 十分に換気を行い，濃度は燃焼範囲の下限値以下になるようにします。

解答 (2)

問4 第2類危険物の火災と消火方法について，誤っている組み合わせはどれか。

(A) アルミニウム粉による火災／ハロゲン化物消火剤を使用する
(B) 五硫化りんによる火災／乾燥砂をかける
(C) 硫黄による火災／水を泡状にしてかける
(D) マグネシウムによる火災／水をかける

(1) AとB (2) AとC (3) BとC (4) AとD (5) BとD

解説 (A) アルミニウム粉，(D) マグネシウムによる火災には乾燥砂等を用いた窒息消火で対応します。

解答 (4)

第2類に属する各危険物の特性

1 第2類に属する各危険物の分類

消防法で定められている，第2類危険物に属する本命と主な物質名は，以下の通りです。

(1) 硫化りん
　三硫化りん
　五硫化りん
　七硫化りん
(2) 赤りん
　赤りん（品名と同じ）
(3) 硫黄
　硫黄（品名と同じ）
(4) 鉄粉
　鉄粉（品名と同じ）
(5) 金属粉
　アルミニウム粉，亜鉛粉
(6) マグネシウム
　マグネシウム（品名と同じ）
(7) その他のもので政令で定めるもの
(8) 前各号に掲げるもののいずれかを含有するもの
(9) 引火性固体
　固形アルコール
　ゴムのり
　ラッカーパテ

補足

第2類危険物・その他のもので政令で定めるもの
第2類危険物において，現在「その他のもので政令で定めるもの」は定められていないので，覚える必要はありません。

第2類危険物の比重
第2類危険物の比重は1より大きく，水に溶けない特徴を持っています。

2 第2類の危険物

2 硫化りん

硫化りんは，硫黄とりんの化合物で，組成比によって三硫化りん（P_4S_3），五硫化りん（P_2S_5），七硫化りん（P_4S_7）の3種類に分類されます。

- **三硫化りん**：P_4S_3
- **五硫化りん**：P_2S_5
- **七硫化りん**：P_4S_7

■三硫化りん：P_4S_3

形状	・黄色，結晶
特徴	・比重：2.03 ・二硫化炭素やベンゼンに溶ける ・冷水には反応しない ・発火点：100℃ ・融点：172.5℃ ・沸点：407℃
危険性	・摩擦や小炎によって発火する危険がある ・熱湯と反応して，有毒な硫化水素を生じる ・約100℃で発火する危険がある
火災予防方法	・発火のおそれがあるため，金属粉や酸化剤との混合を避ける ・換気と通気のよい冷暗所に貯蔵する ・摩擦，衝撃，火気，水分との接触を避ける ・密栓した容器に収納する
消火方法	・乾燥砂や不燃性ガスによる窒息消火が効果的

■五硫化りん：P_2S_5

形状	・淡黄色，結晶
特徴	・比重：2.09 ・二硫化炭素に溶ける ・水と作用することで少しずつ分解する ・融点：290.2℃ ・沸点：514℃
危険性	・水と反応して有毒の硫化水素を生じる
火災予防方法	・三硫化りんに準じる
消火方法	・三硫化りんに準じる

■七硫化りん：P_4S_7

形状	・淡黄色，結晶
特徴	・比重：2.19 ・冷水に対して少しずつ溶ける ・熱水に対して速やかに作用し，分解する ・二硫化炭素にわずかに溶ける ・融点：310℃ ・沸点：523℃
危険性	・強い摩擦で発火する危険がある ・水と反応し，有毒な硫化水素を生じる
火災予防方法	・三硫化りんに準じる
消火方法	・三硫化りんに準じる

補足

加水分解
水が化合物に作用することで発生する分解反応のことです。硫化りんが加水分解すると，有毒な硫化水素が発生します。

2
第2類の危険物

　表を見ていただけるとわかりますが，比重，沸点，融点は三硫化りん，五硫化りん，七硫化りんの順番に高くなっているのが特徴です。

　硫化りんは，物質そのものが有毒で，燃焼や加水分解で有毒性はさらに強力なものとなります。特に水（三硫化りんの場合は熱湯）に反応し，有毒な硫化水素を生じる点が最も特徴的です。

　硫化水素（H_2S）とは有毒な無色の可燃性ガスで，空気よりも重く，卵が腐ったような悪臭がします。火山ガスや鉱泉中に含まれているため，噴火口や温泉がある場所等でこの臭いを嗅ぐことができます。極めて毒性が強いため，許容濃度500ppm以上で生命が危険にさらされ，1,000ppm以上になると即死します。

　また，硫化水素だけでなく，燃焼した場合には有毒な亜硫酸ガス（二酸化硫黄）を発生するため，要注意です。

硫化りん→加水分解→硫化水素（可燃性，有毒）
硫化りん→燃焼→亜硫酸ガス（有毒）

3 赤りん

　赤りん（P）は，第3類危険物に指定されている黄りんの同素体で，昔からマッチ，花火，農薬，医薬品等に用いられてきました。

　マッチは軸木と軸木の上部に取り付けられた頭薬，箱の横にある側薬で構成されており，赤りんは側薬に使用されています。頭薬を側薬にこすりつけることで摩擦熱が発生し，まず赤りんが一瞬だけ発火，この火が頭薬の松ヤニ等に燃え移り，マッチが燃えるのです。

■赤りん：P

形状	赤褐色，粉末
特徴	・比重：2.1 〜 2.3 ・水，二硫化炭素には溶けない ・毒性や臭気はない ・常圧だと400℃で昇華する ・260℃で発火して酸化りんになる ・融点：600℃（43気圧以下） ・発火点：260℃
危険性	・黄りんよりも安定している ・燃焼時に有毒なりん酸化物を生じる ・酸化剤と混合すると摩擦熱で発火する危険がある ・黄りんからつくられるため，不良品の中には黄りんを含んだものがある。黄りんと混合すると，自然発火のおそれがある ・粉じん爆発の危険がある
火災予防方法	・火気等を避ける ・容器に収納し，密栓する ・冷暗所に貯蔵する ・酸化剤との混合を避ける。特に塩素酸塩は要注意
消火方法	・注水による冷却消火をする

　赤りんは，燃焼すると有毒なりん酸化物が発生するため，注意しなければなりません。

赤りん→燃焼→りん酸化物が生じる（有毒）

4 硫黄

硫化水素を原料として製造される硫黄（S）には，斜方硫黄，単斜硫黄，ゴム状硫黄等の同素体が存在しています。さまざまな元素と化合して化合物をつくるため，黒色火薬，ゴム，硫酸等の原料として幅広く使用されています。

■硫黄：S

形状	・黄色，固体
特徴	・比重：1.8 ・二硫化炭素に溶ける ・水には溶けない ・ベンゼン，ジエチルエーテル，エタノールにわずかに溶ける ・約360℃で発火，二酸化硫黄（亜硫酸ガス）を生じる ・無味無臭である ・融点：115℃ ・沸点：445℃
危険性	・燃焼時に生じる二酸化硫黄は有毒 ・酸化剤と混合すると衝撃や加熱で発火する ・電気の不良導体であり，摩擦すると静電気を生じる ・硫黄粉が空中に飛散した場合，粉じん爆発を起こす危険がある
火災予防方法	・酸化剤との接触を避ける ・容器は密栓する ・塊状の硫黄は藁袋や麻袋に入れて貯蔵が可能である ・粉状の硫黄は内袋つきの麻袋やクラフト紙袋にいれて貯蔵が可能である
消火方法	・水や土砂を用いて消火する

硫黄は融点が低い特徴を持っているので，燃焼時には融解，流動する危険があります。そのため，消火には土砂等を用いて拡散を食い止めながら，注水で消火するのが効果的です。

補足

硫黄の輸送と貯蔵
硫黄は，硫黄鉱石や自然硫黄から得ることができましたが，現在では石油を脱硫することで大量に得られるようになりました。石油精製工程における硫化水素を原料とした回収硫黄には，微量の硫化水素が含まれていることがあります。そのため，輸送と貯蔵については十分な注意が必要となります。

2

第2類の危険物

5 鉄粉

鉄粉，金属粉，マグネシウムといった金属の危険物は，それぞれ粉じん爆発のほか，水や酸との接触により発火や発熱の危険があるので注意が必要です。

鉄粉とは鉄（Fe）を粉末状にした物質で，目開きが53μmの網ふるいを50％以上通過するという条件を満たしていることが必要です。50％未満のものは危険物とはみなされません。

■鉄：Fe

形状	・灰白色，金属結晶
特徴	・比重：7.9 ・アルカリには溶けない ・酸に溶けると水素を生じる ・一般に強磁性体である 　（磁場の中に置かれると，磁化，つまり磁気を帯びた状態に変化し，磁場が取り除かれても磁化が残る物質である） ・燃焼すると酸化鉄（赤または黒色固体）になる ・融点：1,535℃ ・沸点：2,750℃
危険性	・火気との接触や加熱により発火する危険がある（特に微粉状のものは発火しやすい） ・酸化剤と混合すると，衝撃や加熱で爆発する危険がある ・油が染み込むと，自然発火する危険がある（切削屑等） ・水分や湿気と接触すると酸化蓄熱により発火，発熱する危険がある
火災予防方法	・酸化剤，酸との接触を避ける ・火気，加熱を避ける ・湿気を避ける ・容器に密封して貯蔵する
消火方法	・乾燥砂や膨張真珠岩（パーライト）等を用いて窒息消火する

元来，固体の鉄は熱伝導率が高く，酸化熱が逃げやすい特徴を持っています。酸化が内部にまで及ばないため，火災のおそれは少ないといえますが，粉末の状態になると熱伝導率が低下することに加え，酸素と接触する面積が大きくなることから，燃焼や粉じん爆発を起こしやすくなります。

■固体と粉末による燃焼の違い

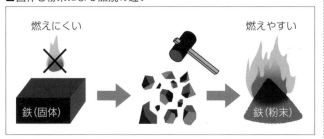

鉄粉による火災の場合，粉末状で酸素との接触面積が大きくなっている上，高温の状態であるため，注水すると水が急激に気化することで爆発する危険が高くなります。

そのため，乾燥砂や膨張真珠岩（パーライト）等を用いた窒息消火が効果的です。

■鉄粉火災には窒息消火で対応する

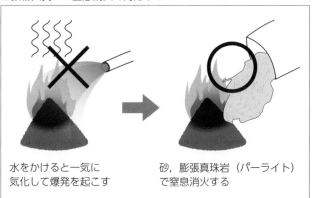

水をかけると一気に気化して爆発を起こす

砂，膨張真珠岩（パーライト）で窒息消火する

補足

目開き
目開きとは，「網の目の大きさ」のことをいいます。

μm（マイクロメートル）
1μmは1mmの1,000分の1，つまり1μm＝1/1,000mmです。

2

第2類の危険物

6 金属粉

　第2類危険物として定められている金属粉は，**アルカリ金属**，**アルカリ土類金属**，**鉄**，**マグネシウム**を除いた金属の粉です。ただし，銅粉，ニッケル粉，目開きが150μmの網ふるいを通るものが50％未満の場合には危険物には入りません。代表的なものには，**アルミニウム粉**（Al）と**亜鉛粉**（Zn）があります。

■アルミニウム粉：Al

形状	・銀白色，粉末
特徴	・比重：2.7 ・酸とアルカリに関しては速やかに反応，水素を生じる ・水と少しずつ反応する ・酸化鉄に対してテルミット反応を示す ・融点：660℃ ・沸点：2,450℃
危険性	・一度着火すると激しく燃焼する ・燃焼後，酸化アルミニウムを生じる ・酸化剤と混合すると，衝撃や加熱によって発火しやすくなる ・ハロゲン元素，空気中の水分と接触すると自然発火することがある
火災予防方法	・火気を近づけない ・ハロゲン元素，水との接触を避ける ・酸化剤との混合を避ける ・容器は密栓する
消火方法	・乾燥砂等で窒息消火する ・金属火災用消火剤を用いる

■亜鉛粉：Zn

形状	・灰青色，粉末（湿気を帯びると灰白色の皮膜をつくる）
特徴	・比重：7.1 ・常温の状態で少しずつ酸，アルカリ，空気中の水分と反応し，水素を生じる ・硫黄等と混合し，加熱すると硫化亜鉛を生じる ・融点：419.5℃ ・沸点：907℃
危険性	・アルミニウム粉に準じる（アルミニウム粉よりも危険性は少ない）
火災予防方法	・アルミニウム粉に準じる
消火方法	・アルミニウム粉に準じる

7 マグネシウム

マグネシウム（Mg）はすべてが危険物に該当する
わけではなく，目開きが2mmの網ふるいを通過しな
い塊状のものや，直径2mm以上の棒状のものは危険
物には該当しません。

また，**製造直後のものは発火する危険がある**ので注
意が必要です。その理由は，乾燥した空気中では表面
に薄い酸化皮膜が形成されて酸化を防止してくれるの
ですが，製造直後だとまだ酸化皮膜が十分に形成され
ていないからです。

■マグネシウム：Mg

形状	・銀白色，金属結晶
特徴	・比重：1.7 ・水分を多く含んでいる空気中ではすぐに光沢を失う ・乾燥した空気中では表面に薄い酸化皮膜が形成され，常温では酸化しにくい ・アルカリとは反応しない ・酸に反応する ・融点：649℃ ・沸点：1,105℃
危険性	・水と少しずつ反応する ・熱湯や希薄な酸には速やかに反応し，水素を生じる ・酸化剤と混合すると，打撃により発火する危険がある ・空気中での吸湿により発熱，自然発火の危険がある ・点火すると白光を放って激しく燃焼，酸化マグネシウムを生じる
火災予防方法	・火気を避ける ・酸化剤との混合を避ける ・水分との接触を避ける ・容器は密栓する
消火方法	・アルミニウム粉に準じる

補足

テルミット反応
アルミニウム粉と酸化
鉄を混合し，点火する
と発生する激しい光と
発熱反応をテルミット
反応といいます。アル
ミニウムは酸化されて
酸化アルミニウムに，
酸化鉄は還元されて鉄
となります。

2 第2類の危険物

8 引火性固体

第2類危険物で指定されている**引火性固体**とは，固形アルコールその他1気圧で引火点40℃未満のものを指します。具体的な物質としては固形アルコール，ゴムのり，ラッカーパテが挙げられます。

これらは**常温（20℃）において可燃性蒸気を発生し，引火する危険**があります。着火するのは可燃性蒸気に対してであり，これらの可燃性固体そのものではない，という点に注意する必要があります。

■固形アルコール

形状	・乳白色，寒天状
特徴	・凝固剤を用いてエタノールやメタノールを固めたもの ・アルコールが蒸発するため，密閉する必要がある ・アルコールと同様の臭気がある
危険性	・40℃未満で可燃性蒸気を生じる ・常温での引火性が高い
火災予防方法	・換気のよい冷暗所に貯蔵する ・容器に密封して貯蔵する ・炎，火花と接近しないようにする
消火方法	・二酸化炭素，泡，粉末消火剤，ハロゲン化物による窒息消火が有効

固形アルコールはアルコールをせっけん類または酢酸セルロースに含有させてゲル状にしたもので，キャンプや登山，室内での調理等に用いられる携帯用燃料として幅広く用いられています。旅館等で干物をあぶったり，肉を焼いたりする固形燃料としても用いられているので，見たことがある人も多いでしょう。

特徴としては，点火が容易であること，雨等が降り湿っている状態でも燃焼することです。

■ゴムのり

形状	・のり状，固体
特徴	・水に溶けない ・粘着力が強い ・凝集力が強い ・主に生ゴムをベンジン，ベンゼン等の石油系溶剤に溶かしてつくる ・加える溶剤によって色が異なる ・直射日光によって分解する危険がある
危険性	・引火点が低い ・常温（20℃）以下で可燃性蒸気を発生する ・蒸気を吸引することで頭痛や貧血，めまいを起こす危険がある
火災予防方法	・火気や火花を近づけない ・換気や通風のよい場所で使用する ・直射日光を避け，容器は密栓する
消火方法	・固形アルコールに準じる

■ラッカーパテ

形状	・ペースト状，固体
特徴	・比重：1.40（含有成分により異なる） ・ラッカー系の下地修正塗料に用いられる ・酢酸ブチル，ブタノール，トルエン等をもとにつくられる ・引火点：10℃（含有成分により異なる） ・発火点：480℃（含有成分により異なる） ・燃焼範囲：1.27 〜 7.0vol%（含有成分により異なる）
危険性	・常温で引火する危険がある ・蒸気の吸引により有機溶剤中毒となる危険がある ・燃えやすく，蒸気の滞留で爆発することがある
火災予防方法	・蒸気を滞留させないよう，換気のよい場所で使用する（蒸気を滞留させない） ・直射日光を避け，容器は密閉する ・火気，高温体を避ける
消火方法	・固形アルコールに準じる

補足

凝集力

凝集力とは，分子，原子，イオン間に働いている引力のことです。換言すると，液体や固体が熱や電流，ねじられる等の力を外部から受けた場合，電荷の状態や分子構造を変えずに壊れないよう働く力といえます。液体や固体が気体とは異なり，一定の体積を示すことができるのはこの力によるものです。

2

第2類の危険物

チャレンジ問題

問1 三硫化りんの性状で，誤っているものはどれか。

(1) 黄色い結晶である。
(2) 燃焼時に有毒ガスを発生する。
(3) 発火点は約100℃である。
(4) 水に溶ける。
(5) 水よりも重い。

解説 (4) 三硫化りんは，ベンゼンや二硫化炭素には溶けますが，水には溶けません。

解答 (4)

問2 硫黄の性状で，誤っているものはどれか。

(1) 二硫化炭素に溶ける。
(2) 約180℃で発火する。
(3) 無味無臭である。
(4) 粉末だと粉じん爆発を起こす危険がある。
(5) 電気の不良導体である。

解説 (2) 硫黄は，約360℃で発火します。

解答 (2)

問3 　鉄粉による火災の消火方法として，適切なものはどれか。

（1）大量の水で冷却消火する。

（2）強化液消火剤を放射する。

（3）リン酸塩類を主体とした粉末消火剤を用いる。

（4）膨張真珠岩（パーライト）で覆う。

（5）泡消火剤を放射する。

解説 　（4）鉄粉による火災は注水すると一気に気化して爆発しやすくなるので水による冷却消火は逆効果となります。この場合には，膨張真珠岩（パーライト）を用いた窒息消火が有効です。

解答 　（4）

問4 　引火性固体の性状で，誤っているものはどれか。

（1）常温（20℃）で引火する危険がある。

（2）40℃未満で可燃性蒸気を生じる。

（3）凝集力が強いものがある。

（4）ゲル状，ペースト状のものがある。

（5）衝撃を受けると発火する。

解説 　（5）引火性固体は，物体そのものに着火するわけではなく，危険物から蒸発した可燃性蒸気に引火するため誤りです。

解答 　（5）

3 第3類の危険物

まとめ & 丸暗記　この節の学習内容とまとめ

■ **第3類危険物**

空気中で自然発火したり（自然発火性物質），水と接触すると発火もしくは可燃性ガスを出したりするもの（禁水性物質）

■ **第3類危険物に共通する性状**

①常温（20℃）で液体もしくは固体である。②空気や水との接触で危険な状態となる。③可燃性もしくは不燃性物質である。④無機の単体・化合物，もしくは有機化合物である。⑤自然発火，禁水どちらか一方の性質を示すものもあるが，多くは両方の性質を示す。

■ **消火の方法**

粉末消火剤を用いる（黄りんを除く）。他にも，乾燥砂，膨張真珠岩，膨張ひる石による窒息消火が有効。黄りんには水，泡系の消火剤が利用できる。

■ **各危険物の代表例**

（1）カリウム（品名と同じ）

（2）ナトリウム（品名と同じ）

（3）アルキルアルミニウム：トリエチルアルミニウム，ジエチルアルミニウムクロライド，エチルアルミニウムジクロライド，エチルアルミニウムセスキクロライド

（4）アルキルリチウム：ノルマルブチルリチウム

（5）黄りん（品名と同じ）

（6）アルカリ金属およびアルカリ土類金属：リチウム，カルシウム，バリウム

（7）有機金属化合物：ジエチル亜鉛

第3類危険物に共通する特性

1 共通する性状

第3類危険物は，空気中で自然発火したり（自然発火性物質），水と接触すると発火もしくは可燃性ガスを出したりするもの（禁水性物質）をいいます。

具体的には，空気中における発火の危険度を判断するための自然発火性試験において一定の性状を示すもの，または水と接触して発火するか，可燃性ガスを生じる危険性を判断する水との反応性試験において一定の性状を示すものを指します。第3類危険物に限らず，こうした危険物の危険性を判断する試験で一定の性状を示したものは，危険物に分類されます。

自然発火性：第3類危険物→空気中→発火
禁水性：第3類危険物＋水→発火または可燃性ガスが発生

■ 自然発火性物質と禁水性物質

補足

第3類危険物
以下のものも第3類危険物になります。
①金属の水素化物：水素化ナトリウム，水素化リチウム
②金属のりん化物：りん化カルシウム
③カルシウムまたはアルミニウムの炭化物：炭化カルシウム，炭化アルミニウム
④その他のもので政令で定めるもの：トリクロロシラン

不燃性の第3類危険物
第3類危険物のうち，不燃性のものは炭化カルシウムやりん化カルシウム等があります。

第3類危険物に共通する性状
①常温（20℃）で液体もしくは固体である。
②空気や水との接触で危険な状態となる。
③可燃性もしくは不燃性物質である。
④無機の単体・化合物，もしくは有機化合物である。
⑤自然発火，禁水どちらか一方の性質を示すものもあるが，多くは両方の性質を示す。

2 貯蔵・取り扱い上の注意・火災予防の方法

第3類危険物に共通の貯蔵・取り扱い上の注意・火災予防の方法は，以下の通りです。

① 禁水性物品は，水との接触を避ける。

② 自然発火性物品は，火花，炎，高温体との接触や加熱を避ける。

③ 自然発火性物品は，空気との接触を避ける。

④ 湿気との接触を避け，容器は密封する。

⑤ 容器の腐食，破損に気をつける。

⑥ 換気または通風のよい冷暗所に貯蔵する。

⑦ 不活性ガスの中で貯蔵，もしくは保護液の中に小分けにして貯蔵する物品がある。

⑧ 保護液を用いて保存する場合には，保護液から危険物が露出しないように気をつけ，また，保護液が減少したら補充するといった注意が必要である。

第3類危険物の中でも，空気と接触すると発火してしまう以下の物品は，不活性ガスや保護液の中に貯蔵します。

- 窒素等の不活性ガス

  アルキルアルミニウム

  アルキルリチウム

  ジエチル亜鉛

- 水等の保護液

  黄りん

- 灯油等の保護液

  カリウム

  ナトリウム

3 消火の方法

　第3類危険物は，共通する性状で見た通り，そのほとんどが禁水性の性質を持っています。禁水性の物質は水と接触することで発火または**可燃性ガス**を生じるため，水，泡，強化液といった水・泡系の紹介剤を使用することはできません。

　また，ハロゲン化物消火剤に対しては，激しい反応を示す上に有毒ガスを生じるため，消火には不向きといえます。

　したがって，第3類危険物の消火には，こうした物質専用につくられた粉末消火剤，もしくは炭酸水素塩類を主成分とした粉末消火剤を用いることになります。他にも，乾燥砂，膨張真珠岩（パーライト），膨張ひる石（バーミキュライト）による窒息消火は，すべての第3類危険物において有効です。

　例外としては，黄りんは自然発火のみの性状を示すため，水，強化液，泡等の消火剤を用いることができます。

■第3類危険物の消火方法

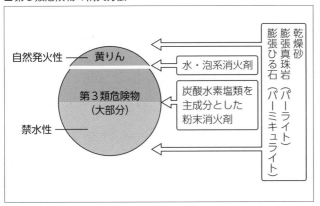

補足

第3類危険物の消火に適さないハロゲン化物消火剤
第3類危険物の中にはハロゲン化物消火剤と激しく反応し，有毒ガスを生じるものがあります。そのため，ハロゲン化物消火剤は消火に不適切です。

3
第3類の危険物

321

チャレンジ問題

問1　第3類危険物の共通性状として，正しいものはいくつあるか。

(A) 比重は1より大きい。
(B) 臭いはしない（無臭）。
(C) 酸化性を有している。
(D) 自然発火性もしくは禁水性の性状を示す。
(E) 固体もしくは液体で，いずれも無色である。

(1) 1つ　(2) 2つ　(3) 3つ　(4) 4つ　(5) 5つ

解説　設問のうち，正しいのは (D)「自然発火性もしくは禁水性の性状を示す」のみです。

解答　(1)

問2　第3類危険物の貯蔵と取扱いについて，誤っているものはどれか。

(1) 炎や火花との接触を避ける。
(2) 貯蔵所の付近に火災対策用の乾燥砂や膨張真珠岩（パーライト）等を設置しておく。
(3) 雨天時に詰替を行う際は，窓を開けて通気をよくしてから行う。
(4) 保管場所の床は，浸水しないよう地盤より高い場所にする。
(5) 水中や不活性ガスの中で貯蔵するものがある。

解説　(3) 第3類危険物は空気中で発火，もしくは水に触れると発火もしくは可燃性ガスを生じるため，不適切です。

解答　(3)

問3 第3類危険物を保護液の中で貯蔵する理由で，正しいものを
選べ。

(1) 常温（20℃）で有毒ガスを生じるため。
(2) 空気中の窒素と反応を示すため。
(3) 空気と接触して発火するため。
(4) 引火性蒸気が生じるため。
(5) 常温で沸騰するため。

解説 第3類危険物は空気と接触すると発火するものがあるので，
保護液の中で貯蔵するものがあります。

解答 （3）

問4 第3類危険物の消火方法として，誤っているものはどれか。

(1) 乾燥砂を用いる。
(2) 膨張真珠岩（パーライト）を用いる。
(3) 膨張ひる石（バーミキュライト）を用いる。
(4) すべて水・泡系消火剤を用いて消火する。
(5) 炭酸水素塩類を主成分とした粉末消火剤を用いる。

解説 （4）第3類危険物は，ほとんどの物質は禁水性の性状を示す
ため，黄りん以外に対して水・泡系消火剤を用いると逆効
果となります。

解答 （4）

第3類に属する各危険物の特性

1 第3類に属する各危険物の分類

第3類危険物の主な品名と物品名は，以下の通りです。

- カリウム（品名と同じ）
- ナトリウム（品名と同じ）
- アルキルアルミニウム

トリエチルアルミニウム，ジエチルアルミニウムクロライド，エチルア
ルミニウムジクロライド，エチルアルミニウムセスキクロライド

- アルキルリチウム

ノルマルブチルリチウム

- 黄りん（品名と同じ）
- アルカリ金属（カリウム，ナトリウムは除外）およびアルカリ土類金属

リチウム，カルシウム，バリウム

- 有機金属化合物（アルキルアルミニウム，アルキルリチウムは除外）

ジエチル亜鉛

- 金属の水素化物

水素化ナトリウム，水素化リチウム

- 金属のりん化物

りん化カルシウム

- カルシウムまたはアルミニウムの炭化物

炭化カルシウム，炭化アルミニウム

- その他のもので政令で定めるもの

トリクロロシラン

このうち，自然発火性のみの性状を示すものは黄りん，禁水性のみの性
状を示すものはリチウムです。

2 カリウム，ナトリウム

　第1族元素に属しているカリウム（K）とナトリウム（Na）は極めて酸化されやすい性状を持ち，水と接触することで激しい酸化反応を引き起こします。反応はナトリウムの方がやや弱めですが，どちらもイオン化傾向が大きく，1価の陽イオンになりやすいことも特徴といえます。

■カリウム：K

形状	銀白色，軟らかい金属
特徴	・比重：0.86 ・高温で水素と反応する ・水と反応して水素を生じる ・吸湿性がある ・金属を腐食する ・ハロゲン元素と激しい反応を示す ・アルコールと反応し水素と熱を生じる ・加熱し融点を超えると紫色の炎を出して燃焼する ・有機物に対して強い還元作用がある ・融点：63.2℃ ・沸点：759℃
危険性	・水と反応して発熱し，水素ガスを生じて発火する 　（水素とともにカリウム自体も燃焼する） ・空気に長時間触れていると自然発火し，火災を起こす危険がある ・皮膚に触れると炎症を起こす
火災予防方法	・乾燥した場所に貯蔵する ・水分との接触を避ける ・小分けにして，保護液（灯油，流動パラフィン等）の中に貯蔵する ・保護液の量に気をつける ・容器の破損に気をつける
消火方法	・注水を避け，乾燥砂等で覆う

補足

流動パラフィン
石油から蒸留や精製を経て得られた炭化水素類の混合物です。潤滑油留分の不純物を除去し，高度に精製されています。

3
第3類の危険物

ナトリウムは染料，医薬品，過酸化ソーダの製造等，多岐にわたる用途に使用されています。

■ナトリウム：Na

形状	・銀白色，軟らかい金属
特徴	・比重：0.97 ・水と激しく反応し，水素と熱を生じる ・加熱し，融点を超えると黄色い炎を出して燃焼する ・アルコールと反応し，水素と熱を生じる ・融点：97.8℃ ・沸点：881.4℃
危険性	・水と反応して発熱，水素ガスを生じ発火する 　（水素とともにナトリウム自体も燃焼する） ・空気に長時間触れていると自然発火し，火災を起こす危険がある ・皮膚に触れると炎症を起こす
火災予防方法	・カリウムに準じる
消火方法	・カリウムに準じる

カリウムとナトリウムの保護液には，下記のものが使用されます。また，保護液に不適切な物質もありますので，確認しておきましょう。

■保護液に適しているもの，適していないもの

保護液に適しているもの	軽油，灯油
	ヘキサン
	流動パラフィン等
保護液に適していないもの	二硫化炭素
	アルコール（エタノール等）
	植物油等

3 アルキルリチウム，アルキルアルミニウム

① アルキルリチウム

アルキルリチウムとは，リチウム原子とアルキル基の化合物のことです。ここでは，代表的な物質としてノルマルブチルリチウム（$(C_4H_9)Li$）を見ておくことにしましょう。

■ ノルマルブチルリチウム：$(C_4H_9)Li$

形状	・黄褐色，液体
特徴	・比重：0.84 ・ベンゼンに溶ける ・パラフィン系炭化水素に溶ける ・ジエチルエーテルに溶ける ・ベンゼン，ヘキサン等の溶剤で希釈すると，反応が低減する ・融点：−53℃ ・沸点：194℃
危険性	・湿気に対して敏感である ・酸素に対して敏感である ・空気との接触により白煙を生じ，その後燃焼する ・アミン類，アルコール類，水等と激しい反応を起こす ・真空中もしくは不活性気体中で取り扱う必要がある
火災予防方法	・空気や水と接触させない ・窒素等の不活性ガスの中で貯蔵する ・耐圧性のある容器を使用し，安全弁を設置する ・火気または高温の場所を避ける
消火方法	・特に効果的な消火剤はない ・火勢が大きい場合には乾燥砂，膨張ひる石，膨張真珠岩等で流出を防ぎつつ火勢を抑制し，燃え尽きるまで様子を見る ・水系の消火剤，ハロゲン化物は使用不可

アルキル基
メタン系炭化水素（脂肪族飽和炭化水素）より水素原子1個を除去した残りの原子団の総称です。一般式はC_nH_{2n+1}となります。

3

第3類の危険物

② アルキルアルミニウム

アルキルアルミニウムとは，アルミニウム原子（Al）に対してアルキル基（C_2H_5等）が1つ以上結合した化合物をいいます。トリエチルアルミニウム，ジエチルアルミニウムクロライド等の種類があります。主なアルキルアルミニウムの種類は，以下の通りです。

- トリエチルアルミニウム：$(C_2H_5)_3Al$
- ジエチルアルミニウムクロライド：$(C_2H_5)_2AlCl$
- エチルアルミニウムジクロライド：$C_2H_5AlCl_2$
- エチルアルミニウムセスキクロライド：$(C_2H_5)_3Al_2Cl_3$

■ アルキルアルミニウム

形状	・固体もしくは液体
特徴	・約200℃でアルミニウムとエタン，エチレン，塩化水素ガスまたは水素に分解する ・高温では不安定 ・空気に触れると酸化反応により自然発火する ・ベンゼンやヘキサン等の溶剤で希釈すると反応が低減する ・一般に炭素数またはハロゲン数が多いものほど空気や水との反応性が小さい
危険性	・空気に触れると発火する ・水に触れると激しく反応し，ガスが発火してアルキルアルミニウムを飛散させる ・ハロゲン化物と激しく反応し，有毒ガスを生じる ・燃焼時に刺激臭のある白煙を生じ，多量に吸い込むと器官や肺が損傷する ・皮膚に触れると火傷する
火災予防方法	・アルキルリチウムに準じる
消火方法	・アルキルリチウムに準じる

4 アルカリ金属・アルカリ土類金属

カリウムとナトリウムを除いたアルカリ金属には Li, Rb, Cs, Frの4種類の元素があり, 融点が低く軟らかい特徴があります。また, アルカリ土類金属にはCa, Sr, Ba, Raの4種類の元素があり, 反応性はアルカリ金属よりも低く, すべて銀白色の金属であるという特徴があります。ここでは重要なリチウム (Li), カルシウム (Ca), バリウム (Ba) を見ていきましょう。

リチウムは自然発火性の性質を持たず, 禁水性のみの物質ですので注意が必要です。

補足

リチウムのイオン化傾向

イオン化傾向が大きい物質はカリウム>カルシウム>ナトリウム……と覚えますが, 実はリチウムとバリウムはイオン化傾向が大きく, 実際の順番はリチウム>カリウム>バリウム>カルシウム>ナトリウム……となっています。

■リチウム：Li

形状	・銀白色, 金属結晶
特徴	・比重：0.5（固体単体で最も軽い） ・ハロゲンと反応し, ハロゲン化物を生じる ・燃焼時に深赤色の炎を出す ・化学的性質はカルシウムやマグネシウムに近い ・固体金属の中で比熱が最も大きい ・水と接触した場合, 常温では少しずつ, 高温では激しく反応して水素を発生する（ただし, 反応はカリウムやナトリウムほどではない） ・融点：180.5℃ ・沸点：1,347℃
危険性	・粉末状だと常温で発火する ・固形だと融点以上に加熱すると発火する
火災予防方法	・水分との接触を避ける ・火気を避け, 加熱しない ・容器は密栓する
消火方法	・乾燥砂等で窒息消火する

■ カルシウム：Ca

形状	・銀白色，金属結晶
特徴	・比重：1.6 ・空気中で加熱すると燃焼，酸化カルシウム（生石灰）を生じる ・200℃以上で水素と反応，水素化カルシウムを生じる ・炎色反応は橙赤色 ・融点：845℃ ・沸点：1,494℃
危険性	・水と接触すると，常温では少しずつ，高温では激しく反応し，水素を生じる ・粉末状だと常温でも発火する危険がある
火災予防方法	・リチウムに準じる
消火方法	・リチウムに準じる

■ バリウム：Ba

形状	・銀白色，金属結晶
特徴	・比重：3.6 ・ハロゲンとは常温で反応し，ハロゲン化物を生じる ・水素とは200℃以上に加熱すると反応し，水素化物を生じる ・常温（20℃）で表面が酸化する ・炎色反応は黄緑色 ・粉末状で空気と混合すると自然発火することがある ・融点：727℃ ・沸点：1,850℃
危険性	・水と反応し，水素を生じる
火災予防方法	・リチウムに準じる
消火方法	・リチウムに準じる

5 黄りん

第3類危険物の大部分は禁水性ですが，りんの同素体である黄りん（P）は自然発火性のみで，水とは反応しないことが大きな特徴となっています。この黄りんはコークス，ケイ石，りん鉱石等から製造されるもので，赤りんやりん化合物等の原料として利用されています。

また，他の物質と激しく反応するため，隔離貯蔵を厳重に行う必要があります。

■黄りん：P

形状	・白色または淡黄色，ロウ状の固体
特徴	・比重：1.82 ・野菜のニラに似た不快臭がする ・水に溶けない ・ベンゼン，二硫化炭素に溶ける ・ハロゲンと激しく反応し，有毒ガスを生じる ・濃硝酸と反応し，リン酸を生じる ・暗所ではりん光（青白色）を生じる ・空気中で少しずつ酸化し，約50℃になると自然発火する ・融点：44℃ ・沸点：281℃
危険性	・猛毒で，内服すると数時間で死亡する（致死量は0.05g） ・空気中に放置すると白煙を生じ，激しく燃焼する ・燃焼の際に，有毒である五酸化二りんを生じる ・皮膚に接触すると火傷することがある
火災予防方法	・空気に触れないよう，保護液（水）の中で貯蔵するように気を付ける ・毒性に注意する ・火気等を避ける ・保護液から露出しないように気をつける ・保護液は弱アルカリ性を保つ ・冷暗所に貯蔵する
消火方法	・融点が低く，燃焼時に流動する可能性があるため，土砂と水を用いる ・高圧で注水すると飛散するため気をつける

3
第3類の危険物

炎色反応
アルカリ金属やアルカリ土類金属が燃焼する際，炎が各金属特有の色になることを炎色反応（またはブンゼン反応）といいます。

黄りんの消火
黄りんの消火には霧状の強化液を使用するのも有効です。一方，黄りんはハロゲンと反応して有毒ガスを発生するため，ハロゲン化物消火剤の使用は適切ではありません。

6 有機金属化合物

有機金属化合物とは，金属原子と炭素原子（一酸化炭素や炭化水素基など）が直接結合した化合物のことで，このうち，アルキルアルミニウムとアルキルリチウムを除いたものをいいます。有機金属化合物は反応材料や触媒，試薬等に用いられており，代表的な物質はジエチル亜鉛（$(C_2H_5)_2$Zn）です。

■ジエチル亜鉛：$(C_2H_5)_2$Zn

形状	・無色，液体
特徴	・比重：1.2 ・ベンゼンに溶ける ・ジエチルエーテルに溶ける ・融点：$-28℃$ ・沸点：117℃
危険性	・水，酸，アルコールと激しく反応し，エタン等の可燃性炭化水素ガスを生じる ・空気に触れると自然発火する
火災予防方法	・空気との接触は厳禁 ・水との接触は厳禁 ・不活性ガス（窒素等）の中で貯蔵する ・容器は完全密封する
消火方法	・粉末消火剤を用いるのが効果的 ・水，泡による消火は厳禁 ・ハロゲン系消火剤は，反応を起こして有毒ガスが生じるため厳禁

7 金属の水素化物

二元化合物
二元化合物とは，異なる2種類の元素から成る化合物のことです。

金属の水素化物とは，水素と他の金属による二元化合物のことです。代表的な物質は水素化ナトリウム（NaH）と水素化リチウム（LiH）で，いずれも固体で融解しにくいといった特徴を持っています。

■水素化ナトリウム：NaH

形状	・灰色，結晶
特徴	・比重：1.4 ・乾燥空気中では安定している ・230℃以上で酸素と反応する ・還元性が強い ・高温で水素とナトリウムに分解する ・ベンゼンや二硫化炭素に溶けない ・塩化物や金属酸化物から金属を遊離する ・融点：800℃
危険性	・湿気を帯びた空気で分解，自然発火する ・有毒である ・水と激しく反応し水素を生じる ・酸化剤と混合した場合，発熱，発火のおそれがある
火災予防方法	・酸化剤との接触を避ける ・水との接触を避ける ・火気厳禁，窒素を封入した瓶等に密栓して貯蔵する
消火方法	・乾燥砂等で窒息消火する

■水素化リチウム：LiH

形状	・白色，結晶
特徴	・比重：0.82 ・高温になると水素とリチウムに分解する ・有機溶媒に溶けない ・金属塩に対し強い還元性を示す ・融点：680℃
危険性	・空気中の湿気で自然発火する ・水と激しく反応し水素と熱を生じる ・目や皮膚を刺激する
火災予防方法	・水素化ナトリウムに準じる
消火方法	・水素化ナトリウムに準じる

8 金属のりん化物

　金属のりん化物とは，りんと金属との化合物の総称です。高温で分解，りんを生じるものが多く，**アルカリ金属やアルカリ土類金属を含むものは，水に対して強く反応する**ことが知られています。

■りん化カルシウム：Ca_3P_2

形状	・暗赤色，塊状固体または粉末
特徴	・比重：2.51 ・弱酸と反応して激しく分解し，りん化水素を生じる ・加熱もしくは水と反応して激しく分解し，りん化水素（ホスフィン）を生じる ・アルカリに溶けない ・融点：1,600℃以上
危険性	・水や弱酸と反応して生じるりん化水素は，有毒な可燃性ガスである ・火災により，腐食性，毒性，刺激性を持つガス（五酸化二りん）を生じる
火災予防方法	・水分，湿気を避ける ・乾燥した場所に貯蔵する ・貯蔵場所の床面は地盤より高くする ・火気を避ける ・容器は密栓し，破損しないように気をつける
消火方法	・乾燥砂を用いる以外は，ほとんど効果がない

　代表的なりん化カルシウム（Ca_3P_2）は乾燥空気中では自然発火しませんが，分解によってりん化水素（PH_3）を生じます。この物質が自然発火する性状を持っているため，自然発火物質に分類されています。

$$Ca_3P_2 + 6H_2O = 3Ca(OH)_2 + 2PH_3 + 771.2kJ$$

　なお，りん化水素が燃焼した場合には，有毒で腐食性のある**五酸化二りん**（P_2O_5）を生じます。

■りん化カルシウムから発生する有毒ガス

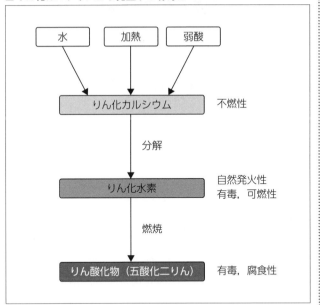

3
第3類の危険物

　りん化水素と五酸化二りんは間違えやすいので，注意しましょう。

　また，水と不純物を含んだリン化カルシウムが作用すると，液状りん化水素（ジホスフィン）を生じます。この液状りん化水素は自然発火する性質を持っており，りん化水素（ホスフィン）が燃焼することがあるため，注意が必要です。

　りん化カルシウムは加熱や水，弱酸などと反応，分解するため，乾燥砂以外の消火手段はほとんど効果がありません。

9 カルシウム，アルミニウムの酸化物

カルシウムまたはアルミニウムの酸化物とは，炭素とカルシウムもしくはアルミニウムが化合した物質のことで，炭化カルシウム（CaC_2）や炭化アルミニウム（Al_4C_3）が代表例です。**水や希酸によって分解されやすい**特徴を持っています。

■炭化カルシウム：CaC_2

形状	・無色透明の結晶，不純物が混入している場合は灰色
特徴	・比重：2.2 ・吸湿性がある ・高温では強い還元性を有する ・物質自体は不燃性 ・水と反応し，熱とアセチレンガスを生じ，水酸化カルシウム（消石灰）となる ・融点：2,300℃
危険性	・高温で窒素ガスと反応し，農薬や肥料に用いられる石灰窒素を生成する ・水と反応して生じるアセチレンガスには爆発性，可燃性がある ・アセチレンガスは銀，水銀，銅と爆発性物質をつくる
火災予防方法	・火気を避ける ・必要に応じて，窒素ガス等のガスを封入する ・水分，湿気を避け乾燥した場所に貯蔵する ・容器は密栓し，破損しないように気をつける
消火方法	・注水は厳禁 ・乾燥砂または粉末消火剤を用いる

■炭化アルミニウム：Al_4C_3

形状	・無色透明，結晶（一般には不純物を含むため黄色）
特徴	・比重：2.37 ・空気中では安定 ・水と常温で反応し，メタンガスを生じる ・1400℃で分解，メタンガスを生じる ・融点：2,200℃
危険性	・水や加熱により生じるメタンガスには爆発性，可燃性がある
火災予防方法	・炭化カルシウムに準じる
消火方法	・炭化カルシウムに準じる

10 その他政令で定められた危険物

　危険物の規制に関する政令では，第3類危険物の「その他のもので政令で定めるもの」として塩素化ケイ素化合物を指定しています。塩素化ケイ素化合物は，ケイ素と化合した物質が塩素化したものの総称であり，中でも半導体の材料等に用いられるトリクロロシラン（SiHCl₃）は重要です。

■ トリクロロシラン：SiHCl₃

形状	・無色，液体
特徴	・比重：1.34 ・ジエチルエーテル，ベンゼン，二硫化炭素に溶ける ・有毒で刺激臭がある ・揮発性が高い ・酸化剤と混合した場合，爆発的な反応を見せる ・水に溶けて加水分解し，塩化水素と水素を生じる ・沸点：32℃ ・引火点：−14℃ ・燃焼範囲：1.2 ～ 90.5vol%
危険性	・揮発した蒸気が空気と混合し，広範囲にわたり爆発性混合ガスを形成する ・水や水蒸気と混合して発熱，発火する危険があり，その際腐食性と毒性のある煙霧を生じる
火災予防方法	・水分や湿気に触れないようにする ・容器内に密封貯蔵する ・酸化剤や火気から遠ざける ・貯蔵場所は通風をよくしておくこと
消火方法	・注水は厳禁 ・乾燥砂，膨張真珠岩，膨張ひる石等で窒息消火する

補足

塩化水素の特徴
トリクロロシランが水に溶けて加水分解すると，塩化水素と水素を生じます。この塩化水素は気体であり，水に溶けると塩酸となります。塩酸は，多くの金属を溶かし，水素を生じます。

3
第3類の危険物

チャレンジ問題

問1　リチウムの性状について，正しいものはどれか。

(1) 水とは反応しない。
(2) 融点は250℃である。
(3) 比重は3.5である。
(4) ハロゲンと激しく反応し，ハロゲン化物を生じる。
(5) 炎色反応は黄緑色である。

解説　(1) 水とは常温で少しずつ，高温では激しく反応し，水素を発生します。(2) 融点は180.5℃，(3) 比重は0.5，(5) 炎色反応は深赤色です。

解答　(4)

問2　水素化ナトリウムの性状で，誤っているものはどれか。

(1) 比重は1より大きい。
(2) ベンゼンに溶けない。
(3) 乾燥した空気中では不安定で，分解しやすい。
(4) 水と反応して水素を生じる。
(5) 融点は800℃である。

解説　(3) 水素化ナトリウムは，乾燥した空気中では安定しています。分解を起こすのは，湿った空気中です。

解答　(3)

問3　黄りんの消火方法として不適切なものはどれか。

（1）ハロゲン化物消火剤を使用する。
（2）土砂で覆う。
（3）泡消火剤を使用する。
（4）乾燥砂を用いる。
（5）霧状の強化液を用いる。

解説　（1）黄りんはハロゲンと反応し，有毒ガスを生じるためハロゲン化物消火剤は不適切です。

解答　（1）

問4　ノルマルブチルリチウムの危険性を低減するために希釈用に用いられる溶媒として，適切なものは下記のうちいくつあるか。

水／ベンゼン／食塩水／アルコール／ヘキサン

（1）1つ（2）2つ（3）3つ（4）4つ（5）5つ

解説　上記のうち，希釈用に用いられる溶媒は，ベンゼンとヘキサンです。

解答　（2）

第4類の危険物

■ **第4類危険物**

常温（20℃）で液体の状態になっている引火性液体のこと。

■ **第4類危険物に共通する性状**

①非水溶性ものが多く，比重はほとんどが1よりも小さい。②第4類危険物から生じた可燃性蒸気の蒸気比重は1より大きい。③常温または加熱により可燃性蒸気を生じるため，火気等によって引火または爆発の危険がある。④静電気を生じるものが多い。

■ **消火の方法**

窒息消火もしくは抑制消火が効果的。

①強化液（霧状放射）②泡消火剤③ハロゲン化物④二酸化炭素⑤粉末消火剤

■ **各危険物の代表例**

（1）特殊引火物：ジエチルエーテル，二硫化炭素，アセトアルデヒド，酸化プロピレン

（2）第1石油類：［非水溶性］ガソリン，ベンゼン，トルエン，n-ヘキサン，酢酸エチル［水溶性］アセトン，ピリジン

（3）アルコール類：メタノール，エタノール，n-プロピルアルコール，イソプロピルアルコール

（4）第2石油類：［非水溶性］灯油，軽油，クロロベンゼン，キシレン，n-ブチルアルコール［水溶性］酢酸，プロピオン酸，アクリル酸

（5）第3石油類　　（6）第4石油類　　（7）動植物油類

第4類危険物に共通する特性

1 共通する性状

第4類危険物は常温（20℃）で液体の状態になっている引火性液体であり，固体はありません。共通の性状は，以下の通りです。

［第4類の共通性状］

① 水に溶けない（非水溶性）ものが多く，比重はほとんどが1よりも小さい。アルコールのごく一部を除いて水には溶けない上，水よりも軽いため，流出して火災が発生すると水の表面よりも上に広がり，広範囲にわたって燃焼することになる。

■第4類危険物が流出した場合

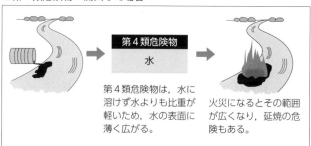

第4類危険物は，水に溶けず水よりも比重が軽いため，水の表面に薄く広がる。

火災になるとその範囲が広くなり，延焼の危険もある。

② 第4類危険物から生じた可燃性蒸気の蒸気比重は1より大きい。可燃性蒸気の方が空気よりも重いため，低所に流れて滞留する。これにより，風上側の火源から引火したり，滞留した蒸気が空気と混合して燃焼範囲に達したりすることで，引火や爆発の危険がある。

補足

第4類危険物の種類
第3石油類・第4石油類・動植物油類には以下のものがあります。
①第3石油類：〔非水溶性〕重油，クレオソート油，アニリン，ニトロベンゼン
〔水溶性〕エチレングリコール，グリセリン
②第4石油類：ギヤー油，シリンダー油
③動植物油類：アマニ油，ナタネ油

流出した第4類危険物の危険性
霧状になって浮遊している場合には，空気との接触面積が大きくなるため危険です。

4
第4類の危険物

■空気よりも重い第４類危険物の可燃性蒸気

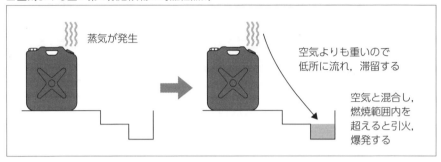

蒸気が発生

空気よりも重いので
低所に流れ，滞留する

空気と混合し，
燃焼範囲内を
超えると引火，
爆発する

③　常温または加熱により可燃性蒸気を生じるため，火気等によって引火
　または爆発の危険がある。中でも危険性が高いのは，加熱しなくても引
　火する，燃焼の下限値が常温よりも低いものと，燃焼範囲が広いものの
　２種類である。

④　液体であるため，ホース内や配管を流動する際，静電気を生じるもの
　が多い。また，電気の不良導体であるものが多いので，静電気が蓄積し
　やすい特徴がある。蓄積された静電気が放電する際に生じた火花により，
　引火することがある。

2　貯蔵・取り扱い上の注意・火災予防の方法

　　第４類危険物に共通の貯蔵・取り扱い上の注意・火災予防の方法は，以
下の通りです。

①　引火防止のため，火気，火花，高温体との接近と加熱を避ける。また，
　蒸気をみだりに発生させないようにする。

②　取扱いによって可燃性蒸気が発生する場合は，その蒸気を屋外に排出
　する設備を設置する。その際は，屋外の高所に排出するようにすること。
　高所から低所に降下する間に拡散するため，濃度が低くなるからである。

③　通風換気に気をつけ，燃焼範囲の下限値に達しないように注意する。第４類危険物の可燃性蒸気は低所に滞留しやすいため，通風換気は高所よりもむしろ低所に配慮しなければならない。滞留の危険が大きい場所には，防爆型の電気設備を設置する。

④　容器は密栓し，冷暗所に貯蔵する。引火点が高い物質でも，液温の上昇によって引火のおそれがあるため冷暗所に貯蔵する。密栓する際には，空間容量を容器内に取らなければならない。たとえ液温が上昇して膨張しても，空間容積を取っていれば容器は破損しないからである。

⑤　**静電気の滞留と放電火花を防止する。**

・接地（アース）等静電気除去の措置をとり，静電気を地面に逃がす。

・周囲の湿度を上昇させる。空気に水分が含まれることで，静電気が水分に移動して蓄積されにくくなるからである。

・容器等に注入する場合は，流速をなるべく遅くして，発生する静電気の量を減少させる。液体の流動が速いほど，液体の流速に発生する静電気の量は多くなる。液体の流速と発生する静電気の量は比例するためである。

・タンク，容器，配管，ノズル等は導電性の高い材料を使用して，静電気の発生を防止する。

・作業衣は，静電気が帯電しやすい合成繊維を避け，木綿製のものを着用する。

補足

防爆型の電気設備
可燃性蒸気の滞留および蓄積を防止し，電気火花で発火しないような構造を備えた電気設備を，防爆型の電気設備といいます。

4

第４類の危険物

3 消火の方法

　第4類危険物の火災は可燃性蒸気によって引き起こされたものであるため，冷却や可燃物の除去といった消火方法は効果がありません。最も効果的な方法は，窒息消火もしくは抑制消火です。

　第4類危険物の消火に向いている消火剤は以下の通りです。これらの消火剤は，油火災に対しても有効です。

① 　強化液（霧状放射）

　抑制消火／油火災：〇

② 　泡消火剤

　窒息消火／油火災：〇

③ 　ハロゲン化物

　抑制消火，窒息消火／油火災：〇

④ 　二酸化炭素

　窒息消火／油火災：〇

⑤ 　粉末消火剤

　抑制消火，窒息消火／油火災：〇

　この他，消火剤に使用に当たっては以下の点に注意する必要があります。

① 　水溶性の危険物を消火する場合

　一般的な泡消火剤をアセトンやアルコール等の水溶性液体の消火に用いると，泡消火剤の泡の水膜が溶かされてしまい，窒息効果が得られなくなってしまいます。そのため，水溶性の危険物を消火するには，水溶性液体用泡消火薬剤（耐アルコール泡）を使用しなければなりません。

② 　非水溶性で液比重が1未満の危険物を消火する場合

　非水溶性で液比重が1未満の危険物は，水よりも軽いため，水の表面に浮く性質を持っています。そのため，強化液の棒状放射や注水消火を行うと，燃焼している危険物が広がってしまうため，逆効果となります。

チャレンジ問題

問1 第4類危険物の一般的性状として，誤っているものはどれか。

(1) 常温（20℃）で液体である。
(2) 第4類危険物から生じる可燃性蒸気の比重は，1よりも小さい。
(3) 引火すると，炎を上げて燃焼する。
(4) 第4類危険物の比重は，1よりも小さいものが多い。
(5) 電気の不良導体が多い。

解説 (2) 第4類危険物から生じる可燃性蒸気の比重は1より大きく，低所へ流れたり低所で滞留したりする特徴を持っています。

解答 (2)

問2 第4類危険物の一般的性状として，正しいものを選べ。

(1) 引火点を有する液体もしくは固体である。
(2) 水溶性のものが多い。
(3) 電気を通しやすい。
(4) 危険性が高いものは，燃焼範囲が広く，引火点が低いものである。
(5) 加熱すると発生する可燃性蒸気は，常温で発生することはない。

解説 (1) 第4類危険物は引火性液体で，固体ではありません。(2) 非水溶性のものが多いです。(3) 電気の不良導体が多いです。(5) 可燃性蒸気は，常温でも発生します。

解答 (4)

問3 第4類危険物の貯蔵・取り扱い上の注意・火災予防の方法について，誤っているものはどれか。

(1) 火気や火花，加熱を避ける。
(2) 可燃性蒸気は空気より軽く高所へ向かうため，高所に対する通気性や換気に注意する。
(3) 容器は密栓し，冷暗所に貯蔵する。
(4) 容器に注入する際は，空間容量を確保する。
(5) 静電気の放電火花が点火源にならないよう注意する。

解説 (2) 可燃性蒸気は空気より重く，低所に向かう性質があるため，低所の通気や換気に注意する必要があります。

解答 (2)

問4 第4類危険物の消火方法について，適切なものはどれか。

(1) 空気の供給を断ち切る，もしくは化学的に燃焼反応を抑制する。
(2) 蒸気の濃度を下げる。
(3) 非水溶性で水に浮くものは，強化液の棒状放射や注水消火が効果的である。
(4) 危険物そのものを除去する。
(5) 蒸気の発生を抑制する。

解説 (1) 第4類危険物の火災は可燃性蒸気によるものですので，窒息もしくは抑制消火が効果的です。
(3) 強化液の棒状放射や注水消火を行うと，燃焼している危険物が広がって逆効果となります。

解答 (1)

第4類に属する 各危険物の特性

1 第4類に属する各危険物の分類

第4類危険物の主な品名と物品名は，以下の通りとなります。

（1）特殊引火物（引火点：−20℃以下）
　ジエチルエーテル，二硫化炭素，アセトアルデヒド，酸化プロピレン

（2）第1石油類（引火点：21℃未満）
　非水溶性：ガソリン，ベンゼン，トルエン，n-ヘキサン，酢酸エチル
　水溶性：アセトン，ピリジン

（3）アルコール類（引火点：11～23℃程度）
　メタノール，エタノール，n-プロピルアルコール，イソプロピルアルコール

（4）第2石油類（引火点：21～70℃未満）
　非水溶性：灯油，軽油，クロロベンゼン，キシレン，n-ブチルアルコール
　水溶性：酢酸，プロピオン酸，アクリル酸

（5）第3石油類（引火点：70～200℃未満）
　非水溶性：重油，クレオソート油，アニリン，ニトロベンゼン
　水溶性：エチレングリコール，グリセリン

（6）第4石油類（引火点：200～250℃未満）
　ギヤー油，シリンダー油等

（7）動植物油類（引火点：250℃未満）
　アマニ油，ナタネ油等

補足

水溶性の第4類危険物
第4類危険物のうち，水溶性の性質を持つ主なものは，以下の通りです。
・アセトアルデヒド
・アセトン
・アルコール類
・酸化プロピレン
・ピリジン
・酢酸
・グリセリン

液比重が1より大きい第4類危険物
第4類危険物のうち，液比重が1より大きい性質を持つ主なものは，以下の通りです。
・酢酸
・二硫化炭素
・クロロベンゼン
・アニリン
・クレオソート油
・ニトロベンゼン
・グリセリン

4
第4類の危険物

2 特殊引火物

特殊引火物は，消防法において次のように定義されています。

特殊引火物とは，ジエチルエーテル，二硫化炭素その他1気圧において，発火点が100℃以下のものまたは引火点が−20℃以下で沸点が40℃以下のものをいう。

特殊引火物には，次のような物品があります。表を見てみると，二硫化炭素を除くジエチルエーテル，アセトアルデヒド，酸化プロピレンは消防法の定義である引火点−20℃以下，沸点40℃以上に当てはまります。
二硫化炭素に関しては，沸点は40℃以上（46℃）なので定義には当てはまりませんが，発火点が100℃以下（90℃）であるため，特殊引火物として扱われています。間違えないように注意しましょう。

■主な特殊引火物

物品名	ジエチルエーテル	二硫化炭素	アセトアルデヒド	酸化プロピレン
水溶性	△	×	○	○
発火点	160℃	90℃	175℃	449℃
引火点	−45℃	−30℃以下	−39℃	−37℃
沸点	34.6℃	46℃	21℃	35℃
燃焼範囲	1.9〜3.6vol%	1.3〜50vol%	4.0〜60vol%	2.3〜36vol%

こうした特殊引火物は，第4類危険物の中で最も危険性の高い物品となっています。発火点，引火点，沸点がいずれも最も低いこと，燃焼範囲（爆発範囲）が広いことが主な理由です。
上記の表以外で消防法の定義を満たす特殊引火物には，イソプレン，エチルメルカプタン，ギ酸メチル等があります。

特殊引火物の主な物品は，以下の通りです。

■ ジエチルエーテル：$C_2H_5OC_2H_5$

形状	・無色，液体
特徴	・比重：0.7 ・アルコールによく溶ける ・水にはわずかに溶ける ・揮発しやすい ・刺激臭がある ・沸点：34.6℃ ・引火点：－45℃ ・発火点：160℃（180℃とする文献もある） ・燃焼範囲（爆発範囲）：1.9 ～ 36vol%（1.9 ～ 48vol%とする文献もある） ・蒸気比重：2.6
危険性	・燃焼範囲が広く，下限値が小さい ・非常に引火しやすい ・静電気を生じやすい ・麻酔性蒸気を生じる ・空気との長時間の接触，日光にさらすといったことにより過酸化物を生じ，衝撃や加熱等で爆発する危険がある
火災予防方法	・通風のよい場所で貯蔵，取扱いを行う ・火気を近づけない ・容器は密栓する ・冷却装置で温度管理をすることで，沸点に達しないようにする ・直射日光を避け，冷暗所に貯蔵する
消火方法	大量の泡消火剤を使用する（水溶性があるため），もしくは耐アルコール泡，粉末消火剤，二酸化炭素等を用いて窒息消火する

補足

ジエチルエーテル，二硫化炭素，アセトアルデヒド，酸化プロピレンの共通性状

・燃焼範囲が広い
・蒸気比重が1より大きいため，低所に流れて滞留する
・無色の液体である
・引火点が0℃よりも低いため，冬でも引火しやすい

4

第4類の危険物

■二硫化炭素：CS_2

形状	・無色，液体（純品のみ無臭，それ以外は不快臭がある）
特徴	・比重：1.3 ・エタノール，ジエチルエーテルに溶ける ・水には溶けない ・揮発性である ・炎の色は青色 ・日光に長時間当てると黄色になる ・沸点：46℃ ・引火点：−30℃以下 ・発火点：90℃（第4類危険物の中では最も低い） ・燃焼範囲（爆発範囲）：1.3 〜 50vol% ・蒸気比重：2.6
危険性	・燃焼範囲が広く，下限値が小さい ・非常に引火しやすい ・静電気を生じやすい ・燃焼すると，有毒な二酸化硫黄（亜硫酸ガス）を生じる ・蒸気は有毒である ・発火点が低いため，蒸気配管等に接触した場合でも発火するおそれがある
火災予防方法	・通風のよい場所で貯蔵，取扱いを行う ・火気を近づけない ・容器は密栓する ・冷却装置で温度管理をすることで，沸点に達しないようにする ・直射日光を避け，冷暗所に貯蔵する ・可燃性蒸気の発生を抑制しつつ，水に溶けず水よりも重い性質を利用して，容器やタンクを水没させるか，液面に水を張る等して貯蔵する
消火方法	・粉末消火剤，二酸化炭素，泡消火剤，水噴霧等を用いる

■アセトアルデヒド：CH_3CHO

形状	・無色，液体
特徴	・比重：0.8 ・アルコール，ジエチルエーテルによく溶ける ・水によく溶ける ・揮発しやすい ・油脂をよく溶かす ・酸化すると酢酸になる ・刺激臭がある ・沸点：21℃ ・引火点：−39℃ ・発火点：175℃ ・蒸気比重：1.5
危険性	・揮発性で沸点が低いため，引火しやすい ・燃焼範囲が広い ・加圧状態で，爆発性のある過酸化物を生成する危険がある ・蒸気は有毒で，粘膜を刺激する ・光や熱で分解すると，一酸化炭素とメタンになる

火災予防方法	・貯蔵の際は，不活性ガス（窒素等）を封入する ・貯蔵容器やタンクには，爆発性化合物を生成するおそれがある銀，銅，合金等を使わず，鋼製にする ・この他はジエチルエーテルに準じる
消火方法	・水噴霧による冷却，希釈が効果的 ・耐アルコール泡，粉末消火剤，ハロゲン化物，二酸化炭素等の消火剤を用いる

■酸化プロピレン：CH₃CHOCH₂

形状	・無色，液体
特徴	・比重：0.8 ・エタノール，ジエチルエーテルによく溶ける ・水によく溶ける ・エーテル臭がする ・沸点：35℃ ・引火点：−37℃ ・発火点：449℃ ・燃焼範囲（爆発範囲）：2.3〜36vol% ・蒸気比重：2.0
危険性	・重合し，その際に熱を生じることで火災や爆発の原因になる ・銀，銅等の金属に接触すると重合が進みやすい ・非常に引火しやすい ・蒸気を吸引すると有毒 ・蒸気が皮膚に付着すると凍傷と同様の症状となる
火災予防方法	・貯蔵の際は窒素ガス等の不活性ガスを封入する ・この他はジエチルエーテルに準じる
消火方法	・アセトアルデヒドに準じる

補足

アセトアルデヒドの酸化
アセトアルデヒドは，酸化すると以下のように酢酸になります。
$2CH_3CHO + O_2 \rightarrow 2CH_3COOH$

4
第4類の危険物

3 第1石油類

第4類危険物では，石油類は4種類（第1〜4）に分類されています。中でも，第1〜3類の石油類に関しては，水溶性液体と非水溶性液体の2種類に分かれています。

● 水溶性液体

1気圧，20℃で同じ容量の純水と緩やかにかき混ぜた際に，流動がおさまった後でも，混合液が均一な外観を維持しているもの。

● 非水溶性液体

水溶性液体以外のもの。

そして，第1石油類は消防法で以下のように規定されています。

第1石油類とは，アセトン，ガソリンその他1気圧において引火点が21℃未満のものをいう。

第1石油類の主な物品は，次のようになっています。

■第1石油類の主な物品

物品名	ガソリン	ベンゼン	トルエン	n-ヘキサン	酢酸エチル	アセトン	ピリジン
水溶性	×	×	×	×	×	○	○
発火点	約300℃	498℃	480℃	225℃	426℃	465℃	482℃
引火点	−40℃以下	−11.1℃	4℃	−20℃以下	−4℃	−20℃	20℃
沸点	40〜220℃	80℃	111℃	69℃	77℃	56℃	115.5℃
燃焼範囲	1.4〜7.6vol%	1.2〜7.8vol%	1.1〜7.1vol%	1.1〜7.5vol%	2.0〜11.5vol%	2.5〜12.8vol%	1.8〜12.4vol%

それでは，第1石油類に該当する主な物品を見ていくことにしましょう。

[非水溶性液体]

• ガソリン

ガソリンには工業ガソリン，自動車ガソリン，航空ガソリンの3種類に分類されますが，**危険物に指定されているのは工業ガソリンと自動車ガソリンの2種類のみ**で，下表は両者の共通性状となります。

■工業ガソリンと自動車ガソリンの共通性状

形状	・無色，液体（自動車用ガソリンはオレンジ色に着色されている）
特徴	・比重：0.65～0.75 ・揮発しやすい ・水には溶けない ・電気の不良導体である ・ゴム，油脂を溶かす ・独特の臭気（石油臭）がある ・発火点：約300℃ ・燃焼範囲（爆発範囲）：1.4～7.6vol% ・蒸気比重：3～4 ・発熱量：41,860～50,232kJ/kg
危険性	・非常に引火しやすい ・流動のときに静電気を生じやすい ・蒸気の過度吸入で頭痛，めまいが生じる危険がある ・低所に滞留しやすい
火災予防方法	・通風と換気をよくして蒸気の滞留を防ぐ ・火気を近づけない ・容器は密栓する ・冷暗所に貯蔵する ・火花を発する機械器具の使用を禁止する ・静電気の蓄積を防止する ・下水溝や川に流出させない
消火方法	・窒息消火が効果的 ・粉末，泡，二酸化炭素，ハロゲン化物の消火剤等を用いる

補足

油脂
脂肪酸，中性脂肪ともいわれ，水には溶けず，アルコールに溶ける性質を持っています。常温で液体のものは脂肪油（植物油など），固体のものは脂肪（ラード等）に分類されます。

給油作業
顧客の給油作業の監視・制御は制御卓で実施していましたが，タブレット端末（可搬式制御装置）を使用して給油開始許可等を行うことも可能になっています。

4
第4類の危険物

■ベンゼン：C_6H_6

形状	・無色，液体
特徴	・比重：0.9 ・揮発性を有しており，有毒である ・水に溶けない ・ジエチルエーテル，アルコール等の有機溶剤によく溶ける ・各種有機物をよく溶かす ・沸点：80℃ ・融点：5.5℃ ・引火点：−11.1℃ ・発火点：498℃ ・燃焼範囲（爆発範囲）：1.2 ～ 7.8vol% ・蒸気比重：2.8
危険性	・毒性が強いため，蒸気を吸入すると急性（慢性）の中毒症状を起こす ・電気の不良導体であるため，流動の際に静電気を生じやすい ・引火しやすい
火災予防方法	・固化したものでも引火の危険があるので注意する ・この他はガソリンに準じる
消火方法	・粉末消火剤，二酸化炭素，泡，ハロゲン化物等で窒息消火する

■トルエン：$C_6H_5CH_3$

形状	・無色，液体
特徴	・比重0.9 ・特有の臭気がある ・揮発性を有しており，蒸気の毒性はベンゼンよりも弱い ・水に溶けない ・ジエチルエーテル，アルコール等の有機溶剤によく溶ける ・沸点：111℃ ・融点：−95℃ ・引火点：4℃ ・発火点：480℃ ・燃焼範囲（爆発範囲）：1.1 ～ 7.1vol% ・蒸気比重：3.1
危険性	・電気の不良導体であるため，流動の際に静電気を生じやすい ・引火しやすい
火災予防方法	・ガソリンに準じる
消火方法	・ガソリンに準じる

■n-ヘキサン：C_6H_{14}

形状	・無色，液体
特徴	・比重：0.7 ・わずかながら特有の臭気がある ・水に溶けない ・ジエチルエーテル，アルコール等の有機溶剤によく溶ける ・沸点：69℃ ・融点：−95℃ ・引火点：−20℃以下 ・燃焼範囲（爆発範囲）：1.1 〜 7.5vol% ・蒸気比重：3.0
危険性	・トルエンに準じる
火災予防方法	・ガソリンに準じる
消火方法	・ガソリンに準じる

■酢酸エチル：$CH_3COOC_2H_5$

形状	・無色，液体
特徴	・比重：0.9 ・芳香臭がある（果実のような臭い） ・ほとんどの有機溶剤に溶ける ・水には少し溶ける ・沸点：77℃ ・融点：−83.6℃ ・引火点：−4℃ ・発火点：426℃ ・燃焼範囲（爆発範囲）：2.0 〜 11.5vol% ・蒸気比重：3.0
危険性	・流動の際に静電気を生じやすい ・引火しやすい
火災予防方法	・ガソリンに準じる
消火方法	・ガソリンに準じる

補足

芳香族炭化水素
芳香族炭化水素とは，芳香族化合物の中で，水素と炭素だけで構成されているものをいいます。具体的な物質としては，ベンゼン，トルエン等があります。

4
第4類の危険物

［水溶性液体］

■アセトン：CH_3COCH_3

形状	・無色透明，液体
特徴	・比重：0.8 ・ジエチルエーテル，アルコール等によく溶ける ・水によく溶ける ・揮発性がある ・油脂を溶かす有機溶剤に用いられる ・融点：−94℃ ・引火点：−20℃ ・発火点：465℃ ・燃焼範囲（爆発範囲）：2.5 〜 12.8vol% ・蒸気比重：2.0
危険性	・静電気の火花により着火する危険がある ・引火しやすい
火災予防方法	・通風のよい場所で取扱いや貯蔵を行う ・容器は密栓する ・冷暗所に貯蔵する ・直射日光は避ける ・火気を近づけない
消火方法	・一般の泡消火剤は不向き ・水を噴霧する場合は効果的 ・耐アルコール泡，粉末消火剤，二酸化炭素，ハロゲン化物等を用いる

■ピリジン：C_5H_5N

形状	・無色，液体
特徴	・比重：0.98 ・悪臭がする ・ジエチルエーテル，アルコール等の有機溶剤，水等と自由に混合することができる ・有機物を溶かす溶解能力が大きい ・融点：−41.6℃ ・引火点：20℃ ・発火点：482℃ ・燃焼範囲（爆発範囲）：1.8 〜 12.4vol% ・蒸気比重：2.7
危険性	・蒸気は空気より重く，低所に滞留する ・引火しやすい ・毒性を持つ
火災予防方法	・アセトンに準じる
消火方法	・アセトンに準じる

4 アルコール類

アルコール類とは，ヒドロキシ基（ヒドロキシル基）で炭化水素化合物の水素を置換した化合物をいいます。アルコール類は，分子中の水素基（OH基）の数により，以下のように分類されます。

- 1価アルコール：分子中のヒドロキシル基の数が1個
- 2価アルコール：分子中のヒドロキシル基の数が2個
- 3価アルコール：分子中のヒドロキシル基の数が3個

消防法では，アルコール類は次のように規定されています。

アルコール類とは，1分子を構成する炭素の原子の数が1個から3個までの飽和1価アルコール（変性アルコールを含む）をいい，組成等を勘案して総務省令で定めるものを除く。

つまり，消防法では1分子中にある炭素原子の数が3個までの飽和1価アルコールのみを対象としています。アルコール等の有機化合物のうち，すべて単結合で二重，三重結合がないものを飽和化合物といいます。

他にも，危険物の規制に関する規制では，こうしたアルコールの含有量が60％に満たない水溶液はアルコール類から除外されています。

補足

変性アルコール
飲用できないよう，エチルアルコールに少量の変性剤（メチルアルコール，アセトアルデヒドなど分離が難しく，不快な臭気や味を持つもの）を加えたものを変性アルコールといいます。主に工業用や消毒用に使用されています。

4
第4類の危険物

■ アルコール類の主な物品

物品名	メタノール	エタノール	n-プロピル アルコール	イソプロピル アルコール
水溶性	○	○	○	○
発火点	464℃	363℃	412℃	399℃
引火点	11℃	13℃	23℃	12℃
沸点	64℃	78℃	97.2℃	82℃
燃焼範囲	6.0 ～ 36vol%	3.3 ～ 19vol%	2.1 ～ 13.7vol%	2.0 ～ 12.7vol%

■ メタノール（メチルアルコール）：CH_3OH

形状	・無色，液体
特徴	・比重：0.8 ・水やジエチルエーテル等の有機溶剤に溶ける ・有機物を溶かすことができる ・揮発性がある ・沸点：64℃ ・引火点：11℃ ・発火点：385℃ ・燃焼範囲（爆発範囲）：6.0 ～ 36vol% ・蒸気比重：1.1
危険性	・引火しやすい ・毒性がある ・炎の色が薄いので認識しにくい
火災予防方法	・火気を近づけない ・川，下水溝に流出させない ・火花を発する機械器具の使用を避ける ・通風と換気をよくする ・冷暗所に貯蔵する ・容器は密栓する
消火方法	・水溶性のため，耐アルコール泡や粉末消火剤，二酸化炭素，ハロゲン化物などを用いる

■ エタノール（エチルアルコール）：C_2H_5OH

形状	・無色，液体
特徴	・比重：0.8 ・酒の主成分である ・揮発性がある ・有機物をよく溶かす ・水や有機溶剤によく溶ける ・炎は薄い橙色 ・沸点：78℃ ・引火点：13℃ ・発火点：363℃

危険性	・燃焼範囲（爆発範囲）：3.3〜19vol% ・蒸気比重：1.6
危険性	・毒性はない ・麻酔性がある ・その他はメタノールに準じる
火災予防方法	・メタノールに準じる
消火方法	・メタノールに準じる

■n-プロピルアルコール：C_3H_7OH

形状	・無色透明，液体
特徴	・比重：0.8 ・塩化カルシウムの冷飽和水溶液には溶けない ・ジエチルエーテル，エタノール，水によく溶ける ・沸点：97.2℃ ・引火点：23℃ ・発火点：412℃ ・燃焼範囲（爆発範囲）：2.1〜13.7vol% ・蒸気比重：2.1
危険性	・メタノールに準じる
火災予防方法	・メタノールに準じる
消火方法	・メタノールに準じる

■イソプロピルアルコール：$(CH_3)_2CHOH$

形状	・無色，液体
特徴	・比重：0.79 ・特有の芳香がある ・ジエチルエーテル，エタノール，水に溶ける ・その他はメタノールに準じる ・沸点：82℃ ・引火点：12℃ ・発火点：399℃ ・燃焼範囲（爆発範囲）：2.0〜12.7vol% ・蒸気比重：2.1
危険性	・メタノールに準じる
火災予防方法	・メタノールに準じる
消火方法	・メタノールに準じる

補足

メタノールの引火点
メタノールの引火点は11℃で，夏期や加熱により液温が高くなると，ガソリンと同様に引火の危険性が高くなります。冬期は燃焼性の混合気体を生成しないので，引火の危険性は低くなります。

4 第4類の危険物

5 第2石油類

第2石油類とは，石油ストーブや石油ファンヒーターの燃料である**灯油**，ディーゼルエンジンの燃料である**軽油**等があり，消防法では次のように定義されています。

第2石油類とは，灯油，軽油その他1気圧において引火点が21℃以上70℃未満のものをいい，塗料類その他の物品であって，組成等を勘案して総務省令で定めるものを除く。

■第2石油類の主な物品

物品名	灯油	軽油	クロロ ベンゼン	（オルト） キシレン	n-ブチル アルコール	酢酸
水溶性	×	×	×	×	△	○
発火点	220℃	220℃	593℃	463℃	343℃	463℃
引火点	40℃以上	45℃以上	28℃	33℃	37℃	39℃
沸点	145～ 270℃	170～ 370℃	132℃	144℃	117.3℃	118℃
燃焼範囲	1.1～ 6.0vol%	1.0～ 6.0vol%	1.3～ 9.6vol%	1.0～ 6.0vol%	1.4～ 11.2vol%	4.0～ 19.9vol%

第2石油類は非水溶性液体と水溶性液体に二分されますが，引火点はいずれも常温である20℃よりも高い特徴があります。このため，常温で引火することはありませんが，液温が加熱により引火点以上になると可燃性蒸気を生じるため，点火源があると引火しやすくなります。

上記以外の第2石油類としてはプロピオン酸やアクリル酸等がありますが，中でもn-ブチルアルコールは炭素数が4個あるため，消防法のアルコール類には分類されませんが，引火点が29℃であるため第2石油類に指定されています。

［非水溶性液体］

■灯油（ケロシン）

形状	・無色もしくはやや黄色，液体
特徴	・比重：0.8程度 ・水には溶けない ・炭素数11 〜 13の炭化水素が主成分 ・油脂等を溶かす ・特有の石油臭がする ・沸点範囲：145 〜 270℃ ・引火点：40℃以上 ・発火点：220℃ ・燃焼範囲（爆発範囲）：1.1 〜 6.0vol% ・蒸気比重：4.5
危険性	・液温が引火点以上になると，ガソリンと同等の引火危険度となる ・布に染み込んだり，霧状で空中を浮遊したりすると空気との接触面積が大きくなり，危険性が増大する ・空気より重く，低所に滞留しやすい ・ガソリンと混合されると引火しやすい ・電気の不良導体であり，流動時に静電気を生じやすい
火災予防方法	・火気を近づけない ・火花を発する機械器具の使用を避ける ・容器は密栓する ・冷暗所に貯蔵する ・通風と換気に気をつける ・静電気の蓄積を防止する ・川，下水溝に流出させない ・ガソリンとは混合させない
消火方法	・粉末消火剤，泡，二酸化炭素，ハロゲン化物等で窒息消火する

■軽油（ディーゼル油）

形状	・淡黄色もしくは淡褐色，液体
特徴	・比重：0.85程度 ・水に溶けない ・特有の石油臭を持つ ・沸点範囲：170 〜 370℃ ・引火点：45℃以上 ・発火点：220℃ ・燃焼範囲（爆発範囲）：1.0 〜 6.0vol% ・蒸気比重：4.5

補足

灯油
灯油は原油の生成過程で生じるケロシンが主成分で，古くは灯火用燃料に用いられていたためにこの名称が残っています。

灯油と軽油の化学式
灯油と軽油はいずれも混合物であるため，化学式はありません。

4
第4類の危険物

危険性	・灯油に準じる
火災予防方法	・灯油に準じる
消火方法	・灯油に準じる

■ クロロベンゼン：C_6H_5Cl

形状	・無色透明，液体
特徴	・比重：1.1 ・アルコール，エーテルに溶ける ・水には溶けない ・融点：$-44.9℃$ ・沸点：132℃ ・引火点：28℃ ・発火点：593℃ ・燃焼範囲（爆発範囲）：1.3 ～ 9.6vol% ・蒸気比重：3.9 ・若干の麻酔性がある
危険性	・灯油に準じる
火災予防方法	・灯油に準じる
消火方法	・灯油に準じる

■ キシレン：$C_6H_4(CH_3)_2$

形状	・無色，液体			
特徴	・特有の臭気がある ・水に溶けない ・有機溶剤に溶ける ・3種類の異性体がある			
	物品名	オルトキシレン	メタキシレン	パラキシレン
	比重	0.88	0.86	0.86
	沸点	144℃	139℃	138℃
	発火点	463℃	527℃	528℃
	引火点	33℃	28℃	27℃
	燃焼範囲	1.0 ～ 6.0vol%	1.1 ～ 7.0vol%	1.1 ～ 7.0vol%
	蒸気比重	3.66	3.66	3.66
危険性	・灯油に準じる			
火災予防方法	・灯油に準じる			
消火方法	・灯油に準じる			

■n-ブチルアルコール：CH$_3$(CH$_2$)$_3$OH

形状	・無色透明，液体
特徴	・比重：0.8 ・多量の水に溶けるが，一部分が溶け残る ・沸点：117.3℃ ・引火点：37℃ ・発火点：343℃ ・燃焼範囲（爆発範囲）：1.4 ～ 11.2vol%
危険性	・灯油に準じる
火災予防方法	・灯油に準じる
消火方法	・灯油に準じる

[水溶性液体]

・酢酸（氷酢酸）：CH$_3$COOH

形状	・無色透明，液体
特徴	・比重：1.05 ・ジエチルエーテル，エタノール，ベンゼン，水によく溶ける ・エタノールと反応して酢酸エチルを生じる ・16.7℃以下になると凝固する ・水溶液は腐食性が強く，弱酸性である ・沸点：118℃ ・引火点：39℃ ・融点：16.7℃ ・発火点：463℃ ・燃焼範囲（爆発範囲）：4.0 ～ 19.9vol% ・蒸気比重：2.1
危険性	・濃い蒸気の吸入は，粘膜を刺激するため炎症を起こす ・皮膚を腐食し火傷を起こす ・水溶液の方が腐食性が強く，金属やコンクリートを腐食する ・可燃性である
火災予防方法	・火気を近づけない ・火花を発する機械器具の使用を避ける ・容器は密栓する ・冷暗所に貯蔵する ・通風と換気に気をつける ・川，下水溝に流出させない ・床等は，腐食するコンクリートではなく，アスファルト等を使用する
消火方法	・粉末消火剤，泡，二酸化炭素，耐アルコール泡などを用いる

補足

氷酢酸
酢酸の凝固点は常温よりもやや低いため，酢酸の中でも水を含まない，もしくは1％以下しか含まないものは，冬期になると凍結します。そのため，氷酢酸と呼ばれています。

4
第4類の危険物

6 第3石油類

第3石油類には重油，グリセリン等があり，消防法では次のように定義されています。

第3石油類とは，重油，クレオソート油その他1気圧において引火点が70℃以上200℃未満のものをいい，塗料類その他の物品であって，組成を勘案して総務省令で定めるものを除く。

■第3石油類の主な物品

物品名	重油	クレオソート油	アニリン	ニトロベンゼン	エチレングリコール	グリセリン
水溶性	×	×	×	×	○	○
比重	0.9〜1.0	1.0以上	1.01	1.2	1.1	1.3
発火点	250〜380℃	336.1℃	615℃	482℃	398℃	370℃
引火点	60〜150℃	73.9℃	70℃	88℃	111℃	199℃
沸点	300℃以上	200℃以上	184.6℃	211℃	197.9℃	291℃

第3石油類は非水溶性液体と水溶性液体に二分されますが，中でも重要なのは重油です。名称では重そうに見えますが，水よりもやや軽いため注意が必要です。例えば，重油タンカーの海難事故では，流出した重油が海面に浮いて薄く広がり，場合によっては大規模な火災に発展することがあります。

他にも，第3石油類は常温（20℃）よりも引火点が高いため，引火の危険性は少ないといえますが，加熱等により一度燃焼し始めると液温が高くなり，消火が困難になる物品も多く存在します。また，液温が引火点より低い場合でも，霧状になっていると引火するおそれがあります。

［非水溶性液体］

■重油

形状	・褐色あるいは暗褐色，粘性液体
特徴	・比重：0.9 〜 1.0 ・水に溶けない ・揮発性が低い ・沸点：300℃以上 ・引火点：60 〜 150℃ ・発火点：250 〜 380℃ ・発熱量：41,860kJ/kg
危険性	・霧状のものは引火点以下でも危険 ・不純物の硫黄は，燃焼すると有毒な二酸化硫黄ガスになる ・加熱しなければ引火の危険は少ない ・発熱量が大きいので，一度燃焼を始めると燃焼温度が高くなるため消火が困難になる ・分解重油は自然発火することがある
火災予防方法	・火気を近づけない ・容器は密栓する ・冷暗所に貯蔵する
消火方法	・ハロゲン化物，泡，二酸化炭素，粉末消火剤により窒息消火する

補足

分解重油
ナフサ（粗製ガソリン）の熱分解によってできる，ガソリンの副産物を分解重油といいます。

重油とクレオソート油の化学式
重油とクレオソート油は，混合物であるため，化学式はありません。

4
第4類の危険物

　重油は，日本産業規格により，粘り（動粘度）の大小を基準に1種（A重油），2種（B重油），3種（C重油）の3種類に分類されています。そして，引火点は種類によって60℃以上もしくは70℃以上とされています。1，2種の引火点は60℃以上となっていますが，重油の場合には1，2種でも第3類石油類に分類されます。

■重油の種類

・クレオソート油

形状	・黄色もしくは暗緑色，液体
特徴	・比重：1.0以上 ・水に溶けない ・ベンゼン，アルコールに溶ける ・コールタールの分留時に230 ～ 270℃で得られる物質 ・沸点：200℃以上 ・引火点：73.9℃ ・発火点：336.1℃
危険性	・加熱しなければ引火の危険は少ないが，霧状のものは引火点以下でも危険 ・蒸気は有毒 ・燃焼温度が高い
火災予防方法	・重油に準じる
消火方法	・重油に準じる

・アニリン：$C_6H_5NH_2$

形状	・無色もしくは淡黄色，液体
特徴	・比重：1.01 ・ジエチルエーテル，エタノール，ベンゼンによく溶ける ・水に溶けにくい ・沸点：184.6℃ ・引火点：70℃ ・発火点：615℃ ・蒸気比重：3.2
危険性	・重油に準じる
火災予防方法	・重油に準じる
消火方法	・重油に準じる

・ニトロベンゼン：$C_6H_5NO_2$

形状	・淡黄色もしくは暗黄色，液体
特徴	・比重：1.2 ・ジエチルエーテル，エタノールに溶ける ・水に溶けにくい ・芳香臭がある ・爆発性はない ・炭化水素に似ている ・沸点：211℃ ・引火点：88℃ ・融点：5.8℃ ・発火点：482℃ ・燃焼範囲：(爆発範囲)：1.8 ～ 40vol% ・蒸気比重：4.3

危険性	・蒸気は有毒である ・加熱しなければ引火の危険は少ない
火災予防方法	・重油に準じる
消火方法	・重油に準じる

［水溶性液体］

■ エチレングリコール：$C_2H_4(OH)_2$

形状	・無色透明，液体
特徴	・比重：1.1 ・粘性が大きい ・エタノール，水に溶ける ・ベンゼン，二硫化炭素に溶けない ・ナトリウムと反応し，水素を生じる ・沸点：197.9℃ ・引火点：111℃ ・発火点：398℃ ・蒸気比重：2.1
危険性	・加熱しなければ引火の危険は少ない
火災予防方法	・容器は密栓する ・火気を近づけない
消火方法	・粉末消火剤，二酸化炭素等が有効

■ グリセリン：$C_3H_5(OH)_3$

形状	・無色，液体
特徴	・比重：1.3 ・二硫化炭素，軽油，ベンゼン，ガソリンに溶けない ・水，エタノールに溶ける ・ナトリウムと反応し，水素を生じる ・ニトログリセリンの原料になる ・吸湿性がある ・沸点：291℃（分解） ・融点：18.1℃ ・引火点：199℃ ・発火点：370℃ ・蒸気比重：3.1
危険性	・エチレングリコールに準じる
火災予防方法	・エチレングリコールに準じる
消火方法	・エチレングリコールに準じる

補足

アニリンの色
アニリンは無色もしく
は淡黄色の液体です
が，さらし粉溶液（カ
ルキの水溶液）を加え
ると赤紫色に変化しま
す。

4
第4類の危険物

7 第4石油類と動植物油類

① 第4石油類の定義

第4石油類は，ギヤー油やシリンダー油のことで，消防法だと次のように定義されています。

第4石油類とは，ギヤー油，シリンダー油その他1気圧において引火点が200℃以上250℃未満のものをいい，塗料類その他の物品であって，組成を勘案して総務省令で定めるものを除く。

■第4石油類の種類

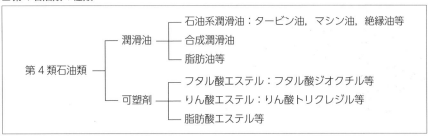

第4石油類には潤滑油，可塑剤があります。いずれも**揮発性が少なく引火点が高い**ので加熱しない限り引火の危険は少ないといえます。しかし，一度火災が発生すると液温が高くなるため，消火が困難となります。なお，可燃性液体量が40%以下のものは第4類危険物には分類されません。

第4石油類の主な物品は以下の通りです。

- モーター油
- マシン油
- ギヤー油
- シリンダー油
- タービン油
- フタル酸ジオクチル
- りん酸トリクレジル

② 第4石油類の引火点

第1〜4石油類のうち，第4石油類に関しては引火点が200℃以上250℃未満と定められていますが，同一物品でも用途等によって引火点が異なるものがあります。このうち，引火点が200℃未満のものは第3石油類に分類されます。250℃以上のものは着火と延焼の危険性が低くなるため，消防法の規制対象外となりますが，市町村の条例である可燃性液体類として規制を受けます。

第4類危険物は，以下のように引火点の違いによって分類されます。

■第4類危険物の引火点

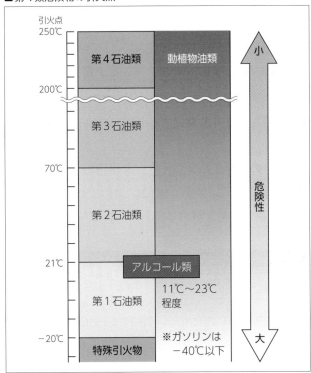

4

第4類の危険物

③ 第４石油類に共通する性状および貯蔵・取り扱い上の注意・火災予防
の方法

第４石油類に共通する性状および貯蔵・取り扱い上の注意・火災予防の
方法は，以下の通りです。

■第４石油類に共通する性状および貯蔵・取り扱い上の注意・火災予防の方法

形状	・液体
特徴	・粘性が大きい ・一般に水より軽い ・水には溶けない ・常温（20℃）で揮発しにくい ・引火点は200℃以上
危険性	・一度火がついて火災になると液温が高くなるので消火は困難 ・霧状の場合には液温が引火点よりも低くても引火する場合がある
火災予防方法	・冷暗所に貯蔵する ・火気を近づけない
消火方法	・重油に準じる

④ 動植物油類とは

動植物油類は，消防法では「動物の脂肉等または植物の種子もしくは果
肉から抽出したものであって，１気圧において引火点が250℃未満のものを
いい，総務省令で定めるところにより貯蔵保管されているものを除く」と
定められています。

こうした脂肪油は，空気中の酸素と結びつくことで樹脂のように固まる
性質（固化しやすい）特徴を持っています。固化しやすいものを乾性油，
しにくいものを不乾性油，中間の性質を持つものを半乾性油といいます。

■動植物油類の種類

	乾性油	半乾性油	不乾性油
例	アマニ油等	ナタネ油等	オリーブ油，ヤシ油
用途	ペンキ，絵の具	食用油	食用油，化粧品
特徴	不飽和脂肪酸が多い 固化しやすい	乾性油と不乾性油との 中間の性質	不飽和脂肪酸が少ない， 固化しにくい

動植物油類のような脂肪油には，脂肪酸が成分に含まれており，脂肪酸は飽和脂肪酸と不飽和脂肪酸に大別されます。飽和脂肪酸は炭素原子がすべて単結合となっているもので，不飽和脂肪酸は炭素原子に不飽和結合（二重結合や三重結合）を持つものをいいます。

このうち，不飽和脂肪酸が多いものほど自然発火の危険があります。その理由は，不飽和結合の場所が空気中の酸素と結びついて酸化反応が進み，このとき反応熱が蓄積され，発火点に達すると自然発火に至るからです。

⑤　動植物油類に共通する性状および貯蔵・取り扱い上の注意・火災予防の方法

動植物油類に共通する性状および貯蔵・取り扱い上の注意・火災予防の方法は，以下の通りです。

■動植物油類に共通する性状および貯蔵・取り扱い上の注意・火災予防の方法

形状	・淡黄色，液体
特徴	・比重は0.9程度で水よりも軽い ・一般に不飽和脂肪酸を含む ・水に溶けない ・一般に引火点は200℃以上
危険性	・布等に染み込むことで酸化，発熱して自然発火するおそれがある ・一度火がついて火災になると，液温が高くなるので消火は困難
火災予防方法	・火気を近づけない ・冷暗所に貯蔵する
消火方法	・重油に準じる

補足

第4石油類の消火剤
第4石油類の火災に対する消火剤としては，水系は使用しないようにしましょう。水をかけることで水蒸気爆発が発生し，油が噴き上がることがあるからです。重油と同様に，ハロゲン化物，泡，二酸化炭素，粉末消火剤により窒息消火するのが効果的です。

4
第4類の危険物

8 ヨウ素価

ヨウ素価とは，油脂100gに結合するヨウ素の量をグラムで表現したもので，**オリーブ油**等の不乾性油は100以下と小さく，**ゴマ油**等の半乾性油は100超～130未満，**アマニ油**等の乾性油は130以上と大きめです。

ヨウ素価が大きいということは，その油脂（脂肪油）の不飽和度が高いことを意味します。その理由は，ヨウ素は炭素の二重結合と結びつく性質を持っているため，この数値が大きいほど不飽和度が高くなるからです。不飽和度が高い物質は酸化されやすい上に自然発火の危険もあるため，注意が必要です。

チャレンジ問題

問1 第4類危険物の一般的性状として誤っているものはどれか。

（1）電気の不良導体が多い。
（2）比重は1より大きいものがほとんどである。
（3）水よりも沸点が高いものがある。
（4）非水溶性のものが多い。
（5）引火して燃焼すると炎を上げる。

解説 （2）第4類危険物の比重は，1よりも小さい（水よりも軽い）ものがほとんどです。

解答 （2）

問2 グリセリンの性状として，誤っているものはどれか。

(1) 水とエタノールに溶ける。

(2) 軽油には溶けない。

(3) ナトリウムと反応し，二酸化炭素を生じる。

(4) 沸点は100℃以上である。

(5) 吸湿性を有する。

解説 (3) グリセリンはナトリウムと反応し，水素を生じます。

解答 (3)

問3 動植物油類の性状として，誤っているものはどれか。

(1) 引火点は一般に150℃以下である。

(2) 動植物油類の火災に注水すると，油が飛散する。

(3) 引火点以上の加熱は，火花による発火の危険がある。

(4) 布きれに染み込ませて積み重ねると，乾性油が自然発火することがある。

(5) 水には溶けない。

解説 (1) 動植物油類の引火点は，一般に200℃以上です。

解答 (1)

5 第5類の危険物

まとめ & 丸暗記　　この節の学習内容とまとめ

■ 第5類危険物
爆発の危険性を判定する試験や加熱分解の激しさを判定する試験で一定の性状が認められた固体または液体（自己反応性物質）。

■ 第5類危険物に共通する性状
①可燃性固体または可燃性液体である。②衝撃，加熱，摩擦等で発火，爆発を起こすものが多い。③分子内に酸素を含むため燃焼しやすく，また，燃焼速度が速い。④比重（液比重）は1より大きい。⑤引火性を有するものがある。⑥長時間空気中に放置すると分解により自然発火するものがある。⑦金属と作用し，爆発性の金属塩を生じるものがある。⑧水とは反応しない。⑨有機の窒素化合物が多い。

■ 消火の方法
泡消火剤，水（棒状・霧状）もしくは強化液（棒状・霧状）が効果的。

■ 各危険物の代表例
(1) 有機過酸化物：過酸化ベンゾイル，メチルエチルケトンパーオキサイド，過酢酸
(2) 硝酸エステル類：硝酸メチル，硝酸エチル，ニトログリセリン，ニトロセルロース
(3) ニトロ化合物：ピクリン酸，トリニトロトルエン
(4) ニトロソ化合物：ジニトロソペンタメチレンテトラミン
(5) アゾ化合物：アゾビスイソブチロニトリル
(6) ジアゾ化合物：ジアゾジニトロフェノール
(7) ヒドラジンの誘導体：硫酸ヒドラジン
(8) ヒドロキシルアミン：ヒドロキシルアミン（品名と同じ）

第5類危険物に共通する特性

1 共通する性状

　第5類危険物は，爆発の危険性を判定する試験や加熱分解の激しさを判定する試験で一定の性状が認められた固体または液体，つまり**自己反応性物質**であるということです。

　第5類危険物に共通する性状は以下の通りです。

① 可燃性固体または可燃性液体である。
② 衝撃，加熱，摩擦等で発火，爆発を起こすものが多い。
③ **分子内に酸素を含む**ため燃焼しやすく，また，燃焼速度が速い。
④ 比重（液比重）は1より大きい。
⑤ 引火性を有するものがある。
⑥ 長時間空気中に放置すると分解により自然発火するものがある。
⑦ 金属と作用し，爆発性の金属塩を生じるものがある。
⑧ 有機の窒素化合物が多い。

　第5類危険物のほとんどは，**分子中に酸素を含む**ため，爆発や**自己燃焼（内部燃焼）**しやすいという特徴があります。

　つまり，燃焼の3要素である可燃物，酸素供給体，熱源のうち，**第5類危険物は可燃物と酸素供給体が共存している物質である**といえるのです。

補足

第5類の危険物
374ページにまとめたもののほか，以下のものがあります。
①ヒドロキシルアミン塩類：硫酸ヒドラキシルアミン，塩酸ヒドロキシルアミン
②その他のもので政令で定めるもの：アジ化ナトリウム，硝酸グアニジン

自己燃焼（内部燃焼）
加熱により可燃物が分解した際に生じる可燃性蒸気が燃焼することを分解燃焼といい，このうち物質に含まれる酸素によって燃焼することを自己燃焼（内部燃焼）といいます。

第5類危険物と水の関係
第5類危険物は水とは反応しません。

2 貯蔵・取り扱い上の注意・火災予防の方法

　第5類危険物に共通する貯蔵・取り扱い上の注意・火災予防の方法は，以下の通りです。

① 　火気や加熱を避ける。

② 　通風のよい冷暗所に貯蔵する。

③ 　摩擦や衝撃を避ける。

④ 　乾燥が進むと爆発の危険性が高まる物品があるため，貯蔵の際には乾燥しすぎないように注意する。

⑤ 　必要最低限の分量を貯蔵または取り扱う。

⑥ 　廃棄する場合は，安全性を確保するため，小分けにして処理するようにする。

⑦ 　分解しやすいものは，通風，湿気，室温に気をつける。

⑧ 　容器は一般に密栓する。ただし，密栓すると分解が促進されるものに関しては通気性を保つようにする。

　なお，火災予防方法に注意が必要なものは，以下の通りです。

• 乾燥するほど危険度が増すもの
　ピクリン酸
　過酸化ベンゾイル
　ニトロセルロース

• 密栓した場合に分解が促進されるもの
　メチルエチルケトンパーオキサイド

3 消火の方法

第5類危険物は，一般に酸素供給源と可燃物とが共存しているものが多く，**自己燃焼性**を持ちます。そのため，周囲の空気を遮断して消火する窒息消火は効果がありません。空気を遮断して酸素の供給を止めたとしても，物質の内部に存在する酸素を利用して燃焼するからです。

また，**燃焼は爆発的であるため，消火は非常に困難**です。このような場合には，泡消火剤を用いるか，大量の水により，物質の分解温度未満に冷却消火するのが効果的です。アジ化ナトリウムを除く第5類危険物の消火に適した消火剤とそうでないものは，以下のようになります。

- 第5類危険物の消火に適しているもの
  泡消火剤
  水
  （棒状・霧状）
  強化液
  （棒状・霧状）

- 第5類危険物の消火に適さないもの
  粉末系消火剤
  （りん酸塩類，炭酸水素塩類）
  ガス系消火剤
  （ハロゲン化物，二酸化炭素）

補足

アジ化ナトリウムの消火方法
第5類危険物の消火には水，泡系消火剤が有効ですが，アジ化ナトリウムは火災の熱で分解し，ナトリウムを生じるため，乾燥砂等を用いた窒息消火で対応します。

第5類危険物の分類
第5類危険物は第4類危険物のような水溶性・非水溶性の分類はありません。一方，水に溶けるものも溶けないものもあります。

5 第5類の危険物

チャレンジ問題

問1 第5類危険物の共通性状として，正しいものはどれか。

（1）熱源を有している。

（2）いずれも水溶性である。

（3）固体のみである。

（4）水と接触すると熱を発する。

（5）酸素もしくは窒素を含んでいる。

解説 （5）第5類危険物は窒素化合物が多く，大部分が分子内に酸素を含んでいます。

解答 （5）

問2 第5類危険物の火災予防と消火の方法について，誤っているものはどれか。

（1）火気，摩擦，衝撃を避ける。

（2）二酸化炭素による窒息消火が効果的である。

（3）貯蔵は必要最低限の量にする。

（4）通風のよい冷暗所に貯蔵する。

（5）大量の水で冷却消火する。

解説 （2）第5類危険物の大部分は内部に酸素を含むため，空気を遮断する窒息消火では効果がありません。

解答 （2）

第5類に属する各危険物の特性

1 第5類に属する各危険物の分類

　第5類危険物の主な品名と物品名は，以下の通りとなります。

（1）有機過酸化物

　過酸化ベンゾイル，メチルエチルケトンパーオキサイド，過酢酸

（2）硝酸エステル類

　硝酸メチル，硝酸エチル，ニトログリセリン，ニトロセルロース

（3）ニトロ化合物

　ピクリン酸，トリニトロトルエン

（4）ニトロソ化合物

　ジニトロソペンタメチレンテトラミン

（5）アゾ化合物

　アゾビスイソブチロニトリル

（6）ジアゾ化合物

　ジアゾジニトロフェノール

（7）ヒドラジンの誘導体

　硫酸ヒドラジン

（8）ヒドロキシルアミン

　ヒドロキシルアミン（品名と同じ）

（9）ヒドロキシルアミン塩類

　硫酸ヒドロキシルアミン，塩酸ヒドロキシルアミン

（10）その他のもので政令で定めるもの

　アジ化ナトリウム，硝酸グアニジン

補足

第5類危険物で特性を持つもの
長時間放置すると自然発火する
・ニトロセルロース

引火性がある
・メチルエチルケトンパーオキサイド
・過酢酸
・硝酸メチル
・硝酸エチル
・ピクリン酸

爆発性金属塩をつくる
・ピクリン酸

メチルエチルケトンパーオキサイドの名称
メチルエチルケトンパーオキサイドは，「エチルメチルケトンパーオキサイド」とも呼びます。

5
第5類の危険物

有機過酸化物

　有機過酸化物は，分子中に「−O−O−」という酸素結合を有しています
が，結合力が弱く，分解により「−O−」という結合になろうとします。つ
まり，**有機過酸化物は衝撃や加熱によってすぐに分解し，爆発しやすい**と
いう性質を持っているのです。

　第5類の主な有機過酸化物は，以下の通りです。
- 過酸化ベンゾイル
- 過酢酸
- メチルエチルケトンパーオキサイド

■過酸化ベンゾイル：$(C_6H_5CO)_2O_2$

形状	・白色粒状結晶，固体
特徴	・比重：1.3 ・無味無臭 ・有機溶剤に溶ける ・水に溶けない ・酸化作用が強力である ・常温（20℃）で安定している ・加熱により100℃前後で分解，白煙を生じる ・発火点：125℃ ・融点：106 〜 108℃ ・蒸気比重：8.35
危険性	・高濃度になるほど爆発の危険がある ・着火すると黒煙を上げて燃焼する ・濃硫酸，硝酸，アミン類と接触すると燃焼および爆発の危険がある ・衝撃，摩擦，加熱等により爆発する危険がある ・光によって分解，爆発する危険がある
火災予防方法	・摩擦，衝撃，火気，加熱を避ける ・容器は密栓する ・通風換気のよい冷暗所に貯蔵する ・強酸類や有機物から隔離する ・爆発の可能性があるため，乾燥した状態を避ける
消火方法	・大量の泡や水で冷却消火する

過酸化ベンゾイルは，不活性物質や水と混ざることで爆発の危険が少なくなるため，乾燥しない状態で取扱う必要があります。

■ メチルエチルケトンパーオキサイド

形状	・無色透明の油状，液体（市販品）
特徴	・比重：1.12 ・ジエチルエーテルに溶ける ・水には溶けない ・市販品は可塑剤によって50〜60％程度に希釈されている ・可塑剤には，ジメチルフタレート（フタル酸ジメチル）がよく用いられる ・融点：−20℃以下 ・引火点：72℃（開放式） ・発火点：177℃
危険性	・引火すると激しい燃焼を引き起こす ・衝撃や直射日光で分解，発火する ・鉄さびや布の切れ端等に接触すると，30℃以下で分解する ・分解は40℃以上になると促進される
火災予防方法	・摩擦，衝撃，火気，加熱を避ける ・容器の栓には通気性を持たせる（密栓により内圧上昇が生じ，分解が促進されるため） ・異物との接触を避ける ・冷暗所に貯蔵する ・直射日光を避ける
消火方法	・過酸化ベンゾイルに準じる

メチルエチルケトンパーオキサイドは，容器の栓に通気性を持たせなければならないのが大きく異なるところです。その理由は，密栓することで内圧が上昇し，分解を促進してしまうからです。

補足

メチルエチルケトンパーオキサイドの化学式
メチルエチルケトンパーオキサイドは，過酸化水素とメチルエチルケトンが反応して生成した物質をまとめて呼んだもので，成分の割合は反応条件により割合が異なるため，1つの化学式では表現できません。

5 第5類の危険物

■過酢酸：CH₃COOOH

形状	・無色，液体
特徴	・比重：1.2 ・強い刺激臭を持つ ・エーテル，アルコール，硫酸，水によく溶ける ・市販品は，不揮発性溶媒の40%溶液となっている ・引火性がある ・強い酸化作用がある ・引火点：41℃ ・融点：0.1℃ ・沸点：105℃ ・蒸気比重：2.6
危険性	・加熱し110℃になると，発火爆発を起こす ・他の物質の燃焼を促進する助燃作用がある ・粘膜や皮膚に激しい刺激作用を持つ
火災予防方法	・火気を避ける ・可燃物から隔離する ・換気のよい冷暗所に貯蔵する
消火方法	・過酸化ベンゾイルに準じる

　この過酢酸は，純品の状態であると非常に不安定で危険な性状を持っています。そのため，市販品は可塑剤（ジメチルフタレート等）で50〜60%程度に希釈したものが用いられています。

　また，ほかの物質の燃焼を促進する助燃作用を持ち，殺菌剤，酸化剤，漂白剤等に使われています。とりわけ，芽胞菌で長時間にわたって強力な消毒薬を用いないと死滅させることができない「炭疽菌」に有効で，炭疽菌が散らばった室内の床の消毒等に使用されています。

3 硝酸エステル類

硝酸エステル類とは，アルキル基（$-C_nH_{2n+1}$）で硝酸（HNO_3）の水素原子（H）を置き換えた化合物の総称で，貯蔵については特に注意が必要です。その理由は，硝酸エステル類は分解の際に一酸化炭素を生じ，これが触媒となって自然発火を起こすからです。

代表的な硝酸エステル類は，以下の通りです。

- 硝酸メチル：CH_3NO_3
- 硝酸エチル：$C_2H_5NO_3$
- ニトログリセリン：$C_3H_5(ONO_2)_3$
- ニトロセルロース（硝化綿）

■ 硝酸メチル：CH_3NO_3

形状	・無色透明，液体
特徴	・比重：1.22 ・甘みと芳香がある ・ジエチルエーテル，アルコールに溶ける ・水にはほとんど溶けない ・硝酸とメタノールとの反応で得られる ・引火性である ・沸点：66℃ ・引火点：15℃ ・蒸気比重：2.65
危険性	・引火して爆発する危険がある ・常温（20℃）よりも引火点が低いため，引火しやすい
火災予防方法	・火気を近づけない ・通風のよい場所で貯蔵，取扱いを行う ・直射日光を避ける ・冷暗所に貯蔵する ・容器は必ず密栓する
消火方法	・酸素を含むため，一度火がつくと消火が困難になる

補足

セルロース
植物体の細胞膜を構成する主成分であり，紙や繊維，パルプ等に利用されています。また，火薬，セロハン，セルロイド等の原料としても使われています。

5

第5類の危険物

■硝酸エチル：$C_2H_5NO_3$

形状	・無色透明，液体
特徴	・比重：1.11 ・甘みと芳香がある ・アルコールに溶ける ・水にわずかに溶ける ・沸点：87.2℃ ・引火点：10℃ ・蒸気比重：3.14
危険性	・硝酸メチルに準じる
火災予防方法	・硝酸メチルに準じる
消火方法	・硝酸メチルに準じる

■ニトログリセリン：$C_3H_5(ONO_2)_3$

形状	・無色，油状液体
特徴	・比重：1.60 ・有機溶剤に溶ける ・水にはほとんど溶けない ・8℃で凍結する ・可燃性である ・有毒で，甘みがある ・沸点：160℃ ・融点：13℃ ・蒸気比重：7.84
危険性	・摩擦，打撃，加熱により強力に爆発する ・液体よりも凍結した方が爆発力が強い
火災予防方法	・摩擦，打撃，加熱を避ける ・貯蔵中に箱や床を汚染した場合は，水酸化ナトリウム（苛性ソーダ）のアルコール水溶液を使って分解し，布等で拭き取る
消火方法	・燃焼の多くは爆発的なので消火の余地がない

　ニトログリセリンは，ダイナマイトの原料に使われています。日本では，ニトログリセリンとニトロセルロース等を配合した「ニトロゲル」が主成分です。

　また，ニトロセルロースは樟脳を混ぜるとセルロイドとなります。セルロイドは映画や写真用のフィルム，文房具，玩具等に広く利用されてきましたが，引火しやすいため，現在では合成樹脂製が主流です。

■ ニトロセルロース（硝化綿）

形状	・綿や紙等の原材料と同じ
特徴	・比重：1.7 ・無味無臭 ・アセトン，酢酸エチル，酢酸アミルによく溶ける ・水に溶けない ・弱硝化綿はアルコールとジエチルエーテルの混液（2：1）に溶けるが，強硝化綿は溶けない ・発火点：160〜170℃
危険性	・窒素の含有量が増えるほど爆発性が大きくなる ・加熱，衝撃，打撃により発火する危険がある ・乾燥していると加熱や直射日光によって分解，自然発火することがある
火災予防方法	・打撃，摩擦，加熱を避ける ・水やアルコールで湿らせた状態を維持した上で安定剤を加えて冷暗所に貯蔵する ・アルコール等の液量に注意して，セルロースが露出しないようにする
消火方法	・注水による冷却消火が適している

補足

コロジオン
コロジオンは，ラッカー等の原料に用いられるもので，アルコールとジエチルエーテルに弱硝化綿を溶かしてつくります。

分類上の注意
ニトログリセリンとニトロセルロースは硝酸エステル類であり，ニトロ化合物ではないことに注意しましょう。

5

第5類の危険物

　硝酸と硫酸の混合液にセルロースを浸すと，ニトロセルロースがつくられます。そして，浸していた時間（浸漬時間）等によって，窒素含有量，いわゆる硝化度の異なる以下のニトロセルロースが得られます。窒素含有量（硝化度）が多いほど，爆発の危険性が高まります。弱硝化綿からはコロジオンが得られます。

・強硝化綿（強綿薬）：硝化度12.8％を超えるもの
・ピロ綿薬：硝化度12.5〜12.8％のもの
・弱硝化綿（弱綿薬）：硝化度12.8％未満のもの

小 ←	硝化度	→ 大
12.8％未満 弱硝化綿	12.5〜12.8％ ピロ綿薬	12.8％超 強硝化綿

4 ニトロ化合物

ニトロ化合物は，ニトロ基（$-NO_2$）によって有機化合物の炭素に直結する水素（H）を置き換えたものの総称です。代表的な物質は以下の通りです。

・ピクリン酸（トリニトロフェノール）：$C_6H_2(NO_2)_3OH$
・トリニトロトルエン（TNT）：$C_6H_2(NO_2)_3CH_3$

■ピクリン酸（トリニトロフェノール）：$C_6H_2(NO_2)_3OH$

形状	・黄色，結晶
特徴	・比重：1.8 ・苦みがある ・無臭である ・毒性がある ・ジエチルエーテル，アルコール，熱湯，ベンゼン等に溶ける ・金属と作用して爆発性金属塩をつくる ・酸性である ・融点：122〜123℃ ・沸点：255℃ ・引火点：207℃ ・発火点：320℃
危険性	・単独で摩擦，衝撃，打撃等により発火，爆発する危険がある ・ガソリン，アルコール，ヨウ素と混合した場合，打撃や摩擦により激しい爆発を起こすことがある ・少量に点火すると，ばい煙を出して燃焼する ・急に加熱すると，300℃で激しい爆発を起こすことがある
火災予防方法	・火気を近づけない ・衝撃，摩擦，打撃を避ける ・乾燥しすぎないように注意する ・冷暗所に保存する際は，10%程度の水を加える ・酸化されやすい物質とは混合しない
消火方法	・酸素を含むため，一度燃焼を始めると消火は困難である ・大量の水を注水して消火する

■ トリニトロトルエン（TNT）：$C_6H_2(NO_2)_3CH_3$

形状	・淡黄色，結晶（日光の影響により茶褐色に変色する）
特徴	・比重：1.6 ・ジエチルエーテルに溶ける ・熱するとアルコールに溶ける ・水には溶けない ・金属とは反応しない ・融点：82℃ ・発火点：230℃
危険性	・酸化されやすいものとの混在により，打撃で爆発することがある ・溶解したものの方が，固体よりも衝撃に敏感である ・急激に熱すると爆発や発火の危険がある ・燃焼速度が速いため，爆発すると被害が拡大する
火災予防方法	・火気を近づけない ・打撃等を避ける
消火方法	・ピクリン酸に準じる

補足

爆薬の原料に使用されるニトロ化合物
ニトロ化合物は，爆発する性質を利用して爆薬の原料に用いられています。中でもTNTと略されるトリニトロトルエンは，TNT爆薬の原料に使われていることがよく知られています。

5 第5類の危険物

　トリニトロトルエンは，金属と反応しないのがピクリン酸との大きな違いです。また，ピクリン酸よりもやや安定しています。トリニトロトルエンとピクリン酸の共通する性状は，以下の通りです。

・発火点は200℃以上
・爆薬の原料に使用される
・打撃等により爆発を起こす
・急熱により発火，爆発の危険がある
・ニトロ基が分子中に3個存在する

5 ニトロソ化合物

ニトロソ化合物とは，化合物のうちニトロソ基（−N＝O）を持つもので，不安定な性質を持つものが多いため，打撃や加熱等により爆発する危険があります。

■ジニトロソペンタメチレンテトラミン：$C_5H_{10}N_6O_2$

形状	・淡黄色，粉末
特徴	・加熱すると約200℃で分解し，アンモニア，窒素，ホルムアルデヒド等を生じる ・水にわずかに溶ける ・ベンゼン，アセトン，アルコールにわずかに溶ける ・ガソリンには溶けない ・融点：255℃
危険性	・衝撃，摩擦，加熱により爆発的に燃焼する場合がある ・有機物と混合することで発火する危険がある ・強酸と接触することで発火する危険がある
火災予防方法	・火気を近づけない ・摩擦，加熱，衝撃を避ける ・酸との接触を避ける ・換気のよい冷暗所に貯蔵する
消火方法	・爆発的な燃焼になるため，危険が及ばない場所から先に消火する ・水や泡で消火する

ジニトロソペンタメチレンテトラミンは，ゴム製品の発泡剤等に利用されています。発泡剤は起泡剤ともいい，加熱により分解，ガスが発生する性質を利用して，製品製造過程で気体を発生させ，製品の中に泡を生じさせるものです。

6 アゾ化合物

アゾ化合物とは，化合物のうちアゾ基（－N＝N－）を持つものをいい，代表的な物質はアゾビスイソブチロニトリルです。

■アゾビスイソブチロニトリル：$[C(CH_3)_2CN]_2N_2$

形状	・白色，固体
特徴	・エーテル，アルコールに溶ける ・水には溶けにくい ・常温（20℃）で少しずつ分解する ・融点以上に加熱することで分解，シアンガスと窒素を生じる（発火せず） ・融点：105℃ ・発火点：64℃
危険性	・吸い込むと有毒である ・目や皮膚に接触させないようにする ・加熱により爆発する危険がある ・アセトン，アルコール，酸化剤と激しく反応し，爆発や発火をすることがある
火災予防方法	・火気と直射日光を避ける ・衝撃，摩擦を避ける ・冷暗所に貯蔵する ・可燃物と隔離する
消火方法	・大量の水による消火が効果的

アゾビスイソブチロニトリルは，合成樹脂やゴムの発泡剤，重合開始剤，合成中間体（合成途中で現れる化合物）等に利用されています。

補足

シアンガス
シアン化水素（青酸ガス）が気体化したもので，有毒性が強い特徴があります。空気と混合すると，爆発的な燃焼を引き起こすことがあります。

5
第5類の危険物

7　ジアゾ化合物

　ジアゾ化合物とは，化合物のうち，ジアゾ基（$N_2=$）を持つものをいい，代表的な物質はジアゾジニトロフェノールです。爆発性を持つものが多く，中でも固体の物質は危険性が高いので要注意です。

　水酸化ナトリウム（苛性ソーダ）とピクリン酸水溶液を加えて加熱し，硫化ナトリウム溶液を加えて還元することにより，ピクラミン酸ナトリウムが生じます。塩酸酸性の水溶液中で，このピクラミン酸ナトリウムを亜硝酸ナトリウムでジアゾ化する（亜硝酸と第一アミンを反応させてジアゾニウムイオンを合成する）ことにより，ジアゾジニトロフェノールが得られます。

　ジアゾジニトロフェノールは，グリースによって1858年に初めて合成されたもので，日本では工業雷管や電気雷管の起爆薬に利用されています。なお，流動性がある粒状のものは起爆薬に，細い結晶状のものは点火薬に用いられています。

■ジアゾジニトロフェノール：$C_6H_2N_4O_5$

形状	・黄色，不定形粉末
特徴	・比重：1.63 ・アセトンに溶ける ・水にはほとんど溶けない ・光を当てると褐色に変色する ・常温だと水中では爆発しない ・融点：169℃ ・発火点：180℃
危険性	・摩擦や衝撃で爆発する ・燃焼現象は爆ごうになりやすい
火災予防方法	・加熱を避ける ・衝撃，摩擦を避ける ・水とアルコールの混合液中，もしくは水中で保存する
消火方法	・消火は一般に困難である

　爆ごうとは，爆発的な燃焼により，火炎が音速よりも速く伝わる現象をいいます。なお，光の影響で褐色化が進み，その度合いが著しくなると，ジアゾジニトロフェノールが持つ爆発力は弱くなります。

8 その他

① ヒドラジンの誘導体

　ヒドラジン（N_2H_4）をもとにつくられた化合物を，ヒドラジンの誘導体といい，代表的な物質には硫酸ヒドラジンがあります。

■硫酸ヒドラジン：$NH_2NH_2 \cdot H_2SO_4$

形状	・白色，結晶
特徴	・比重：1.37 ・冷水には溶けない ・温水に溶け，酸性を示す ・還元性が強い ・アルコールには溶けない ・融点：254℃（分解）
危険性	・加熱して融点以上になると分解するが，発火はしない ・加熱して融点以上になると分解，二硫化硫黄，硫化水素，硫黄，アンモニアを生成する ・酸化剤と激しく反応する ・粘膜や皮膚を刺激する ・アルカリと接触するとヒドラジンを遊離する
火災予防方法	・火気を近づけない ・直射日光を避ける ・酸化剤やアルカリと分離する ・可燃物と分離する
消火方法	・皮膚や粘膜を刺激するため，消火時にはゴム手袋，防塵マスク，保護メガネ等を着用する ・大量の水で消火する

　硫酸ヒドラジンは，アルカリと接触するとヒドラジンを遊離します。遊離とは，化合物の結合が切れることで，原子（または原子団）が分離してしまうことを指します。

補足

ヒドラジン
ヒドラジンは火花，鉄さび，加熱などにより爆発の危険がある，無色透明の液体です。ロケット燃料や還元剤に利用されており，空気中の酸素と少しずつ反応することで，アンモニアを生じます。

5
第5類の危険物

② ヒドロキシルアミン

　ヒドロキシルアミンは，一般では水溶液の形で流通し，農薬の原料や半導体の洗浄等に用いられています。潮解性があり，加熱することで分解，爆発します。

■ヒドロキシルアミン：NH_2OH

形状	・白色，結晶
特徴	・比重：1.20 ・蒸気は空気よりも重い ・潮解性がある ・水によく溶ける ・アルコールによく溶ける ・融点：33℃ ・沸点：57℃ ・引火点：100℃ ・発火点：130℃
危険性	・高温物や裸火に接触すると爆発的に燃焼する ・大量に吸い込むと，血液の酸素吸収力が低下するため，死ぬことがある ・紫外線によって爆発することがある ・蒸気は目や気道を刺激する
火災予防方法	・冷暗所に貯蔵する ・高温体，裸火との接触を避ける
消火方法	・消火時にはゴム手袋，防塵マスク，保護メガネ，防護服等を着用する ・大量の水で消火する

　ヒドロキシルアミンは水溶液の状態でも**不安定**ですが，**濃度が60％程度だと安定**します。また，液体のヒドロキシルアミンは塩化ナトリウム等さまざまな無機塩を溶かすことができるため，性質としては溶媒の水に似ているといえます。

③ ヒドロキシルアミン塩類

　酸とヒドロキシルアミンとの中和反応によって生じた化合物を，ヒドロキシルアミン塩類といいます。農薬や医薬品の原料に利用されます。

・硫酸ヒドロキシルアミン：$H_2SO_4 \cdot (NH_2OH)_2$

形状	・白色，結晶
特徴	・比重：1.90 ・メタノール，水に溶ける ・エタノール，ジエチルエーテルには溶けない ・強い還元剤である ・水溶液は強酸性のため金属を腐食する ・アルカリの存在により，ヒドロキシルアミンが遊離し，分解する ・融点：170℃（分解）
危険性	・加熱，燃焼により有毒ガスを生じる ・大量に吸い込むと，血液の酸素吸収力が低下し，死ぬことがある ・蒸気は気道や目を強く刺激する ・高温物や裸火との接触により爆発的に燃焼する
火災予防方法	・乾燥した状態にしておく ・冷暗所に貯蔵する ・裸火，高温体との接触を避ける
消火方法	・消火時にはゴム手袋，防塵マスク，保護メガネ，防護服等を着用する ・大量の水で消火する

・塩酸ヒドロキシルアミン：$HCl \cdot NH_2OH$

形状	・白色，結晶
特徴	・比重：1.67 ・水に溶け，エタノールとメタノールにはわずかに溶ける ・強酸性の水溶液で金属を腐食する ・融点：151℃
危険性	・115℃以上に加熱すると爆発する危険がある ・その他は硫酸ヒドロキシルアミンに準じる
火災予防方法	・硫酸ヒドロキシルアミンに準じる
消火方法	・硫酸ヒドロキシルアミンに準じる

補足

裸火
囲い等をせず，炎や火花，発熱部分が露出した状態で燃焼しているものを裸火（はだかび）といいます。

5
第5類の危険物

④　その他のもので政令で定めるもの

　危険物の規制に関する政令では，「その他のもので政令で定めるもの」として，以下の4種類が指定されています。

- 金属のアジ化物
- 硝酸グアニジン
- 1-アリルオキシ-2,3-エポキシプロパン
- 4-メチリデンオキセタン-2-オン

　ここでは，金属のアジ化物であるアジ化ナトリウムと，硝酸グアニジンを見ていくことにしましょう。

■アジ化ナトリウム：NaN_3

形状	・無色，板状結晶
特徴	・比重：1.8 ・エーテルに溶けず，エタノールには溶けにくい ・水に溶ける ・加熱により300℃で分解，金属ナトリウムと窒素を生じる ・融点：300℃
危険性	・アジ化ナトリウム自体は爆発性を持たない ・酸と反応すると，有毒で爆発性のあるアジ化水素酸を生じる ・皮膚に触れると炎症になる ・水の作用で重金属と反応し，強力な爆発性のアジ化物をつくる
火災予防方法	・直射日光を避ける ・酸と一緒に貯蔵しない ・金属粉（重金属粉）と一緒に貯蔵しない ・換気のよい冷暗所に貯蔵する
消火方法	・水の使用は厳禁 ・乾燥砂等を使用して消火する

アジ化ナトリウムを理解する上で重要なのは，アジ化ナトリウム自体に爆発性がないことです。しかし酸と反応するとアジ化水素酸を生じます。さらにアジ化ナトリウムの水溶液が重金属と反応すると重金属のアジ化物を生じて，爆発性を伴います。

補足

金属のアジ化物
金属により，アジ化水素HN_3の水素が置換されて生じた化合物の総称を金属のアジ化物といいます。

5
第5類の危険物

■爆発性があるアジ化水素酸と重金属のアジ化物

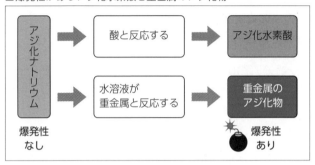

このほか，第5類危険物の消火方法は大量の水や泡で消火するものがほとんどであるのに対して，アジ化ナトリウムの消火には水や泡は厳禁です。その理由は，火災の熱でアジ化ナトリウムが分解すると，窒素と，第3類危険物であるナトリウムを生じるからです。このナトリウムは，水と激しく反応し，水素と熱を生じるため，水や泡での消火は逆効果となってしまうのです。

■硝酸グアニジン：$CH_6N_4O_3$

形状	・白色，結晶
特徴	・比重：1.44
危険性	・アルコールに溶ける ・水に溶ける ・爆薬の混合成分として利用されている ・急激な衝撃や加熱で爆発する危険がある ・融点：約215℃
火災予防方法	・衝撃，加熱を避ける
消火方法	・注水による冷却消火が効果的

問1 過酸化ベンゾイルの性状について，誤っているものはどれか。

(1) 比重は1より小さい。
(2) 無味無臭である。
(3) 強力な酸化作用がある。
(4) 高濃度のものほど爆発しやすい。
(5) 有機溶剤に溶ける。

解説 (1) 過酸化ベンゾイルの比重は1.3で，1よりも大きくなります。

解答 (1)

問2 ニトロセルロースの弱硝化綿，強硝化綿の違いについての記述で，正しいものはどれか。

(1) 水分含有量が違う。
(2) 重量が違う。
(3) 窒素含有量が違う。
(4) 爆発のしやすさが違う。
(5) 硬さが違う。

解説 (3) 弱硝化綿，強硝化綿は硝化度の違い，つまり窒素含有量の違いによって区別されています。

解答 (3)

問3 ピクリン酸とトリニトロトルエンの共通性状として，誤っているものはどれか。

(1) 爆薬の原料となる。
(2) 比重は1より重い。
(3) 発火点は200℃以上である。
(4) 衝撃や打撃で爆発する。
(5) 金属と作用して爆発性の金属塩をつくる。

解説 (5) 金属と作用して爆発性の金属塩をつくるのは，ピクリン酸のみです。

解答 (5)

問4 アジ化ナトリウムの性状として，誤っているものはどれか。

(1) 水に溶ける。
(2) 無色の結晶である。
(3) 酸と反応することでアジ化水素酸を生じる。
(4) 物質自体が爆発性を持つ。
(5) 皮膚に触れると炎症を起こす。

解説 (4) アジ化ナトリウム自体に爆発性はありません。しかし，酸と反応したときに発生するアジ化水素酸には爆発性があります。

解答 (4)

6 第6類の危険物

まとめ & 丸暗記　この節の学習内容とまとめ

■ 第6類危険物

不燃性だが，他の可燃物の燃焼を促進する酸化剤の役割を持つ酸化性液体のこと。

■ 第6類危険物に共通する性状

①無機化合物である。②不燃性液体である。③刺激臭を有する。④蒸気が有毒なものが多い。⑤分解すると，有毒ガスを生じるものが多い。⑥比重は1より大きい。⑦腐食性があるので，皮膚等を侵す。⑧酸化力が強い。有機物や可燃物と混ぜると強酸化剤の役割を果たす。⑨水と激しく反応し，発熱する場合がある。

■ 消火の方法

・水や泡消火剤を用いる（ただしハロゲン間化合物は除く）。
・粉末消火剤（りん酸塩類のみ），乾燥砂，膨張真珠岩等も効果的。

■ 消火の方法と流出時の一般的な対処法

・保護具を着用して皮膚を保護する。
・ガス吸引防止用マスクを着用し，作業は現場の風上で行う。
・危険物の飛散に注意しつつ注水する。
・流出時には乾燥砂または中和剤を用いる。

■ 各危険物の代表例

（1）過塩素酸（品名と同じ）
（2）過酸化水素（品名と同じ）
（3）硝酸：硝酸，発煙硝酸
（4）その他のもので政令で定めるもの：三フッ化臭素，五フッ化臭素，五フッ化ヨウ素

第6類危険物に共通する特性

1 共通する性状

　第6類危険物は，危険物そのものが燃焼することはありませんが，他の可燃物の燃焼を促進する酸化剤としての役割を持つ酸化性液体です。酸化性液体とは，酸化力の危険を示す燃焼試験で一定の性状を示すもののことです。

　過塩素酸，過酸化水素，硝酸等がその例で，数が少ないため出題される問題には深い知識と理解が必要となります。

　第6類危険物の共通性状は，以下の通りです。

① いずれも，無機化合物である。
② いずれも，不燃性液体である。
③ 刺激臭を有するものがほとんどである。
④ 蒸気が有毒なものが多い。
⑤ 分解すると，有毒ガスを生じるものが多い。
⑥ **比重は1よりも大きい**（水よりも重い）。
⑦ 腐食性があるので，皮膚等を侵す。
⑧ 酸化力が強い。また，有機物や可燃物と混ぜると，これらを酸化したり，着火させたりする強酸化剤の役割を果たす。
⑨ 水と激しく反応し，発熱する場合がある。

　第6類危険物は刺激臭を有するものがほとんどですが，消毒液等の材料となる過酸化水素は刺激臭を持ちません。

補足

第6類危険物の出題傾向
第6類危険物の問題は，物品数が少ないため，共通性状，貯蔵，消火方法等の基本的なものはもちろんのこと，流出時の対処法なども出題されています。より深い知識が必要となりますので，注意しましょう。

2 貯蔵・取り扱い上の注意・火災予防の方法

　第6類危険物に共通する貯蔵・取扱い上の注意・火災予防の方法は，以下の通りです。

①　耐酸性の貯蔵容器を用いる。

②　可燃物，還元剤，有機物との接触を避ける。

③　直射日光や火気を避ける。

④　取扱いは，通風のよい場所で行う。

⑤　皮膚を腐食するため，保護具を着用する。

⑥　容器は密栓する（ただし，**過酸化水素**は分解で生じた酸素によって容器が破損する危険があるため，除外する）。

3 消火の方法

　第6類危険物に共通する消火方法は，水や泡消火剤を用いる方法です。ただし，政令で定める第6類危険物であるハロゲン間化合物に関しては，水と激しく反応して有毒ガスを生じるので，水や泡消火剤は使用不可です。

　この他にも，粉末消火剤（りん酸塩類のみ），乾燥砂，膨張真珠岩等による消火も効果的です。ただし炭酸水素塩類の粉末消火剤，二酸化炭素などのガス系消火剤は不適切です。

　また，消火方法と流出時の一般的な対処法は以下の通りです。

・保護具を着用して皮膚を保護する。

・ガスを吸引しないよう，吸引防止用マスクを着用し，作業は現場の風上で行う。

・危険物の飛散に注意しつつ注水する。

・流出時には乾燥砂または中和剤を用いる。

チャレンジ問題

問1 第6類危険物の共通性状として，誤っているものはどれか。

(1) 不燃性である。
(2) 酸化性液体である。
(3) 腐食性がある。
(4) 比重は1より小さい。
(5) 刺激臭がある。

解説 (4) 第6類危険物の比重は，1よりも大きいという特徴があります。

解答 (4)

問2 第6類危険物の性状について，誤っているものはどれか。

(1) 一般に皮膚を腐食する。
(2) 水と反応するものはない。
(3) 可燃物と混ぜると，可燃物に着火させるものがある。
(4) 密栓せずに貯蔵するものがある。
(5) 酸化力が強い。

解説 (2) 第6類危険物のうち，ハロゲン間化合物は，水と激しく反応して有毒ガスを生じます。

解答 (2)

問3　第6類危険物の火災予防において，誤っているものはどれか。

(1) 耐酸性の容器を使用する。
(2) 可燃物，還元剤等との接触を避ける。
(3) 通風のよい場所で貯蔵や取扱いを行う。
(4) 直射日光を避ける。
(5) いずれも容器は密栓する。

解説　(5) 過酸化水素は密栓すると分解で生じた酸素で容器が破損
することがあるため，密栓せずに貯蔵します。

解答　(5)

問4　第6類危険物の消火と流出時の対処法について，誤っている
ものはどれか。

(1) 水や泡による注水で消火する（ただしハロゲン間化合物
は除く）。
(2) 皮膚を保護する。
(3) 現場の風上で作業すればマスクは不要である。
(4) 注水時には危険物の飛散に気をつける。
(5) 流出時には中和剤を用いる。

解説　(3) 第6類危険物が流出した場合は，ガスの吸引を防止する
マスクを着用した上で，現場の風上で作業をします。

解答　(3)

第6類に属する 各危険物の特性

1 第6類に属する各危険物の分類

第6類危険物の主な品名と物品名は，以下の通りとなります。

（1）過塩素酸（品名と同じ）

（2）過酸化水素（品名と同じ）

（3）硝酸

　　硝酸

　　発煙硝酸

（4）その他のもので政令で定めるもの

　　三フッ化臭素

　　五フッ化臭素

　　五フッ化ヨウ素

2 過塩素酸

過塩素酸とは，過塩素酸塩を蒸留してつくられたもので，金属の溶解や試薬等に用いられます。極めて不安定な上に強力な酸化剤であるため，取扱いは水溶液の状態で行います。

無色無臭の液体（分解すると黄色に変色する）であり，加熱や有機物との混合により爆発を起こします。

加熱すると分解し，その際に塩化水素ガスを生じます。そのため，十分な注意が必要です。塩化水素ガスは粘膜を刺激したり，結膜に炎症を引き起こしたりする有毒ガスです。

補足

過塩素酸と過塩素酸類

過塩素酸は第6類危険物ですが，過塩素酸塩類は第1類危険物です。間違えないように注意しましょう。

6

第6類の危険物

■過塩素酸：HCIO₄

形状	・無色，発煙性液体
特徴	・比重：1.8 ・過塩素酸自体は不燃性である ・空気中で強く発煙する ・刺激臭がある ・非常に不安定 ・常圧，密閉容器に入れて冷暗所で貯蔵しても徐々に分解し，黄色に変色していく ・無水物は鉄，銅，亜鉛等と反応して金属酸化物を生じる ・融点：-112℃ ・沸点：39℃（56mmHg）
危険性	・加熱により爆発する。その際，有毒な塩化水素ガスを生じる ・蒸気が目，気道，皮膚を著しく腐食する ・木片，布，おがくず等と接触すると自然発火させることがある ・アルコール等と混合すると急激な酸化反応により発火や爆発をさせることがある ・水中に滴下すると音を出して発熱する
火災予防方法	・加熱を避ける ・有機物や可燃物との接触を避ける ・ガラスや陶磁器の容器を用い，金属製の容器は避ける（金属と反応するため） ・定期点検を実施し，変色，汚損している場合には廃棄する ・流出時にはソーダ灰，チオ硫酸ナトリウムを用いて中和した後，水できれいに洗い流す
消火方法	・多量の水による消火が効果的

　中和に用いるソーダ灰とは，工業用に用いられる無水炭酸ナトリウムのことで，水溶液になると強アルカリ性を示します。

　過塩素酸は濃硫酸を過塩素酸塩に加え減圧蒸留することで水溶液が得られ，さらに多量の濃硫酸と濃水溶液を加熱蒸留すると100%のものが得られます。

　また，水溶液は安定しており，硫化水素やヨウ化水素等によって還元はされません。

3 過酸化水素

　水素の過酸化物が**過酸化水素**で，強力な酸化剤であるため，一般的にはさまざまな安定剤が加えられ，水溶液の状態で用いられます。

■過酸化水素：H_2O_2

形状	・無色，粘性のある液体（純粋なもの）
特徴	・比重：1.5 ・過酸化水素自体は不燃性である ・水溶液は弱酸性である ・水に溶けやすい ・消毒剤，酸化剤，漂白剤に用いられる ・強力な酸化剤である ・より強力な酸化剤と混合すると，還元剤の役割を果たす ・濃度50％以上では爆発性を有するとともに，常温で酸素と水に分解する ・安定剤として尿酸，アセトアニリド，リン酸等が用いられる ・融点：$-0.4℃$ ・沸点：152℃
危険性	・高濃度のものは，皮膚に触れた場合に火傷を起こす ・日光や熱で酸素と水に分解する ・有機物や金属粉の混合で分解し，動揺，加熱により発火，爆発することがある
火災予防方法	・直射日光を避ける ・有機物との接触を避ける ・冷暗所に貯蔵する ・容器は密栓しない（ガス抜き口のある栓をする） ※分解時に発生したガスで容器が破損するおそれがあるため ・流出時には大量の水で洗い流すようにする
消火方法	・注水で消火する

補足

爆発の危険性
過塩素酸と過酸化水素は爆発の危険がありますが，過塩素酸・過酸化水素そのものは不燃性の物質です。

6
第6類の危険物

4 硝酸

　硝酸は，アンモニア（NH_3）を酸化することで工業的につくられる強力な酸化剤で，火薬，染料，肥料，硝酸塩等の原料に利用されます。水銀，銅，銀といったイオン化傾向が水素よりも小さな金属とも反応する特徴を持っています。

■硝酸：HNO_3

形状	・無色，液体（分解により二酸化窒素が生じると黄褐色になることがある）
特徴	・比重：1.5（市販品であれば1.38以上） ・刺激臭がある ・常温（20℃）で多少分解する ・空気中（湿気を含む）で褐色に発煙する ・水に溶ける（任意の割合で混合） ・水溶液は強酸性である ・銀や銅等の金属を腐食する ・加熱や日光で分解，窒素酸化物（二酸化窒素）と酸素を生じる ・硫黄やりんと反応した濃硝酸は，リン酸や硫酸になる ・融点：−42℃ ・沸点：86℃
危険性	・紙，布，かんなくず等の有機物と接触すると発火する危険がある ・ヒドラジン類，アミン類，二硫化炭素等と混合すると発火させることがある ・蒸気や分解時に生じる二酸化窒素のガスは極めて有毒である
火災予防方法	・金属粉との接触を避ける（窒素酸化物を生じるため） ・直射日光を避ける ・ステンレス鋼，アルミニウム容器などを用いる ・換気のよい，湿気の少ない冷暗所に貯蔵する ・容器は密栓する ・可燃物との接触を避ける
消火方法	・燃焼物に応じた消火剤を使用する

　貯蔵容器にステンレスやアルミニウムを用いるのは，耐食性があるからです。ステンレスは鉄にニッケルやクロムを加えた合金で，鉄にクロムを添加すると表面に薄い酸化皮膜をつくります。また，アルミニウムは酸化しやすいので，表面に薄い酸化皮膜を作ります。このような状態を，不動態といいます。鉄，アルミニウム，ニッケル等は濃硝酸に対して不動態化するので腐食されません（ただし希硝酸には激しく腐食されます）。

また，硝酸が流出した際の対処法は，以下の通りとなります。

① 防毒マスク等の保護具を着用し，現場では風下で作業しないように気をつける。
② 乾燥砂を利用して流出を防ぎつつ吸着させる。布で吸着させようとすると発火することがあるため，使用しない。
③ 水や強化液を放射して，少しずつ希釈する。
④ ソーダ灰や消石灰（水酸化カルシウム）等で中和する。
⑤ 大量の水で洗い流す。

・発煙硝酸：HNO_3

形状	・赤色または赤褐色，液体
特徴	・比重：1.52 〜 ・硝酸より酸化力が強力である ・二酸化窒素を濃硝酸に加圧飽和させてつくる ・空気中で有毒な二酸化窒素を生じる
危険性	・硝酸に準じる
火災予防方法	・硝酸に準じる
消火方法	・硝酸に準じる

5 ハロゲン間化合物

　危険物の規制に関する政令では，第6類危険物の「その他のもので政令で定めるもの」として，ハロゲン間化合物が指定されています。ハロゲン間化合物は2種類のハロゲン元素が結合している化合物の総称で，含まれるフッ素原子が多いほど反応性が高く，ほとんどの金属や非金属と反応してフッ化物（フッ素と他の元素との化合物）を生じる特徴を持っています。

補足

強酸化剤である硝酸
硝酸は強力な酸化性を持っており，他の物質との接触で発火や爆発を起こします。硝酸自体は不燃性であり，硝酸が燃焼するわけではないため，燃焼物に合う消火方法を選択しなければなりません。

6
第6類の危険物

■三フッ化臭素：BrF$_3$

形状	・無色，液体
特徴	・比重：2.84 ・低温で固化する ・常温（20℃）で無水フッ化水素酸等に溶ける ・刺激臭がある ・空気中で発煙する ・融点：9℃ ・沸点：126℃
危険性	・水と非常に激しい反応を起こして分解，発熱し，フッ化水素を生じる ・紙，木材，油脂類と接触すると反応し，発熱する
火災予防方法	・水と接触させない ・容器は密栓する ・可燃物との接触を避ける
消火方法	・乾燥砂や粉末消火剤を用いる

■五フッ化臭素：BrF$_5$

形状	・無色，液体
特徴	・比重：2.46 ・200℃でフッ素と臭素を反応させると生じる ・ほぼすべての元素，化合物と反応する ・水に反応し，フッ化物を生じる ・気化しやすい ・融点：−60℃ ・沸点：41℃
危険性	・三フッ化臭素に準じる
火災予防方法	・三フッ化臭素に準じる
消火方法	・三フッ化臭素に準じる

■五フッ化ヨウ素：IF$_5$

形状	・無色，液体
特徴	・比重：3.19 ・刺激臭がある ・金属，非金属と反応し，フッ化物を生じる ・水と激しく反応し，ヨウ素酸とフッ化水素を生じる ・反応性に富む ・融点：9.4℃ ・沸点：100.5℃
危険性	・三フッ化臭素に準じる
火災予防方法	・三フッ化臭素に準じる
消火方法	・三フッ化臭素に準じる

チャレンジ問題

問1 硝酸と過酸化水素の共通性状で，誤っているものはどれか。

（1）有機物との接触で発火する危険がある。
（2）水溶液はアルカリ性である。
（3）加熱分解でガスが生じる。
（4）触れると皮膚が腐食する。
（5）物質そのものは不燃性である。

解説 （2）硝酸の水溶液は強酸性，過酸化水素の水溶液は弱酸性となります。

解答 （2）

問2 ハロゲン間化合物の消火方法として，最も適しているものはどれか。

（1）霧状の水を放射する。
（2）二酸化炭素消火剤を用いる。
（3）水を棒状放射する。
（4）膨張ひる石を用いる。
（5）泡消火剤を用いる。

解説 （4）乾燥砂や膨張ひる石等で覆うことが，ハロゲン間化合物の火災に対する最も効果的な消火方法です。

解答 （4）

◆ 元素周期表 ◆

	1族	2族	3族	4族	5族	6族	7族	8族	9族
1	1 ● **H** 1.008 水素								
2	3 **Li** 6.941 リチウム	4 **Be** 9.012 ベリリウム							
3	11 **Na** 22.99 ナトリウム	12 **Mg** 24.31 マグネシウム							
4	19 **K** 39.10 カリウム	20 **Ca** 40.08 カルシウム	21 **Sc** 44.96 スカンジウム	22 **Ti** 47.87 チタン	23 **V** 50.94 バナジウム	24 **Cr** 52.00 クロム	25 **Mn** 54.94 マンガン	26 **Fe** 55.85 鉄	27 **Co** 58.93 コバルト
5	37 **Rb** 85.47 ルビジウム	38 **Sr** 87.62 ストロンチウム	39 **Y** 88.91 イットリウム	40 **Zr** 91.22 ジルコニウム	41 **Nb** 92.91 ニオブ	42 **Mo** 95.96 モリブデン	43 **Tc** (99) テクネチウム	44 **Ru** 101.1 ルテニウム	45 **Rh** 102.9 ロジウム
6	55 **Cs** 132.9 セシウム	56 **Ba** 137.3 バリウム	57-71 ↓ ランタノイド	72 **Hf** 178.5 ハフニウム	73 **Ta** 180.9 タンタル	74 **W** 183.8 タングステン	75 **Re** 186.2 レニウム	76 **Os** 190.2 オスミウム	77 **Ir** 192.2 イリジウム
7	87 **Fr** (223) フランシウム	88 **Ra** (226) ラジウム	89-103 ↓ アクチノイド						
	アルカリ 金属	アルカリ 土類金属							

(原子番号)
(元素記号)
(原 子 量)
(元 素 名)

典型非(金属)元素　典型(金属)元素　遷移(金属)元素

●気体　○液体　記号なし＝固体
（単体，20℃1気圧にて）

ランタノイド →	57 **La** 138.9 ランタン	58 **Ce** 140.1 セリウム	59 **Pr** 140.9 プラセオジム	60 **Nd** 144.2 ネオジム	61 **Pm** (145) プロメチウム	62 **Sm** 150.4 サマリウム	63 **Eu** 152.0 ユウロピウム
アクチノイド →	89 **Ac** (227) アクチニウム	90 **Th** 232.0 トリウム	91 **Pa** 231.0 プロトアクチニウム	92 **U** 238.0 ウラン	93 **Np** (237) ネプツニウム	94 **Pu** (239) プルトニウム	95 **Am** (243) アメリシウム

10族	11族	12族	13族	14族	15族	16族	17族	18族
								2 ● **He** 4.003 ヘリウム
			5 **B** 10.81 ホウ素	6 **C** 12.01 炭素	7 ● **N** 14.01 窒素	8 ● **O** 16.00 酸素	9 ● **F** 19.00 フッ素	10 ● **Ne** 20.18 ネオン
			13 **Al** 26.98 アルミニウム	14 **Si** 28.09 ケイ素	15 **P** 30.97 リン	16 **S** 32.07 硫黄	17 ● **Cl** 35.45 塩素	18 ● **Ar** 39.95 アルゴン
28 **Ni** 58.69 ニッケル	29 **Cu** 63.55 銅	30 **Zn** 65.38 亜鉛	31 **Ga** 69.72 ガリウム	32 **Ge** 72.63 ゲルマニウム	33 **As** 74.92 ヒ素	34 **Se** 78.96 セレン	35 ○ **Br** 79.90 臭素	36 ● **Kr** 83.80 クリプトン
46 **Pd** 106.4 パラジウム	47 **Ag** 107.9 銀	48 **Cd** 112.4 カドミウム	49 **In** 114.8 インジウム	50 **Sn** 118.7 スズ	51 **Sb** 121.8 アンチモン	52 **Te** 127.6 テルル	53 **I** 126.9 ヨウ素	54 ● **Xe** 131.3 キセノン
78 **Pt** 195.1 白金	79 **Au** 197.0 金	80 ○ **Hg** 200.6 水銀	81 **Tl** 204.4 タリウム	82 **Pb** 207.2 鉛	83 **Bi** 209.0 ビスマス	84 **Po** (210) ポロニウム	85 **At** (210) アスタチン	86 ● **Rn** (222) ラドン

ハロゲン	希ガス

64 **Gd** 157.3 ガドリニウム	65 **Tb** 158.9 テルビウム	66 **Dy** 162.5 ジスプロシウム	67 **Ho** 164.9 ホルミウム	68 **Er** 167.3 エルビウム	69 **Tm** 168.9 ツリウム	70 **Yb** 173.1 イッテルビウム	71 **Lu** 175.0 ルテチウム
96 **Cm** (247) キュリウム	97 **Bk** (247) バークリウム	98 **Cf** (252) カリホルニウム	99 **Es** (252) アインスタイニウム	100 **Fm** (257) フェルミウム	101 **Md** (258) メンデレビウム	102 **No** (259) ノーベリウム	103 **Lr** (260) ローレンシウム

索引

さ

419

【制作・執筆】
アート・サプライ
【執筆協力】
乙羽クリエイション

こうしゅ き けんぶつとりあつかいしゃ ちょうそく
甲種危険物取扱者　超速マスター〔第2版〕

2016年4月1日　初　版　第1刷発行
2024年4月1日　第2版　第1刷発行

編　著　者　　ＴＡＣ株式会社
　　　　　　　　（危険物研究会）
発　行　者　　多　田　敏　男
発　行　所　　TAC株式会社　出版事業部
　　　　　　　　（TAC出版）
〒101-8383 東京都千代田区神田三崎町3-2-18
電話 03(5276)9492（営業）
FAX 03(5276)9674
https://shuppan.tac-school.co.jp

組　　版　　朝日メディアインターナショナル株式会社
制作・執筆　　株式会社アート・サプライ
印　　刷　　株式会社ワ　　コ　　ー
製　　本　　株式会社常川製本

© TAC 2024　　　　Printed in Japan　　　　ISBN 978-4-300-11174-1
N.D.C. 317

TAC出版 書籍のご案内

TAC出版では、資格の学校TAC各講座の定評ある執筆陣による資格試験の参考書をはじめ、資格取得者の開業法や仕事術、実務書、ビジネス書、一般書などを発行しています！

TAC出版の書籍

*一部書籍は、早稲田経営出版のブランドにて刊行しております。

資格・検定試験の受験対策書籍

- ✪日商簿記検定
- ✪建設業経理士
- ✪全経簿記上級
- ✪税　理　士
- ✪公認会計士
- ✪社会保険労務士
- ✪中小企業診断士
- ✪証券アナリスト

- ✪ファイナンシャルプランナー(FP)
- ✪証券外務員
- ✪貸金業務取扱主任者
- ✪不動産鑑定士
- ✪宅地建物取引士
- ✪賃貸不動産経営管理士
- ✪マンション管理士
- ✪管理業務主任者

- ✪司法書士
- ✪行政書士
- ✪司法試験
- ✪弁理士
- ✪公務員試験(大卒程度・高卒者)
- ✪情報処理試験
- ✪介護福祉士
- ✪ケアマネジャー
- ✪社会福祉士　ほか

実務書・ビジネス書

- ✪会計実務、税法、税務、経理
- ✪総務、労務、人事
- ✪ビジネススキル、マナー、就職、自己啓発
- ✪資格取得者の開業法、仕事術、営業術
- ✪翻訳ビジネス書

一般書・エンタメ書

- ✪ファッション
- ✪エッセイ、レシピ
- ✪スポーツ
- ✪旅行ガイド (おとな旅プレミアム/ハルカナ)
- ✪翻訳小説

書籍の正誤に関するご確認とお問合せについて

書籍の記載内容に誤りではないかと思われる箇所がございましたら、以下の手順にてご確認とお問合せを
してくださいますよう、お願い申し上げます。

なお、正誤のお問合せ以外の**書籍内容に関する解説および受験指導などは、一切行っておりません。**
そのようなお問合せにつきましては、お答えいたしかねますので、あらかじめご了承ください。

1 「Cyber Book Store」にて正誤表を確認する

TAC出版書籍販売サイト「Cyber Book Store」の
トップページ内「正誤表」コーナーにて、正誤表をご確認ください。

CYBER TAC出版書籍販売サイト
BOOK STORE

URL：https://bookstore.tac-school.co.jp/

2 ■の正誤表がない、あるいは正誤表に該当箇所の記載がない
⇒ 下記①、②のどちらかの方法で文書にて問合せをする

★ご注意ください★

お電話でのお問合せは、お受けいたしません。

①、②のどちらの方法でも、お問合せの際には、「お名前」とともに、
「対象の書籍名（○級・第○回対策も含む）およびその版数（第○版・○○年度版など）」
「お問合せ該当箇所の頁数と行数」
「誤りと思われる記載」
「正しいとお考えになる記載とその根拠」
を明記してください。

なお、回答までに１週間前後を要する場合もございます。あらかじめご了承ください。

① ウェブページ「Cyber Book Store」内の「お問合せフォーム」より問合せをする

【お問合せフォームアドレス】

https://bookstore.tac-school.co.jp/inquiry/

② メールにより問合せをする

【メール宛先　TAC出版】

syuppan-h@tac-school.co.jp

※土日祝日はお問合せ対応をおこなっておりません。
※正誤のお問合せ対応は、該当書籍の改訂版刊行月末日までといたします。

乱丁・落丁による交換は、該当書籍の改訂版刊行月末日までといたします。なお、書籍の在庫状況等
により、お受けできない場合もございます。

また、各種本試験の実施の延期、中止を理由とした本書の返品はお受けいたしません。返金もいたし
かねますので、あらかじめご了承くださいますようお願い申し上げます。

（2022年7月現在）